Andrew Sayer

The Moral Significance of Class

阶级的道德意义

［英］安德鲁·塞耶／著

黄素珍　王绍祥／译

上海人民出版社

CAMBRIDGE

目　录

序言与致谢

我曾经很想把本书取名为《你自认高我们一等，不是吗？》(*Think You're Better Than Us, Do You?*)，因为无论是真实的抑或纯凭想象的，这句质问都一针见血地触及了日常生活中阶级之道德意义的核心。阶级并非道德价值或需求的反映：在人的童年时期，阶级与人的功绩（merit）毫不相关；在人逐渐长大后，阶级与其说是功绩之果，不如说是功绩之因。但是既然阶级从根本上影响我们的生活方式与生活质量，所以阶级的正当性（legitimacy）受到了质疑。正因为如此，阶级才被赋予了道德意义，它不仅是道德哲学家和政治哲学家考虑的问题，而且也关乎我们的日常生活经验，即人们之间如何对待和评价彼此。尽管在社会科学中，有关阶级的著述可谓汗牛充栋，但其中只有为数不多者才论及阶级的道德层面。原因在于一个更宏大的问题，在社会学中尤其如此，这也就是阿克塞尔·霍耐特（Axel Honneth）所称的"反规范主义"（anti-normativism），它使得我们与世界的关系之评价性特质变得晦涩费解。尤其是我们的关切——即对我们福祉来说重要的事物，我们所珍视与关心的事物——不是被忽略了，就是以一种疏离和令人疏离的方式被处理，却没有说明为什么我们的这些关切如此重要。

尽管本书主要关注日常、常民经验的道德质地（moral texture），但我也使用研究伦理学的哲学概念和分析方法——其中有许多是规范性的——以及使用社会学概念和分析方法，来阐释对阶级的常民反应（lay responses）。这种综合方法并不常见——甚至可以说是实验性的——但我希望主要通过实例让读者相信它的价值。同时，我还会用到日常生活中的许多既简单又熟悉的概念，但我认为，正是因为我们对这些概念过于耳熟能详，以至于我们将其视为理所当然却未加以分析。而一旦我们审视这些概念，我们往往会发现它们具有丰富的解释性资源和规范性意涵。

本书得以完成有赖于经济与社会研究委员会（Economic and Social Research Council，ESRC）基金的支持，以及兰卡斯特大学为本人提供的学术休假。

就智识方面最重要的影响而言，本书首先得益于已故的皮埃尔·布尔迪厄（Pierre Bourdieu）的工作，布尔迪厄于2002年猝然辞世，社会科学界由此失去了一位杰出的理论家，也失去了一位对阶级最富洞察力的分析者和敌对者。其次，本书得益于一位备受误解的苏格兰启蒙思想家亚当·斯密（Adam Smith）。

我还要感谢国内学人约翰·奥尼尔（John O'Neill）。他思路清晰、谈吐晓畅，在与我讨论哲学问题时总能慷慨相助。以下诸位为我提供了许多建议和反馈意见，常常激发我进一步深思，对此我要感谢玛格丽特·阿彻（Margaret Archer）、乔·阿姆斯特朗（Jo Armstrong）、约翰·贝克（John Baker）、罗斯玛丽·克朗普顿（Rosemary Crompton）、诺曼·费尔克拉夫（Norman Fairclough）、史蒂夫·弗利特伍德（Steve Fleetwood）、鲍勃·杰索普（Bob Jessop）、托尼·劳森（Tony Lawson）、凯瑟琳·林奇（Kathleen Lynch）、莫琳·麦克尼尔（Maureen McNeil）、杰米·摩根（Jamie Morgan）、戴安娜·雷伊（Diane Reay）、加勒特·威廉斯（Garrath Williams）、马吉德·亚尔（Majid Yar），同样也要感谢贝弗利·斯凯格斯（Beverley Skeggs）、艾伦·沃德（Alan Warde）、尼克·克罗斯利（Nick Crossley），以及曼彻斯特社会学学会布尔迪厄研究会（Manchester Sociology Bourdieu group）的其他成员。我还要感谢鲍勃·麦金利（Bob McKinlay）、鲍勃·杰索普（Bob Jessop）以及兰卡斯特大学社会学专业的其他同事，在我的学术生活中，他们为我的研究和心智稳健提供支持。感谢克莱尔·奥唐奈（Claire O'Donnell）、卡伦·甘蒙（Karen Gammon）、卡西·戈顿（Cath Gorton）、彭尼·德林考尔（Pennie Drinkall）、约安·鲍克（Joann Bowker）等诸君让社会学系运转顺利、关系融洽。对于音乐素材，我特别要感谢 VSBs、理查德·莱特（Richard Light）、吉利安·韦尔奇（Gillian Welch）、戴维·罗林斯（David Rawlings），以及已故的、无与伦比的凯瑟琳·费里尔（Kathleen Ferrier）。我还要对以下诸位给予的友谊和支持表达爱和感激：埃里克·克拉克（Eric Clark）、布里奇特·格雷厄姆（Bridget Graham）、史蒂夫·弗利特伍德（Steve Fleetwood）、赫勒·菲舍尔（Helle Fischer）、科斯蒂斯·哈吉米哈利斯（Costis Hadjimichalis）、弗兰克·汉森（Frank Hansen）、理查德·莱特（Richard Light）、凯文·摩根（Kevin Morgan）、卡罗琳·纽（Caroline New）、温迪·奥尔森（Wendy Olsen）、约翰·奥尼尔（John O'Neill）、莉齐·塞耶（Lizzie Sayer）、贝弗利·斯凯格斯（Beverley Skeggs）、迪娜·瓦约（Dina Vaiou）、琳达·伍德黑德（Linda Woodhead）、卡琳·措茨曼（Karin Zotzmann），尤其感谢和祝福阿比·戴（Abby Day）。本书献给我已故的母亲——玛丽·塞耶（Mary Sayer，1910 年 9 月 29 日—2003 年 10 月 18 日）。

第一章

导论

～～～～～～～～

　　阶级是一个令人困窘和不安的主题。在许多社会情境中，只要我们贸然提及阶级，尤其是涉及交谈对象或可耳闻到谈话内容的旁人的阶级，都有可能被视为唐突之举。除非他们刚好是社会学家，否则一般人极少打听别人究竟归属于哪个阶级，这不仅是因为阶级归属通常显而易见，也因为这么做会显得无礼粗鲁。值得注意的是，当我们提及阶级时，我们通常会使用"工人"阶级（"working" class）这样的委婉语来指下层阶级，用"中产"阶级（"middle" class）涵盖上层阶级。这一困窘反映了阶级具有在道德上可疑的本质，究其事实根源，人们的生活机会以及未来会成为什么样的人，都深受出身阶级的偶然运气和随之而来的诸多不平等的影响。虽然我们或许会说，阶级不应该被认为与价值有任何关联，但这只会让阶级不平等的事实变得更加令人不安：为什么我们的生活前景（life-prospects），无论是黯淡还是光明，竟与我们的所需之物或应得之物关系甚微呢？这样的问题出现在我们的日常阶级经验中，尤其在我们与不同阶级的他人的关系里。

　　阶级之所以对我们如此重要，不仅仅是因为它带来物质财富和经济安全的差别，而且还因为阶级影响到我们获取各种我们有理由珍视的事物、关系、经验和实践，由此影响到我们获得圆满生活的机会。同时，阶级也会影响他人对我们的评价与反应，进而又影响到我们的自我价值感。我们是评价性的存在者（evaluative beings），我们会不断地监测、评估自我与他人的行为，需要他人的认可与尊重，然而在当代社会，这一切均发生在诸如阶级、性别和"种族"（race）等各种不平等的语境之中，而这些不平等既影响到我们有能力做什么，也影响到我们如何受到他人的判断。屈尊、恭敬、羞耻、内疚、嫉妒、怨恨、傲慢、鄙视、恐惧和不信任，或者就是纯粹的互不理解和排斥，都反映了不同阶级人们之间的典型关系。有些人可能会或想要尊重、关心和体贴其他阶级的人，但是不平等本身往往让他们的尝试被怀疑为屈尊俯就、傲慢无礼或强行亲近，因此也就屡屡受挫。当我们对他人的阶级做出或多或少的微妙反应时，我们当然是在对他们在很大程度上无法控制的环境，事实上就是对他们的偶然出身做出反应。只要人们意识到了这个事实，就很难不影响到他们对阶级的感受。正是因为所有这一切，所以人们一谈到阶级就会倍觉困窘，乃至避而不谈。无论喜欢与否，阶级都引发了如下议题：人们如何在特定的语境中受到评价，而在该语境中，人们的生活机会和成就客观上受到了与他们的道德品质或其他功绩无关的因素的影响。

在本书中，我试图分析和解释对阶级的主观经验中常常受到压抑的道德维度（moral dimension），以及这种道德维度为何重要。虽然社会学家对阶级议题的众多研究中都隐含着道德维度，但由于他们把重点放在行为的惯习特征（habitual character）、对自我利益和权力的追求和主流话语（discourses）的影响力，这一维度往往遭到掩盖。尽管这些因素都非常重要，但我更想强调行动者的行为和斗争中的道德维度，并且分析在行为和斗争背后的常民规范性思想和情感的基本理据。这里要分析的是，阶级不平等如何影响人们的承诺（commitments）和对益品（goods）的评价与追求，如何影响人们的伦理秉性（ethical dispositions）和对待他人的方式，以及这些如何反过来影响那些不平等的再生产或转变。这些不仅仅是关乎人们的简单事实，而是显然对人们**极为重要**（*matter*）。它们是人们关切之物，而且关乎其福祉，事实上，它们关乎人们的身份认同或自我。

为了对其进行分析，我不仅要借鉴现有的社会学和社会理论的论著，还要借鉴道德哲学的研究。这种组合非同寻常，但我觉得这样可以取长补短：当社会学对常民规范性思想和感受（简称"常民规范性"［lay normativity］）感到有兴趣时，通常是对它们的社会坐标（social coordinates）及其对社会秩序的意涵更感兴趣，而不是它们的实际理据；另一方面，当道德哲学专注于这些理据，通常会将道德概念和情感从它们的社会语境中抽象出来，从而导致一种个体主义的分析，把超出个人所能被合理期待承担的更多责任施加于他们身上。（颇具讽刺意味的是，考虑到这种抽象化的程度不同，夸大个人责任的倾向也经常出现在常民思考中。）通过这些方式，我希望不仅能够深化对阶级的理解，而且可以提高社会理论对阐明常民规范性的能力。

人们对阶级的规范性关切（normative concerns）不仅是关于物质益品的不平等分配以及承认和尊重，还涉及人们认为可欲的生活方式、实践、目标、行为和性格类型这些方面究竟什么是好的。根据人们的阶级、性别、"种族"、族群和其他社会划分，有些人可能会觉得自己可以获得这些益品，而有些人则觉得这些遥不可及。行动者之间的竞争和斗争，既是**为了**获得这些被公认为有价值的益品，同时也为了定义何者**是**有价值的或值得的。有些人可能主要想得到被占统治地位群体所垄断的益品，有些人最关心的则可能是其他不同类型的益品。我将论证，我们不能仅仅以霍布斯式的对经济、文化和社会资本方面的利益追逐来理解这些斗争，正如皮埃尔·布尔迪厄（Bourdieu, 1984）所主张的。虽然获得这些益品可能会带来权力、承认，或许还招致嫉妒，但行动者也可能是为了事物本身的价值而去追求它们。斗争不仅仅是为了权力和地位，同时也关乎如何生活。

人们在与他人的关系中体验到阶级，部分是透过道德和不道德的情感或情绪而体验到的，例如仁慈、尊重、同情、骄傲和嫉妒、轻视和羞耻。这些情绪不应被视为与理性对立：正如许多哲学家所主张，这些情感总是关于某些事物；它们是对影响自身与他人福祉的事物所做出的具身化评价性判断（embodied evaluative judgements）。因此，羞耻感可能反映出我们意识到我们缺乏自己与他人都珍视的事物，而那些确实拥有这些事物的人由此觉得我们低人一等。同情则是一种对某人无辜受苦的反应。不同的道德情感有不同的规范性结构（normative structures），对其进行分析可以让我们知道产生这些情感的情境。此外，由于道德情感是对人们所处的环境及其所受到的对待而作出的反应，我们可以想见，这些反应的分布大致根据个人在社会场域（social field）中位置的不同而发生变化。我的主要目标之一是说明这是如何起作用的，尽管说其中存在一定的"逻辑"有些言过其实。虽然这些感受可能有一定的模式可循，反映共同的推理形式，但情感和推理与基于证据的逻辑推理一样，也可能含有滑移、中断、不当推论和一厢情愿等问题。例如，处在受支配地位的人渴望自己拥有宽宏大度的精神，避免因怨恨而心生不满，这很有可能导致他们拒绝把支配者所拥有的优势看作是不应得的，不管反面证据如何强有力。正如布尔迪厄承认，面对诸多根深蒂固的、不应得的不平等，抵抗要比服从和臣服更加痛苦、更少得到回报；现实压力可能会妨碍人们遵循理性（Bourdieu，1984）。

然而，不服从和抵抗并不罕见；行动者的思想可能会超越他们自己的社会位置和个人利益，而道德观念是使他们有能力这么做的主要资源之一。虽然我们正式和非正式的道德教育都鼓励我们尊重他人，把他人视为与我们一样具有同等的道德价值，但是，我们面对的是这样一个社会：在其中，人们显然没有在资源分配或承认的层面上得到平等对待。因此，阶级差异和性别差异一样，与支持平等承认和尊重（equal recognition and respect）的道德原则及道德秉性相冲突。当然，常民道德（lay morality）本身是不自洽的，它常常支持没有得到证成（unjustified）的不平等，错误地认为这些不平等跟性别不平等一样具有自然的基础。但是，几乎没有人会认为阶级差异有自然的基础。

本书始终都贯穿着一种张力。这是因为本书既关注阶级的道德意义，也强调阶级的非道德决定因素。不过我将要指出，这种张力源自阶级自身的本质，也是人们普遍对阶级感到不安和矛盾的根源。阶级缺乏正当的道德理由，但是不同阶级的人很可能觉得自己必须为他们的阶级差异进行证成。这对他们来说是个难题，因为出身阶级（natal class）的巨大影响、阶级再生产机制和象征性支配（symbolic domination）机制，这三者均不能反映道德差异。为了理解阶级差异，人们会尝试以下两种方法：一种是忽略这些机制，认为阶级差异反映了道德价值差异或其他类型的功绩差异；另一种就是直面自身的道德运气（moral luck），承认自己的优势或劣势是不应得的。通常，行动者往往兼纳这两种论点，并对此感到不同程度的不适、困窘、怨恨、羞耻和愧疚，尽管有些人可能会对自己的阶级地位感到骄傲。有些人认为自己与他人地位平等、无分贵贱，并且希望别人也是如此看待自己。有些人则会寻找超越他人的优势。还有一些人坚定地要求他人的尊重（respect），但也有人可能卑微地寻求可敬（respectability）。很多人大概会通过道德划界以把自己和其他人区别开来，宣称自己拥有懿德美行，而把恶德罪行归咎于他人。

人们在思虑更深的时候，可能会求助并发展"民间社会学"（folk sociologies）来解释他人的行为与特征，尤其是解释他们认为有问题的其他阶级成员的行为。对于那些有问题的行为，他们可能只凭借简单的刻板印象，将其归结为阶级位置（class position），但他们有时会按照阶级位置来考虑道德运气的影响，这样他们就能判断他人是否因其阶级优势或劣势而做得好或坏，或者判断他人不管处在何种阶级位置，仍然做得好或坏。虽然人们可能会认为阶级对人的行为有影响，但他们通常也想说，人们对自己的行为和运气仍需负有一定的责任，因此，阶级劣势不能成为反社会行为的借口。人们有时可能会试图把自己对这些行为的反对和他们对行动者的阶级身份的感受区别开来，以便他们谴责的是行动者的行为，而非其阶级身份。这些解释、区分和评价就其内在而言是困难的，但人们有时仍对其进行反思，试图理解社会不平等，而且还可能对他们自己的行为和自我评价产生影响。

因此，这项研究要求我们认真对待常民规范性，尤其是关于日常生活的伦理学，我们必须深入探讨其内容和内在理据。鉴于最近的社会学研究重点把这些议题边缘化，强调的是惯习行为（habitual action）、利益驱动行为（interest-driven behaviour）以及主流话语脚本（discursive scripts）的内化，因此，对常民规范性的强调或许需要某种证成（justification）。我并非第一个呼吁人们要将注意力放在社会生活之道德层面的人。阿尔文·古尔德纳（Alvin Gouldner，1971）、珍妮特·芬奇（Janet Finch，1989）、齐格蒙特·鲍曼（Zygmunt Bauman，2001）、卡罗尔·斯马特和布伦·尼尔（Carol Smart & Bren Neale，1999）、拉尔夫·费夫尔（Ralph Fevre，2000）和简·里宾斯·麦卡锡等人（Jane Ribbens McCarthy et al.，2003），还有其他很多学者都这么做。然而，这些议题似乎没有得到后继研究。有人甚至怀疑阶级概念在某些领域是否继续适用。接下来让我们不妨逐一分析这些问题。

常民规范性

如果理论不能对主体自己评价社会秩序的规范性立场采取绝对的开放态度，理论就会与社会不满的面向完全脱节，而这

正是理论应该时刻关注的。(Axel Honneth，2003，p.134)

在日常生活中，最重要的问题一般是规范性问题。当然，我们需要对何物存在、对至少某些事物如何运作具备实证性的实践知识(positive practical knowledge)，但是，除非我们特别好奇，或者参与教育活动，否则这些事情对我们的重要性就不及评价什么是善或什么是恶、我们或其他人应当如何行事这些问题。这并不是说，我们总是需要直接思考这些问题，因为就像布尔迪厄大概会说的那样，我们往往拥有"掌握游戏/比赛的感觉"(a feel for the game)，尽管我们很有可能被迫停下来去反思发生在我们身上的看似错误或反常的事情。

社会科学家被教导要采用和优先考虑实证性观点，除非他们也研读哲学，否则就要压抑规范性推理(normative reasoning)。在过去 200 年的时间里，社会科学中的实证性和规范性思想逐渐分离，这不仅涉及把价值从科学中驱逐出去的企图（尽管未完成），还涉及把科学和理性从价值中驱逐出去，从而使得价值看起来只是原始的、主观的信念，并且超出了理性的范围。[1]这种将价值去合理化(de-rationalisation)的做法与这一事实相悖，即在必要时，例如我们感知到不公正的发生，我们确实会对价值进行思考，而不是诉诸个人偏好或纯粹的惯例。

规范性和实证性思想的分离使得许多批判性社会科学不仅无法确立自身的规范性立场，也无法识别在人们的生活中极为突出的规范性关切、区分和评价，而日常生活正是社会科学的研究对象。于是，社会科学家容易陷入理论/实践的矛盾，也就是说，他们对行动的描述既不能解释他们自己的日常行为，而且他们也不会据此

[1]　社会科学的早期创立者将实证性和规范性话语紧密结合起来（参见 O'Neill，1998；Barbalet，2001）。

去生活。虽然社会学家根据社会位置和话语来解释他人的行为——实际上，这就意味着"他们大概会这么说 / 做，不是吗？"——但是，社会学家在解释自己的行为时，一般是通过使自己的行为得到证成，就像其他人一样。[1]比如，社会学家不会说，他们在社会学争论中提出来的论证只是其自身立场或个人利益的产物。面对这种理论 / 实践的矛盾，"……我们应该通过将理论所言应用于我们的行动和生活中来检视之；如果理论与我们的行动契合，我们应该接受它，但如果它与之冲突，我们应该将其视为［纯粹的］言辞"（Aristotle，转引自 Griswold，1999，p.49）。[2]

当然，在某些重要的方面，我们对行为的证成确实受到我们的社会位置和更广泛的话语的影响，但我们需要反思性（reflexivity），不仅是为了审视这些影响，同时也为了反向检视有什么是这些影响**不能**解释的，即日常生活环境何以经常要求我们证成自己的行为。

常民规范性应被认真对待，恰恰是因为它对人们来说至关重要，而其重要性正在于它深刻地影响着人们的福祉。不同群体、阶级、性别和族群之间社会场域的斗争毫无疑问涉及惯习行为以及对权力的追求，但这些斗争也包含一系列规范性理据，这些理据对行动者而言极为重要，因为它们已经蕴含在行动者的承诺、身份和生活方式中。这些规范性理据关注何者有价值、如何生活、什么值得追求和什么不值得追求等问题。表面上看来，这些只不过是不同的"价值观"，重要的只是它们与社会位置形成联系的方式。的确，有一些饶有趣味的社会学研究以此作为对象，例如布尔迪厄和

---

[1] 参见曼内特对社会科学中关于行为的旁观者视角所做的深刻的历史性分析（Manent，1998）。

[2] 马克思有类似的评论："说生活还有**别的**什么基础，**科学**还有别的什么基础——这根本就是谎言。"（Marx，1975，p.355）（译者注：该处译文来自《马克思恩格斯文集》第 1 卷，人民出版社 2009 年版，第 193 页。）

米歇尔·拉蒙的著述（Bourdieu，1984；Lamont，1992，2000），
然而，对人们来说重要的是这些不同的价值是否可辩护，它们对
于福祉的潜在意义是否真实。人们有一些具体的担忧，比如应该
如何养育他们的孩子（Lareau，2003；Reay，1998b；Walkerdine
& Lucey，1989），别人是否公平地对待他们、尊重他们（Skeggs，
1997），或者在友谊和成就等益品之间取得平衡，据此来反思自己
正在过的生活方式（Archer，2003）。

　　因此，如果我们要理解常民规范性，我们就必须超越社会学
化约论（sociological reductionism），这种化约论贬低和轻视常民
为信念和行动提供正当理由的证成方式或理据。行动者的理据有时
的确只不过是对自己位置的合理化：经济上的成功者会特别重视成
就，不是吗？穷人会说，除了钱，还有其他东西更重要，不是吗？
不过，虽然我们都有合理化的能力，但我们有时也能够放弃最适合
我们社会位置的观点，并转而采用不同的观点。社会学家自己就经
常这么做，但是出于职业倾向，他们经常假定他们的研究对象不会
这么做。我将指出，承认对自己和他人的道德评价在多大程度上独
立于阶级，与承认这些评价在多大程度上相关于和相应于阶级，这
是同样重要的。事实上，只有凭借常民道德判断的双重性质，我们
才能理解为什么阶级会带来困窘、怨恨和羞耻感。这并不是说，人
们必然拥有特别一致的规范性观念。这些观念往往不同，有时前后
矛盾；中产阶级的人或许憎恨上流权势者的势利，同时却对底层弱
势者也一样势利。但不论如何自相矛盾，其理据本身毕竟是重要
的，而且我们作为行动者，有时很难避免参与其中。

　　毋庸置疑，这些理据确实可以在现有的话语中找到，但它们
不仅仅是对社会脚本（social scripts）之碎片的内化和记忆。话语
来自并相关于比使用这些话语的个人所直接经验到的更广泛的情
境，从而使得他们能够感同身受地经历个人以外的世界。虽然话语
在某些方面限制我们的思想，但它们可以容纳不同的解释和应用方

式，以及无穷的创新和形态变化，而话语也往往包含不一致和矛盾，这使得它们面临来自内部的挑战。尽管话语建构了人的感知，但它们并不必然会阻止人们鉴别出错误的主张；举例来说，有人相信社会世界是建立在功绩主义（meritocratic）基础上的，但这并不意味着仅凭此就没有任何经验可以让他们对此产生怀疑。许多与不平等有关的话语显然也是规范性的，而规范性话语预设了在应然（what ought to be）和实然（what is）之间存在可辨识的**差异**（*difference*）——否则，规范性话语就是多余的了。因此，女性主义对性别秩序提出了极其丰富的批判，并表明使性别差异正当化且重视性别差异的父权制预设实际上何以是一种意识形态。这样做不仅为我们提供了另一套价值观，供我们接受或者拒绝，就像个人有颜色偏好那样，同时也证明了关于男女传统角色具有诸多优点的预设是**错误的**（*mistaken*），即是不真实的，因为这些预设缺乏自然基础，带来痛苦并妨碍能力发展，而不会促进繁荣或福祉。女性主义批判由此为行动者提供了另一种强有力的、他们可参与其中的道德话语。

我集中探究的规范性类型主要是道德，这也是事关我们福祉的最重要的规范性。我所说的道德只不过涉及何种行为为善，我们由此应当如何待人，其他人应该如何对待我们。关于这些事情的道德感受、观念和规范也蕴含并融入了哲学家所说的"善观念"（conceptions of the good）*——关于人应该如何生活的更广泛的观念或认识——虽然在日常生活当中，这类认识通常不如哲学家所设想的那么融贯和明晰。我会沿用"道德"的旧有意涵，并把日常生活中隐含的道德观念容纳进来，将其视为道德关切的一部分。有些人可能更偏向使用"伦理"（ethics）这个术语而非"道德"（morality）。有时候这两个术语被假定存在这样的区分，"伦理"对

---

* 这个概念是由罗尔斯在《正义论》中提出的，主要指在一个多元化的社会里，彼此自由而平等的公民个体所具有和追求的特定且合理的个人利益或一个好生活目标。——译者注

8

应于非正式的、具身化的秉性（embodied dispositions），这些秉性来自社会生活，或许来自特定的共同体，而"道德"则对应于正式的规范和规则，尽管令人困惑的是，这两个术语的指涉对象有时会颠倒过来。我所指向的主要是非正式的、具身化的秉性，但会交替使用"道德的"和"伦理的"这两个形容词。[1]

把道德仅仅当作是一套以制裁（sanctions）为后盾，以社会秩序为鹄的的规范和规则，就相当于产生了一种关于社会生活之道德维度的异化观念（alienated conception），因为对道德的这种理解遗漏了对我们而言真正重要的事物，也忽视了道德何以应该具有内在力量。我们之所以以某种方式待人，并非仅仅因为有某些规范命令我们应该这样做，也不仅仅因为我们担心违背命令就会遭到惩罚。我们通常也以某种方式行事，因为我们觉得这是正确的，不仅仅是因为如果不这么做我们会受到惩罚，也不是因为以其他方式行事可能会造成某种伤害。

在社会学中，对道德的理解普遍采用的是异化的观念，根据这种观念，道德被认为是次要的，是一种外在的行为调节体系，还被视为一种内在保守而反动的体系，有鉴于此，或许有必要提醒，道德对我们的身份和福祉是多么重要。我想请已经习惯于以这样一种异化的方式来设想道德的读者暂停一下，思考以下几个问题：

---

[1] 按照黑格尔的看法，道德（*moralität*）通常与伦理（*sittlichkeit*）区分开来，*moralität* 是对人类需求或理性的一种普遍概念，据此可以评价现存的社会和政治安排；而在 *sittlichkeit* 中，个体之善——实际上是他们的确切身份和道德能动性（moral agency）——与他们所属的共同体，尤其与他们所占据的社会和政治角色密切相关（Kymlicka，2002，p.209）。黑格尔认为，*moralität* 因过于抽象而无法提供指导，也因过于个体主义而忽视我们被镶嵌于共同体之中这一事实。当然，特殊的社团（communal）伦理可能会主张普遍性，而反过来说，普遍性主张也可能会成为一个共同体（community）的伦理气质（ethos），至少在自由主义社会中看上去是部分如此。政治哲学家，尤其是自由主义者经常做出另一种区分形式，即分别把伦理与善（the good）、道德与正当（the right）关联在一起。这种区分方式非常模糊，于我的探讨目标并无助益。

- 你生活中重要的是什么？——你在乎什么？
- 你认为别人应该如何待你？你认为自己应该如何待人？为什么别人没有善待你时，你会感到沮丧？如果你尝试向他们抗议和讲道理，你会怎么做，会使用什么样的论证？为什么他们不应该那样待你？
- 什么样的行为会让你感到羞耻或愧疚？为什么？

如果有人宣称上述问题无足轻重，或者我们可以避而不理，这是非常奇怪的，而且这些问题本身没有丝毫保守的成分。[1]考虑到这些问题，我们应该深刻认识到道德的重要性，以及道德与我们的自我理解、幸福和福祉的密切关系。当然，痛苦和不幸通常不只是其他个人所导致的，更是由社会结构及其主流话语，以及这些话语中被视为理所当然的假设和理解方式所导致的，它们先于任何特定的个体而存在，并影响个体的身份认同。但这些对我们**极为重要**。这些原因的性质之所以重要，正在于它们所导致的伤害或益处。社会科学往往更善于思考这些原因，而不是思考这些原因及其后果为什么对我们来说是重要的。

道德维度是不可避免的。几乎没有任何社会关系"是可理解的，除非我们认识到社会关系所承载的伦理责任和义务，而且……我们的道德生活绝大部分都是由这类忠诚与承诺所构成的"（Norman，1998，p.216）。此外，

---

[1] 这些问题无须与宗教有任何关系。有些人很好奇，"认真对待道德"这一请求可能的基础是什么，对于这类疑问，我或许应该说明，我本人是一个无神论者。我要指出的是，世俗化创造了我们成为负责任的、反思的道德主体的可能，不再依赖建制的宗教权威和教条作为行为指导——当然，我们未必能够把握这个机会。

> **因为我们沉浸在构成我们生活总体的人际关系网络，我们"总是已经"在运用着道德判断。**关于我们是否可以进行司法、军事、治疗、美学，甚至政治判断，可以有合理的争论，但对于道德判断，则不存在这样的选择余地。道德领域是如此深刻地与那些构成我们生活世界的交往活动纠缠在一起，以至于停止做道德判断就相当于在人类共同体中停止与人打交道、交谈和行动。（Benhabib，1992，pp.125—126，强调为原文所加；另见 Habermas，1990）

当代社会学家很少论及社会生活的道德维度。他们通常倾向于谈论恶的事物，而非善的事物，尤其是关于剥削、压迫和支配等广泛范畴，比如性别歧视和种族主义；他们也比较倾向用这些术语描述某些特定行为，而不会用美德和恶德之类的词语，例如善良、敏感、麻木和自私。关注恶的事物而非善的事物并不令人惊讶，因为恶才是最需要被关注的。[1] 此外，许多坏事并非由恶意（ill will）引起，而是有其习俗和实践的基础，当中有相当一部分习俗和实践被广泛认为是得到证成的，更确切地说是"道德的"，或者有其自然之根源。因此，一方面，忽略习俗和实践的道德意义，转而对再生产它们的结构和话语给予更多的政治关注，这似乎是合情合理的。另一方面，只要习俗和实践没有制造对人的不公对待或者妨碍人的发展能力，它们就不会被当成是问题。而没有道德，任何一种政治都会迷失方向——正如它们在缺乏道德维度的情况下能够减少压迫，它们同样也能够增加压迫。[2]

---

[1] 相比之下，道德哲学家——尤其是英美哲学家们——很少谈论恶，他们一般假设恶就是善的缺失。因此，除了极少数例外（例如 Glover，1999），人们在道德哲学中很少读到探讨现代社会最严重的恶。道德哲学和社会学都有对方缺失的部分，可以互补，两者迫切需要对话。

[2] 正如卡罗尔·斯蒂德曼（Carol Steedman，1985）所言，进入主体性（subjectivity）领域并不是要摒弃政治——相反，主体性是政治的一个先决条件。

　　道德规范、道德情感（sentiments）或情绪（emotions）当然会因文化而异（culturally variable），但对这一点必须审慎考虑。行动者感到骄傲或羞耻的特定实践方式，他们赞同或反对的特定属性，表达尊重和蔑视的特定惯例形式等当然都是因文化而异，但是像骄傲和羞耻、尊重和蔑视等这样情绪，以及像恐惧和安全等更加原始的情绪，似乎是跨文化的。行动者在不同文化中的差异似乎并不在于情绪本身，而在于情绪的指涉对象（referents）或刺激物（stimuli），但这种情感和规范究竟在多大程度上是因文化可变的，则绝对是一个经验问题，而不是一个先验（a priori）问题。

　　某种社会建构主义（social constructionism）的唯心主义版本假定任何事物都可以被社会性地建构起来，好像只需要通过集体的一厢情愿就能够实现，因此欣欣向荣（flourishing）或痛苦（suffering）只不过是主流思维方式所定义的结果，与我们的能力和感受性无关——甚至，连我们的能力和感受性本身都是以唯意志论的方式建构出来的（voluntaristically constructed）。按照这种观点，压迫、侵犯或虐待等概念都是不可理解的，因为在这些概念所指涉的实践中，不存在任何独立于这些实践却受到这些实践损害的事物：损害只存在于旁观者的心灵之中（Soper, 1995）。当然，道德是社会建构的，所以因文化而异，但如果我们要理解这一点并避免唯意志论（voluntarism），就必须更加认真地对待建构这个隐喻，而不能淡然置之。一切建构都必须使用到材料，而建构得以成功的一个必要条件是根据材料的属性来使用它——这些属性在很大程度上独立于建构者而存在，不仅仅是一厢情愿的思维产物，虽然它们也可能是此前社会建构事件的产物，但后者又受到其所使用的建构材料之属性的限制和促成（Sayer, 2000a）。材料可能是观念性的，也可能是物理性的，但即便是观念性的材料也在一定程度上独立于行动者尝试使用它们的预期意图。有些话语建构之所以失败，是因为它们被置若罔闻，无法引起共鸣，或者尝试去做实质上不可能的计划。道德的对象是人类福祉，有时候不管痛苦与欣欣向荣是如何**被诠释的**（*construed*），我们都是既能感受痛苦，也能达致欣欣向荣的存在者。

我们对这类事物的判断是对诸多客观可能性的可错（"主观的"）评估。当我们使用"支配"、"压迫"或"剥削"这类术语时，我们表明某些伤害、不公或痛苦是客观造成的，而不是如主观主义暗示的那样，我们仅仅表明观察者不喜欢它们所指的东西，并被它们所困扰。这些术语暗示了我们有充分理由相信损害和痛苦是客观存在的，事实上，即便我们没有认识到它们，它们仍然是存在的（比如，我们大概可以说，性别歧视妨碍了女性的充分发展，即便我们还没有确认这一事实）。这些术语兼具描述性和评价性内容，实际上，在这些案例中，两者是不可分离的。与唯心主义不同的是，这些伤害或者苦难不仅仅存在于旁观者的心灵之中，而且还指向已经造成的损害，不论是否有人观察到。可以肯定，福祉有多种多样的类型，而关于福祉的观念本身也因文化而异。然而，这些观念也是可错的（也就是说，有些事物独立于这些福祉观念，而我们对这些事物的观念有可能是错误的）。比如，单独监禁和切割女性生殖器官都在客观上带来严重伤害。一厢情愿并不总能起作用，而且某些对福祉的文化定义明显带有一种公然辩解的功能，例如，父权制意识形态认为女性天生就适合从事枯燥乏味的工作，并主张承担无偿的照顾工作应该被视为一种美德。无论当代激进社会科学在辩护或批判价值立场上有多么小心翼翼，也无论它对自己陷入种族中心主义有多么恐惧，它都完全取决于这项假设：不是所有生活方式都一样好。对性别歧视、种族歧视、恐同症的负面评价是基于对这些事物的性质及其后果可错的但很有可能在实践上恰当的评价。[1] 虽然我的主要兴趣是对经济生活中的常民规范性进行实证性分析，但是在人类需求、福祉或痛苦的性质等方面，要明确区分

12

---

[1] 我将在第九章对这种价值实在论（a realist theory of value）作进一步的辩护。

实证性和规范性是不可能的，也可以说是不可欲的。对规范性意涵毫无兴趣的"批判理论"是自相矛盾的。

小结：人们如何对待彼此对他们来说是极其重要的；我们是陷入悲惨之地抑或获得幸福，均有赖于此。某种温和的社会学化约论形式具有一种危险，根据这种化约论，道德情感和规范不过是任意的社会约定（social conventions），人们将其内化之后变成了习惯，就像他们习惯于以约定俗成的方式拿刀叉或筷子吃饭一样。这个观点完全没有理解道德议题的**严重性**，没有理解道德议题如何关切那些会影响到我们福祉，且经常提出难题和二难困境的事物（Midgley，1972）。即使是社会学化约论者，至少在他们下班的时候，在面对不公对待时，他们不会仅仅抱怨当地规范被违背了，或只是表示自己不喜欢受到不公对待，而是会论证这样的行为为什么是不合理的和有害的，并指出已经造成的伤害的类型。伤害与痛苦不只是建构物。人们的生活可能因羞耻和自尊心过低而饱经摧残，在极端的情况下，人们还有可能把自己对他人或对某些特殊事业的承诺，看得比自己生命的价值更高。如果这些感受被化约为由制裁支撑的单纯规范，那么它的规范性力量（normative force）——对于行动者而言最重要的方面——将完全被抹杀。

阶级的复苏

对某些人来说，"阶级"就算说不上是一个过时的范畴，在今天其重要性也已经日渐下降，尽管在过去 25 年里，许多国家的经济不平等现象愈演愈烈。对此有几个原因可考。人们越来越不遵从大众文化与精英文化之间的差异，其间的界限变得越来越模糊，这意味着阶级不平等不再那么严重影响人们对自己和对他人的评价。尽管如此，大众文化不但因阶级而产生差异，尤其在文学和电视中，其内容还特别与阶级**相关**——或与阶级的刻板印象相关——尽管阶级这个字眼很少出现。[1]在主流的英国政治中，新工党对旧工党的厌恶使得承认阶级变得很有风险，除非使用那些法律规定意味浓厚的术语，尽管"下层阶级"这个字眼倒是偶尔被提及。在生活政治（life-politics）和主流政治之中，其他不平等和差异的主轴——尤其是性别、"种族"和性特质——已经成了急先锋，鉴于它们之前备受忽视，这是非常应当的。随着女性主义和反种族主义的兴起，大众政治和主流政治把基于性别、"种族"以及其他例如性特质和残疾的差异所造成的歧视确立为不公正和不道德的，在这个方面，它们取得了重要的进展。但在许多方面，对它们的承认是以牺牲对阶级的兴趣为代价的。因此，平等主义在一些前沿议题上取得进展，但同时在阶级议题上退步了，从而使得传统的分配政治明显转向了新的承认政治。[2]

这种不平衡的发展背后是有其逻辑的。贝尔·胡克斯（bell hooks）指出，随着美国变得越来越不平等，阶级成了一种并"不酷"的主题（hooks，2000，p.1）。作为一个生活在纽约格林威治村的黑人女性，她经常被当地人当成是保姆或商店售货员。她的邻居大多是白人，他们：

> 是社会自由主义者和经济保守主义者。他们或许相信和承认多元文化主义，也乐于接受差异性（我们的社区住着同性恋白人和白人直男，他们至少有一位黑人、亚裔或西班牙裔的朋友），但是一旦涉及金钱和阶级，他们就会希望保护其既得利益，让其持续下去，再生产出更多——他们欲求得到更多。他们已经拥有了那么多，而别人拥有的却很少，这一事实并没有给他们

---

[1]参见 Skeggs，2004。

[2]正如霍耐特所言，这一描述在某种程度上不够准确，因为传统的分配斗争一般也是由追求平等价值的承认这种需求驱动的（Honneth，2003）。

带来道德上的痛苦，他们认为自己的好运气是被上帝挑选的标志、是特别的，也是他们应得的。（hooks，2000，p.3）

开明、富裕且受过教育的白人认为，因其性别、"种族"或性特质而不平等地对待他人是不道德的，他们大体已经意识到，如果他们变成性别歧视者、种族歧视者或者恐同者，那么对不公正和不应得的不平等之再生产，他们本人就需要承担责任。但是，他们并不认为阶级不平等是不公正的，而且他们也不认为自己要对此负责。重点在于，他们怀有的后面这个想法在某个意义上并没有错。某种经济不平等——比如，在白人女性之间或在黑人男性之间——可以［1］与蓄意的阶级歧视无关，单纯由与身份无关的"市场彩票"（lottery of the market）机制产生。相比之下，性别和"种族"的不平等（包括性别和"种族"在经济上的不平等）主要是敏感于身份的过程的产物。

近几十年来，在雇佣关系方面的道德取得了一定进步，标志之一是出现了机会平等政策，该政策目的在于防止与性别、"种族"、年龄、族群、性特质、残疾、宗教等有关的歧视。其中有些政策提到阶级，但是令人感到震惊的是，在实施政策的过程中，阶级往往被遗漏了。［2］对这样的疏忽，存在这样的论证：阶级与雇用资格的关系如此密切，且极其深入地体现在雇用资格中，以至于阶级创造了真正的差异，使人适合于不同类型的工作，因此我们不能低估阶级的影响。但这个论证是很难提供辩护的，因为同样的论点可以用来说明造成社会分工的其他根源。更可信的是这个论点：虽然资本主义或许可以处理与性别、"种族"、年龄、性特质等相关的平等问题，但要消除阶级却是资本主义无法承受的。当然如此，因为创

---

［1］"可以"这个词是经过慎重选择的，意在表明经济不平等当然**也**可以被归因于人为的歧视。参见下文第四章。

［2］例如《欧盟阿姆斯特丹条约》第13条（Walby，2004）。

造不同薪酬等级的工作，这一行为本身就是积极地再生产阶级，因此，还要说在阶级结构中保证求职者的阶级出身与其获得不同工作的能力差异无关，这至少是非常奇怪的。[1] 即便有人被选中与其阶级出身关系不大，但他们的子女仍然会继承随之而来的新的阶级优势或劣势，由此产生的持久而客观的效果也会严重影响他们的子女从事某些特定工作的能力。当工作机会本身就是不平等的，并且是阶级再生产的根本原因，为与阶级相关的机会平等而辩护的做法就显得非常荒诞了。[2]

　　社会科学本身对阶级的关切近来也一直在消退，虽然关于社会分层（social stratification）的研究仍然在继续（Goldthorpe & Marshall, 1992）；正如米歇尔·巴雷特（Michèle Barrett）于1992年曾经说过的这句名言，阶级已经"不受欢迎"了（non grata）——或者，正如贝弗利·斯凯格斯（Beverley Skeggs）所言，"[阶级]被有特权忽视它的人给忽视了"（Barrett & Phillips, 1992；Skeggs, 1997）。这或许是因为人们此前对于阶级的兴趣通常被打上了与社会主义话语有关的烙印，而这些话语忽视了或者将性别、种族和性特质给边缘化了。[3] 另一个可能的原因在于，阶 15

---

[1] 关于社会流动性和功绩主义统治（meritocracy）的相关文献综述，参见 Savage，2000；一个有趣而扎实的分析，参见 Marshall et al., 1997。或许有人希望阶级机会平等政策可以改变阶级的再生产方式，即从一种竞争模式转变成功绩主义模式，在前者，每一场竞赛的赢家都以优势开始接下来的竞赛，而在后者，所有人不管其过去地位如何都在同一起跑线上，但从夺取经济、社会、文化和教育资本的彼此强化的斗争来看，这种乐观看法完全低估了在早期生活中阶级再生产的路径依赖（path-dependence）的力量。

[2] 有一种更为激进的论证指出，唯一能够使就业机会平等的途径就是让所有机会都获得同等的经济报酬。

[3] 基于男性户主的角度来评估阶级，以及根据父权制社会主义的假设认为阶级是关于男性的，这两种做法均遭到了强烈的批判（在我看来，这种批判是得到证成的），并从中形成了奇怪的反对阵营——即匪夷所思地拒斥了阶级，而不是拒斥将阶级仅仅局限于男性。

级难以在理解性别和性特质等现象所必要的理论框架内部得到诠释；虽然阶级和性别、"种族"一样，也是在承认和身份这个层面上得到确认和受到异议的，但是在很大程度上，阶级也是由那些独立于归因程序*之外的程序所产生的。

阶级本身是否被认为越来越不重要，取决于我们使用哪种社会学的阶级概念。[1]如果阶级被理解为基于强烈的主观阶级身份认同，以阶级意识和集体行动为先决条件，那么这些现象确实已经在衰落。然而，经济不平等仍在持续，其范围还在不断扩大，除此之外，正如迈克·萨维奇（Mike Savage）所述，根据布尔迪厄的分析，在多重分化（multiple differentiations）而非简单的、诸多差异边界清晰的方面，还存在着一种对阶级差异极其敏锐的感知。行动者有着高度敏感的阶级触觉，尽管他们不一定说得清楚阶级所造成的区分。无论社会学如何争论"阶级"的意义，阶级仍然是日常生活中"一个负载的道德能指"（a loaded moral signifier）（Savage et al.，2001a，p.875）。

在历经人们多年的忽视之后，近来对阶级的兴趣有复苏的迹象，尤其是对于阶级的主观体验。了解本书与这个现象以及其他文献的关联性或许对读者有所助益。

---

* 在社会学理论中，"归因"（ascription）或"归因程序"（ascriptive process）一般指为解释自己或他人的某个或某类行为或实践之所以如此发生或具有如此特征而寻求其原因或根源的因果性推论过程，这些原因一般有社会环境根源或个体心理构成或品格结构的根源，恰当的归因可以为人们理解、预测、控制或塑造行为提供依据。在道德哲学中，"归因"或"责任归因"一般指为某个行为或实践的道德后果寻求作为行为肇始者的个体行动者或集体行动者的道德责任。——译者注

[1] 关于这些论争的综述，参见 Crompton，1998；Goldthorpe & Marshall，1992；Savage，2000。

理论影响与经验影响

本书并不是首部探讨阶级的道德意义的著作。托尼（Tawney，1931）关于平等、朗西曼（Runciman，1966）关于相对剥夺（relative deprivation）[1]、桑内特和柯布（Sennett & Cobb，1973）关于"阶级的隐形伤害"的论述都是本领域里程碑式的研究。而引发我重新探讨这个议题的、对我的理论影响力最大的是皮埃尔·布尔迪厄的著作，尤其是他的著作《区分》（Distinction）（Bourdieu，1984）。这本书令人印象深刻，它提供了丰富的理论工具，对与阶级有关的"软性支配形式"（soft forms of domination）作出了富有洞察力的分析——甚至带有戏谑之才思。如果说社会科学领域有过通过命名而产生力量的例子，《区分》就是其中的典范，它提出了像"文化资本"（cultural capital）、"惯习"（habitus）这样的概念，极为清楚地剖析了隐性的支配结构和支配经验。然而，在这本书和他的其他大部分著作之中，布尔迪厄对社会场域斗争的分析却很少关注其道德层面，相反，他总是强调斗争的惯习性和工具性特征，好像只要结合惯习以及对地位和权力的追求，就能够驱动一切。就他考虑常民理解（lay understandings）的评价性特征而言，他主要从具身化秉性（embodied dispositions）和审美的角度而不是从伦理判断的角度来进行探讨。然而，这些社会场域的斗争隐含某种伦理层面，并且对个人而言，正是伦理的而非审美的不平等层面才更加重要，因为伦理的不平等更深切地关系到他们能否活得有自尊、感觉被他人看重并过一个富有意义的生活。这一点在布尔迪厄的著作《世界的苦难》（The Weight of the World）中的受访者的口述中显而易见，这是布尔迪厄和助手们在 20 世纪 90 年代主持的一项关于法国社会苦难的重大

16

---

[1] 朗西曼总结他的研究目标，在于理解"客观的社会不公与人们看待社会不公的态度之间的关系"（第二版，1972，p.382）。这也是我研究计划的主要部分之一，但我同时也关注不平等何以能够从人们对待他人的态度中产生。

研究成果（Bourdieu et al., 1999），受访者不仅谈到他们所遭遇的物质困境和不安全，而且强调了他们缺少尊重和自尊。

虽然我批判布尔迪厄的方法之中某些最基本的特征，尤其是其大部分著述中的那种加密规范（crypto-normative）立场、对于行动者的理性与反思性的低估，以及对于经济学家的隐喻的依赖（Sayer, 1999），但我认为这些问题是可以解决的，而且这种解决方法会强化对"软性支配形式"的分析。在将其思想具体应用于实证研究的过程中，他使用了一整套阐释性工具，这些工具比他那些最广为人知的概念，如"惯习"、"场域"、"资本"等更为丰富，也更不会过于化约；实际上，我们最好将这些概念视为不完整的归纳性概念。

其他对阶级的趋同性影响因素的阐释来自对阶级的主观体验的实证研究，大多属于人类学视角的研究，这些研究来自如下社会学家：贝弗利·斯凯格斯（Beverley Skeggs）、戴安娜·雷伊（Diane Reay）、瓦莱丽·沃克丁（Valerie Walkerdine）和海伦·卢西（Helen Lucey）、安妮特·拉鲁（Annette Lareau）、玛丽亚·基法拉斯（Maria Kefalas）、杰伊·麦克劳德（Jay Macleod）、米歇尔·拉蒙（Michèle Lamont）、西蒙·查尔斯沃斯（Simon Charlesworth）、迈克·萨维奇（Mike Savage）、盖纳·巴格诺尔（Gaynor Bagnall）和布莱恩·朗赫斯特（Brian Longhurst）。这些著作详细阐明阶级与性别的关系、阶级如何影响人们的自我价值感、对重大事务（如育儿实践）的规范性构想的阶级差异、群体如何部分通过道德划界把自己和他者区分开来，以及人们如何看待阶级现象本身等问题。

女性主义学者对工人阶级出身所作的研究（例如 Lawler, 2000; Reay, 1997b, 1998a & b; Skeggs, 1997, 2004; Walkerdine & Lucey, 1989）对本书启发很大。[1] 她们的著作集中关注性别的阶

---

[1] 对于社会生活道德层面的分析，至今有较大进展的是性别，而不是阶级。虽然女性主义对使用道德这个概念非常警惕，或许是因为道德带来保守的联想，但按照我对道德的定义，女性主义对父权制的批评在很大程度上是具有道德性的（Finch, 1989; Smart & Neale, 1999; Sevenhuijsen, 1998; Tronto, 1993）。

级化和阶级的性别化过程，同时她们还主张，这两者并非彼此分离
的现象，只有把它们结合起来才能得到充分的理解，而不是将它们
个别地进行抽象（abstraction），然后再把抽象的结果重新组合起来。
我将要指出虽然性别和阶级确实可以被一并经历和经验，但阶级化
和性别化的经验和行为仍然反映了不同来源的不平等和支配。此外，
至关重要的一点是，我们需要理解阶级在哪些方面与性别、种族或
族群等不平等是不同的，因为它们在日常认识中越来越混淆，导致
有些行动者认为阶级差异主要是偏见的产物。在发展社会理论时，
从其他大量杂多的现象中抽象出主要的研究对象，这种做法是正常
和合理的（在具体事例中，研究对象是偶然被嵌入到现象中的），只
要我们记住，要理解这些事例，我们必须要将我们的研究对象与那
些它从中被暂时抽象出来的过程重新结合在一起（Sayer，1992）。由
于本书主要是一本理论著作，所以在本书大部分地方，我都会将阶
级从其他不平等的关系之中抽象出来，但也会在不同的地方讨论阶
级与其他不平等关系之异同以及一般的互动关系。

　　我对于阶级的道德意义的阐释大多来自这些最新的研究，但我
对上述学者所称的规范性结构采取了不同的分析方式。我在研究中
意外发现亚当·斯密对道德情感的分析，以及阿拉斯代尔·麦金太
尔（Alasdair MacIntyre）和玛莎·努斯鲍姆（Martha Nussbaum）
等道德哲学家的最近作品，他们提供了不少理论资源，据此我们
可以批评布尔迪厄对常民规范性所采取的社会学化约论，对社会
场域的斗争发展另一种论述，以及加深我们对与阶级相关的遗憾、
嫉妒、羞耻和愧疚等感受的理解。关于分配政治与承认政治之关
系，我同时也援引了一些哲学家的著述（例如 Fraser & Honneth，
2003；Taylor，1994）。这有助于我们理解阶级与其他不同类型的
不平等之间的异同和互动关系。此外，这些著作也阐明了益品及其
评价（valuation）的本质（Anderson，1993；MacIntyre，1981），
同时说明了为何这些是社会场域中竞争性斗争的目标。

18

最后，既然本书对阶级提出一种批判，有读者可能想知道这一批判究竟源自何处。如今在社会科学的某些领域，只要有人提出明确的规范性论点，他就会备受质疑。对于这个好问题，我尝试着加以回答，但首先，我们要注意的是，对于那些在其"批判"中使用隐含的规范性标准（normative criteria）的人——即使用"压迫"、"种族主义"、"支配"等词汇，却没有说明它们错在何处（这些无可否认均属于评价性术语）——上述的质疑却反而不太会出现。我反对的不是这个问题，而是针对这个事实：这个问题没有被足够广泛地提出来。我的回答是，本书采取一种可被称为"有限定的伦理自然主义"（qualified ethical naturalism）的立场。我将在本书结论中对此进行更详细的阐述，但现在只需要指出，"有限定的伦理自然主义"主张，对于好坏善恶的判断基础在于，是什么事物使得人类（以及其他有感觉的生命）过得欣欣向荣或备受痛苦。当然，再次强调的是，对于怎么样才算是人类欣欣向荣或备受痛苦的生活，不同的文化对此有不同的视角，但并非任何事都可以被视为欣欣向荣或痛苦，针对它们诸多可疑的前提，文化内部也会存在许多异议和反抗。只要有可能，我也将尝试以标准的哲学论证方式，从对手自己的预设里推出我的论证。我要请心存怀疑态度的读者，解释他们自己的规范性观点基于什么基础之上。

章节框架

在我们讨论阶级的道德层面之前，有一些初步的问题需要厘清，比如常民道德的本质、承认，以及"阶级"本身的意涵等。这些问题我们将在第二至四章讨论。

在第二章，通过对布尔迪厄的惯习概念进行批判和修正，我对社会行动的道德层面作初步的分析，旨在阐释人的秉性的评价性特征，包括其道德性特征。这就需要我们调整布尔迪厄的"帕斯卡尔式"（Pascalian）的行动观，从而能够把常民反思性（lay reflexivity）视为对行为的一种影响力。通过审视发展惯习所需的前提条件，本章指出，对环境的服从和抵抗的秉性甚至在没有出现不同社会场域的迁移时（在新的场域中，惯习尚未适应其语境）也会出现。我借鉴了亚当·斯密和玛莎·努斯鲍姆的著述，据此我反对某种社会学化约论将道德处理为一种外在的、调节性的规范体系的做法。与之相反，行为的道德特点被视为主要源于行动者的道德情感，而道德情感又会通过社会互动而发展起来。我认为，情绪具有认知的面向，这一面向让行动者根据所处环境对其福祉的潜在意义而评估这些环境。对"承诺"（commitments）本质的探讨可以进一步阐明常民规范性，它不仅具有惯习性的、具身化的或者策略性的层面，而且还具有非工具性的、道德性的特征。

正如许多观察者指出，政治关切的重心已经从过去的经济分配问题（传统上与阶级政治密切相关）转向了承认问题（与性别、"种族"和性特质的政治相关）。然而，阶级经验当然也包含不平等的承认或错误承认，或是布尔迪厄所说的"象征性支配"或"软性支配形式"。在第三章，我将扼要概述承认是如何具备道德要素的，它何以对个体和群体而言是重要的，它何以具有两种形式——有条件的和无条件的，以及它如何与财富和资源的分配相关。

阶级本身是一个有争议的概念，无论在学术界还是在日常生活中，学院内外的行动者对阶级的理解不同，也会使得他们赋予阶级不同的道德重要性。在第四章，我试图厘清该概念的不同版本，我认为，如果理解正确的话，其中有些概念非但不是互相排斥的，而且是可以彼此相容的，甚至是互不可缺的。我们既需要抽象的阶级概念来处理经济权力，也需要更为具体的概念来处理经济权力和地位结合在一起对生活及经验的影响，或者用布尔迪厄的术语来说，就是处理经济、社会、文化、教育和其他形式的资本之间的各种结合。我在这一章也区分身份中立（identity-neutral）和身份敏感（identity-sensitive）这两种导致不平等的机制，针对布尔迪厄处理阶级和性别之间关系的进路，我也将提出另一种解释取向。

在余下的章节中，我将剖析"社会场域的斗争"，在一个广泛的意义上来说，这就是指个体之间和群体之间对益品的竞争性追逐，他们拥有不同的资产和优势，或不同数量和类型的资本。在第五章，我们首先探讨斗争的本质，斗争的目标或媒介，以及不同群体是否追求同样的或不同的益品。接着，我们将把一些区分（布尔迪厄所省略的）应用于不同类型的评价和益品上，即区分使用价值和交换价值、内在益品（internal goods）和外在益品（external goods），这些区分对于我们理解社会场域的斗争至关重要，我们要问的是：这些益品如何在社会场域中得以分配。然后，我们会分析益品与阶级的联系（class associations）如何影响人们对益品价值的评估方式及其意涵——最终这些联系消除了"高雅"（the posh）和"善"（the good）、"普通"（the common）和"恶"（the bad）之间的区分。最后，我们总结并举例说明本章中提出来的观点，如父母对养育孩子的承诺是与阶级相关的，并分析其中复杂的规范性议题。

在第六章，我们关注的重点从人们对各种益品的追求，转向探讨人们对他人、自己以及行为所作出的、与阶级地位相关的道德（和不道德）评价。在亚当·斯密和玛莎·努斯鲍姆及其他人的著作的基础之上，我们分析在这一语境之中的一些重要情感，如宽容、同理心、正义感、嫉妒、阶级鄙视，以及最重要的羞耻感。

在第七章，我们把上述分析运用到不同阶级的人们之间的互动，着眼于"他者化"（othering）和道德划界，以及平等主义思潮（egalitarian currents）。我主张要采取一种能够表达阶级之间的敌意、尊重与仁善的方法。我们也将审视人们之所以追求尊重或可敬

（respect or respectability）的意涵，以表明为什么这些意涵在人们与阶级他者（class others）相遇时的"社会考验"（social tests）中显得尤为重要。

在第八章，我们将探讨行动者如何评价他人的行为、如何对阶级本身作出反应，从而发展出"民间"（folk）社会学和哲学。当人们不仅判断他人的行为，还试图解释他人的行为时，他们就遇到了责任归因这一困难的哲学问题，甚至还尝试用他们的阶级地位来判断和解释行为。最后，对于常民面对阶级时产生的困窘和逃避感，我将提出一种解释路径，并论证怨恨和其他形式的羞耻都是对由阶级不平等所造成的伤害的反应。

在本书结论（第九章）中，我得出了两大启示。第一个启示主要与社会理论及其长期忽视或误解社会生活的道德层面有关，并表明我们有必要采取一种更后学科（post-disciplinary）的、更适合处理规范性议题的研究路径。第二个启示则关注阶级带来的实质性议题：阶级在社会科学和政治中应该如何得到理解，是什么使得阶级与其他形式的社会区分不同，以及阶级的鲜活经验如何部分地掩盖、部分地凸显和表现其不道德的特征。最后，我会提出一些或许可行的建议。

我相信，在社会科学中，正如在日常生活中，如果我们想要更好地理解人们，我们就需要认真对待人们的规范性秉性、关切和理据，而不是将其仅仅看作关于人们的纯粹事实，即赋予人们与阶级、性别和"种族"有关的社会地位的事实，然后就置之不理，好像它们与人的年龄或身高一样并无差别。这并不要求我们认可人们的信念，或赞成他们的行为。我们无须高估人们对自己行为与观点进行深思熟虑的程度，也不用低估他们"自动"（on automatic）行事的程度，尽管我们这么做通常是习得的，也是明智的。这也不意味着对社会形式采取一种个体主义的或唯意志论的解释，就好像社会形式只是行使意志的产物，而在该语境下，这种做法会导致我们对社会问题采取一种道德主义的（moralistic）解释。这种研究取向确实能够让我们处理不平等的主观经验，分析诸多关系和差异如何得到调和，以及最重要的是，理解为何这些经验对人们**如此重要**。

第二章

从惯习到伦理秉性

引言

> 阶级在你的衣服之下，在你的皮肤之下，在你的本能反应之中，在你的心灵之中，就在你存在之真正核心。（Annette Kuhn，1995）

人们经常引用安妮特·库恩的这段话，正如她所指出的，阶级不仅仅是一个社会学概念，或是社会场域中的一个位置；阶级被具身化地（embodied）、深深地渗透于我们的经验与自我意识之中。我们或许无法清楚地说明我们对阶级的感受，但我们仍然能够从他人的外表和行为之中"一眼就看到它"，正如他人也能够"一眼就看到"我们的阶级归属。阶级还会影响我们珍视什么，影响我们如何评价他人和自己——比如，我们是引以为荣还是引以为耻？是心怀嫉妒还是倍感满意？要理解对阶级的主观体验，我们必须考虑到自我与自我、自我与他者关系中的情绪性与评价性的层面。虽然许多这种体验大多深深地具身化于未加言明的感受与情绪之中，但评价也可以是更加深思熟虑的，这主要体现在人们的"内心对话"（internal conversations）中（Archer，2003）。

因此，如果我们要理解阶级对人们的重要性，我们需要解决这些问题：阶级如何具身化，阶级如何影响我们如此之多的行为？

要理解这一点，皮埃尔·布尔迪厄的著作是一个十分明显的出发点，不只因为他特别强调行为的具身化的实践特征，还因为他终其一生都以阶级为研究旨趣。布尔迪厄通过"惯习"这一概念来诠释行为——所谓惯习是指个体通过社会化（尤其是在早年生活）习得的一整套秉性，而这一整套秉性又指引个体去适应周遭的社会世界与物质世界。出于本书的目的，我想要强调这些秉性的智性本质（intelligent nature），以及秉性与情绪的关系，而情绪本身也具有认知、评价和理性等特征。

23　　当布尔迪厄检视行动者对他人、实践以及对象所体现出来的具身化秉性时，他主要是从审美和实践的角度出发，而不是从**伦理的**角度出发，他只是偶尔承认伦理面向，[1]并以化约论的方式，把伦理视为行动者的社会地位和利益取向的功能。考虑到布尔迪厄对阶级的不正义怀有尽管克制却十分明显的道德—政治愤怒，这或许有些令人惊讶，尽管正如我们所见，他的研究路径难以处理社会生活的伦理层面。更一般来说，诚如许多批评者所观察到的那样，由于布尔迪厄过分强调行动者的惯习对环境的适应性，所以他夸大了行动者对既定社会位置的服从，并且让行动者的抵抗看起来就像在特殊环境下才会发生的异常行为形式。我想说的是，如果我们要理解抵抗，以及理解行动者关于阶级的规范性关切和规范性导向（orientation），就必须发展和修改布尔迪厄的某些关键概念——从"惯习"这一概念开始。特别是，我们需要深入理解惯习的规范性导向，尤其是其伦理秉性，因为布尔迪厄很少承认这一点。此外，我将提出，对"惯习"概念的这些修改，可以让我们理解抵抗是内在于惯习之形成的因素，而非外在因素。

　　我将首先概述布尔迪厄所定义的"惯习"概念的关键要素，然后通过聚焦几个与之相关的问题，对"惯习"概念提出一个建设性

---

[1] 比如，布尔迪厄在《实践理性》（*Practical Reason*）一书中曾一笔带过伦理秉性（Bourdieu, 1998, p.70）。

的批评：惯习和惯域（habitat）的关系，以及对抵抗的解释；具身化秉性与包括反思性在内的推理的关系；惯习的规范性与评价性特征；最后是情绪、承诺和伦理秉性的本质。

我要明确说明，此论证的重心并不在于批判布尔迪厄的研究路径本身，而在于修改其概念，使这些概念能够用于新的研究。[1]布尔迪厄的著述包含"惯习"概念的许多阐释，尤其是他晚期作品中的相关阐释与我今天所提出的修改建议比较接近。虽然我不想曲解布尔迪厄，但我并不关心修改后的"惯习"概念与布尔迪厄的本意是否接近，我只关心它能否得到辩护。

有限定的惯习

惯习指的是那些根深蒂固的秉性，是社会化（尤其是早期生活）的产物，可以在潜意识层面指引个体去适应周遭的世界。秉性所具有的结构反映了与之相对应的惯域的结构，而秉性正是从惯域中形成的。惯域不仅仅指周围环境（milieu），而是指更广阔的社会关系**场域**中的一个位置，包括与相似的他者及不同的他者的关系，比如与性别相同或不同的，以及与阶级归属相同或不同的成员之间的关系。一旦人习惯于社会关系结构和物质条件结构中的这种位置，就会产生一种与之相协调的相应的秉性结构。一旦被激活，这些秉性所导致的行为就会倾向于再生产这些外部结构。构成惯习的秉性中，绝大部分都是关系性的，它们被导向他人和客体，比如服务他人或被他人服务的秉性。根据人们在社会场域中的位置及其社会化的不同，有人可能习惯于受人尊重、被人服从或聆听，而有人则常常遭人忽视，享有的福利

[1] 相关批判可见 Alexander, 1995; Fowler, 1997; Sayer, 1999; Shusterman, 1999; 尤其是克罗斯利（Crossley, 2001）的建设性批判，他在借鉴梅洛-庞蒂（Merleau-Ponty）著作的基础上，深化并强化了惯习的概念。

低人一等，从而形成一种与其遭遇相协调的惯习。

这种内化的结构在一定程度是一种分类机制，对任何不同经验进行分类：话语对象与物质对象——人、地点、实践、声音、景象、气味和感受。因此，就性别而言，惯习可以将人、实践和对象分为男性特质的（masculine）和女性特质的（feminine），并将其与公共和私人、强硬和柔软、理性和感性等相匹配。就阶级而言，上层阶级的惯习将事物分为精致或粗俗、高级或低级，并默认看重前者而非后者。[1] 彼此互异的现象之间的同源对应（homologies）结合成对立关系（oppositions），而这些隐性的分类就是由这些对立关系形成的。因此，惯习兼具生产性和节约性（economical），它使用少量的区分方式不仅能够对广泛的熟悉对象加以分类，还能够对全新现象加以分类。所以，对工人阶级男性而言，他们的阶级化和性别化的惯习可以体现为如下区分：一方是坚韧、健壮和好动性，而另一方则是温柔、沉思和喜静性，这使得他们不仅厌恶照护和教育活动，也对一些新的现象感到嫌恶，比如使用电脑键盘（Cockburn，1985）。因此，与单纯的习惯（habit）相比，惯习具有生成性（generative）、灵活性和多面性（Bourdieu，1993，p.87）。但惯习并不是决定论式的。惯习的力量和敏感性不一定会被激活。它们能否被激活取决于语境。当它们被激活时，所产生的结果总会受到语境的中介作用（被促成、被阻碍、被推翻，或者被扭曲和修改），事实上，行动者可能会有意识地推翻这些结果。[2]

25

---

[1] "我们的感知、我们的实践，尤其是我们对社会世界的感知，是由实践分类学（practical taxonomies）指引的，例如高与低、男性特质（或男性气概）与女性特质，等等。这种实践分类的分门别类产生了自身的价值，因为它们是'实践的'，所以它们可能带来恰如其分的实践，既不会太多——模棱不清几乎是不可或缺的，尤其在协商过程中——也不会太少，因为这样生活会变得不可能。"（Bourdieu，转引自 McCall，1992，p.840）

[2] 这是以一种批判实在论的方式阐述惯习的生成性力量（Sayer，1992，2000a）。未能理解这种双重偶然性，就会导致一种决定论版本的惯习概念。

　　这一概念被用来解释这个事实：我们大多数行为的统合机制介于一个连续体的中间，一端是无意识的条件反射，另一端则是理性慎思（rational deliberation）与选择。我们对世界的反应大多位于秉性、感受和具身化技能等层面。当我们身处熟悉的环境中，这些秉性会给我们一种"掌握游戏／比赛的感觉"，这种能力让我们无需刻意思虑与谋划，就能轻松应对并有效推进。在这种情况下，惯习的运作往往不容易被人察觉；在我们发现自己置身于陌生的社会环境，与周遭的环境格格不入，便会产生**缺乏**掌握游戏／比赛的感觉，此时惯习的影响才会愈发明显。

　　人在早年生活中形成的惯习影响尤为深远。

　　　　早年经验特别重要，因为惯习倾向于通过在新信息之中做出选择，使自身保持恒常和抵御变化，其方法或者是拒绝接受如下这样的信息：一旦惯习出于偶然或强力而接触到这些信息，它们就会质疑已有的积累起来的信息；或者干脆避免接触到这样的信息……（Bourdieu，1990c，pp.60—61）

　　然而，后来的经验可以修改惯习并养成新的秉性与技能，从而使人们有能力以新的方式去应对。一旦人们的惯习得到修改，他们即使身处从未遇过的环境，也许也会感到自在从容。因此，随着初为父母的人习惯了照顾子女，他们的惯习就会发生变化，并对养育子女一事拥有掌握游戏／比赛的感觉。正如布尔迪厄所承认的："面对不同的场域，或者由于意识和对社会分析的觉醒，惯习会发生变化。"（Bourdieu，转引自 Aboulafia，1999，p.167）[1]

　　虽然布尔迪厄经常不遗余力地强调行动者对环境的适应性，以

---

[1] 布尔迪厄在《社会学的问题》（*Sociology in Question*）一书中，提到了惯习中的"永久性"秉性（Bourdieu，1993，p.86）。

及他们对命运的坦然接受，但这不应假定社会惯域或社会位置会给行动者带来和谐、互补的影响。相反，人们可能会发现自己被拉向截然不同的、互不相容的方向。惯习是通过参与各种不同的关系而形成的，这些关系在惯域中彼此交错，并延伸到社会场域的其他部分，但没有理由说这些不同的关系是相容的，事实上它们也许是相互矛盾的："这样的经验容易产生内部分裂的惯习，它不断地与自身、与自身的犹豫不决进行协商，因此惯习注定成为一种重复（duplication）、一种对自我的双重认知，也注定成为一种交替出现的忠诚和多重身份认同。"（Bourdieu et al.，1999，p.511）在这里，相互矛盾的影响会被内化，导致不同的秉性相互排斥。这是合理的，甚至是常见的，因为社会世界极为复杂。惯习内部的分界线或许不止一条，而是存在好几条，从而导致破碎的身份认同。[1]

这种发展模式是一种通过重复练习或实践而进行的潜意识身体学习（subconscious bodily learning）。正如出色的网球运动员不假思索便能预料网球的落点，并能在正确的时间移动到正确的位置，把球打回去（即"前摄"[protention]），因此，社会行为是个人掌握游戏/比赛感觉的产物而不是"理性"慎思和谋划的产物。这种帕斯卡尔式的人类行动观能够有效纠正学院派学者的倾向，即把他们与世界的沉思性关系，以及他们由此产生的学究式秉性（这已经成为他们惯习的一个特点）这两者的特殊性质投射到他们的研究对象上。布尔迪厄尽可能地拓展帕斯卡尔的方法，并竭力抵制向批评者让步。虽然他偶尔承认自己这么做是"矫枉过正"，以回应过度理性主义的方法，而不是要完全否定有意选择的作用（Bourdieu，1990a，p.106），但他经常在让步之后，就紧接着提出限制条件，

---

[1] 因此，虽然"惯习"这个概念没有理由将我们束缚于某种单一的自我观，我们也没有必要走向相反的极端，即否定主体之中有任何程度的自主性、反思性和融贯性，因为人们对社会影响力的敏感性已经预设了它们的存在（Archer，2000，2003）。

以使得原先的让步失效，进而重申极端的帕斯卡尔式的路线（例如参见 Bourdieu, 1998）。然而，接下来我想将论证分为一系列的七个阶段，我们可以向这一概念的各种批评作出让步，但又不至于完全抛弃整个概念。

1. 掌握不同游戏 / 比赛的感觉

即使在布尔迪厄最喜欢的网球运动员例子中，如果没有行动者对其行为的有意识的监测（conscious monitoring），惯习和对游戏 / 比赛的掌握感也不会被轻易习得。正如那些试图掌控复杂的、技术含量高的游戏的人都知道，不论是打网球、跳舞，还是学习如何适应新的社会环境，这些游戏技能都不是通过单纯的不自觉的潜移默化而习得的，而是需要有意识的努力。网球初学者如果没有学习的动力，也无法集中精力练习，那么她永远都无法掌握娴熟的网球技巧。（"醒醒！早点挥拍！动起来！"教练叫道。）舞者则常说要将新动作和风格"融进身体"，而这就需要高度专注和勤学苦练。我们会情不自禁地将之称为从意图转化为成就，或是从计划转换为实践，但意图通常是不明确的、茫然无知的。正如读过复杂技术操作手册的人知道，手册上的说明有时会适得其反，带来更多学习困扰；与之相反，对游戏 / 比赛的适应或试错，以及对他人的用心模仿，这里面都存在着一个创造性的过程（Crossley, 2001；另见 Collier, 2003）。[1]

---

[1] 具身化（embodiment）过程包括从那些不需要自觉的理解或监控的行为，到那些需要高度专注与持续练习的专业技能，例如演奏一首小提琴协奏曲。人们在这类实践中无须在体力和脑力工作之间作出取舍。与之类似，要掌握更复杂社会行动的能力，或许就需要常规的重复练习。因此，很清楚的是，将惯习概念与"掌握游戏 / 比赛的感觉"糅合在一起，是预期它能够覆盖从原始的具身化分类模式（例如硬 / 软）到精妙而复杂的具身化技能等范围更大的现象。

2. 惯习与自觉的慎思

在布尔迪厄关于惯习的大多数论述中，秉性结构似乎是通过潜移默化和形塑的过程，以及通过对物质环境和社会关系的适应过程而形成的，比如居住在拥挤的住房里，或习惯于艰苦的体力劳动，或服侍他人。然而，他确实注意到，惯习会生成"有意义的实践和赋予意义（meaning-giving）的感知"（1984，p.170）。思考方式可转变为惯习。一旦习得，思考方式便从我们必须奋力才能学会的东西，变成了我们可以**用之**思考（think *with*），而无需**加以思索**（think *about*）的东西。换言之，在大多数时候，我们的概念工具本身并非反思的主题。因此，我们可以承认社会实践的概念维度与依赖于概念的维度，而无须假定它必然采取持续的理性讨论的形式，正如社会学中的许多解释主义（interpretivist）或阐释学（hermeneutic）的研究路径所招致的学究式谬误。屈尊俯就或毕恭毕敬这类倾向与行为涉及习惯、感受和举止，但它们也意味着默会理解（tacit understandings）和评价：它们包含"智性的秉性"（Wood，1990，p.214）。正如雷蒙德·威廉斯（Raymond Williams）所言，思想可以被感知，感受可以被思考（Williams，1977，p.132）。此外，这些秉性与社会场域有关。社会场域不是"惰性的物质性"（inert materiality），而是"权力的物质关系与权力的象征关系的复杂交叠"（McNay，2001，p.146）。

因此，重要的是，不要将惯习的形成过程化约为纯粹的条件作用（conditioning），尽管这个过程的确涉及某些条件。某些秉性是以理解为基础的：靠死记硬背和一味模仿来学习与通过理解来学习，其区别在于后者不仅知其然，还知其所以然——不是简单地记住它们，而是明白其要点所在（Winch，1958）。我们习惯在交通信号灯变红时停下来，但我们同时也明白这么做的意义。[1]

虽然布尔迪厄的帕斯卡尔式的行动观承认惯习具有生成有意义的实践的能力，但却没有说明话语的地位。他对理性主义行动观的反感，说明他有可能低估了以下这一事实，即主体会不断阐释和理解各种话语，包括呈现出与其秉性不符的思考方式的话语。比如，虽然布尔迪厄在《区分》一书中探讨了许多对话语的反应的案例，但他只是从话语与惯习和社会场域的关系来探讨，而非将话语本身视为话语结构和概念图式（conceptual schema）。正如米歇尔·拉蒙所指出的，布尔迪厄低估了悠久的民族话语的影响力，这些话语具有深厚的历史根源和惯性，使不同国家间的阶级经验有所不同（Lamont，1992，p.135）。因此，举例来说，他对种族主义的解释很大程度上忽略了种族主义话语的作用以及它们如何反映了国家的特定历史（McRobbie，2002）。

我们有可能从社会生活（对这种社会生活的参与是以话语为中介的）中吸收相互矛盾的观念，并且不会注意到它们是相互矛盾的，前提是这些观念被应用于不同的行动领域。尽管如此，我们有时还是会注意到这些矛盾，比如一个高级主管自称站在工人的立场却要求限薪，这就显得伪善了。这一事实表明，同时存在着一种更为理性的监测（monitoring）。这种能力无需被视为与惯习的能力截然不同，因为我们常常在未能表达清楚之前，就已经感觉到某种不一致（"感到可疑"）。具身化（embodiment）和合理性（rationality）并不像通常假设的那样对立。

布尔迪厄自己也提到，有意识知识和无意识知识之间的区别被夸大了：在论及"科学惯习的悖论"时，他说道：

---

[1] 理解复杂事务的要点，比如不熟悉的技术概念的意思，可能是一个渐进的过程，因为要使其具备意义，就必须花费时间来学习如何在所有能够赋予该概念以意义的实际语境中使用它。我们会逐渐得心应手地掌握某种推理方式，比如经济学家或社会学家所用的推理方式，但它仍然涉及理解，而不仅仅涉及条件作用。

29   有意识的"知识"和无意识的"知识"之间的对立……
完全是人为的、错谬的:事实上,科学实践原则可在不同时
间、不同实践"水平"上被不同程度地呈现在意识中,也可以
以具体化的(incorporated)秉性形式在实际运用状态中发挥
作用。(Bourdieu et al., 1999, p.621n)[1]

然而,虽然布尔迪厄在阐释话语上表现出高明的技巧,但话语
在他的框架中并没有清楚的位置。

3. 世俗反思性(mundane reflexivity):内心对话

和许多社会理论家一样,为了修正过度理性主义而忽视具身
化的研究取向,布尔迪厄忽视了我们生活中一个世俗的但极为关键
的层面:我们的"内心对话"。我们的意识流——从白日梦、心不
在焉的思忖,再到专心致志地反思特定的问题——是我们生活的核
心,它超越了我们对于其他通常更为严肃的事情的思考(Archer,
2003)。从布尔迪厄等人著的《世界的苦难》中提供的访谈可以看
出,一些行动者在其内心对话中近乎痴迷地反复咀嚼其道德叙事

---

[1] 通过这些方式,我们才能开始超越社会科学和社会本体论隐含的心灵/身体
二元论(mind/body dualism),它们造成了理解(understanding)和物质因果
性(material causation)的割裂。与之不同,我们可以把心灵视为某种形式或
结构,心灵具有涌现性能力(emergent powers),通过身体而表现其结构和行
为(Wood, 1990, p.19)。理由(reasons)和其他话语对象可以是原因,而且
可以以具身化的形式表达出来(Fairclough et al., 2001)。正如阿彻所述,实践
是"理性的无言之源",因为逻辑的力量间接地来自这样的实践:处理世界中
(包括我们自己)的分化、环境赋使(affordance)和局限性;逻辑的力量也来
自:从陈述之间的逻辑必然性关系再现世界中的必然性(参见 Archer, 2000,
pp.145—152;另见 Harré & Madden, 1975)。因此,"实践理解的模糊性和创造
性逻辑……[以及]……学术阐释所特有的抽象的自我理解的过程"(McNay,
2001, p.140)之间的对比是被夸大的。

（Bourdieu et al., 1999）。布尔迪厄强调，学者将学术生活的特殊条件，尤其是与世界的沉思关系投射到他者身上，这是非常危险的。他的这个观点当然是正确的，但若反其道而行之，即否认或边缘化他人的心灵生活（the life of the mind），同样是危险的。值得注意的是，有些学者已经批评了大多数社会学著作否认工人阶级存在思想生活这一做法，我们也可以看到一般中产阶级的思维也存在这种倾向（hooks, 2000；Reay, 2002）。玛格丽特·阿彻（Margaret Archer）的研究表明，反思性绝非学者的专属活动，反思无关社会位置，人人均可参与其中。

与任何因果性力量（causal power）一样，行使反思性带来的影响或许会被其他障碍或力量所抵消。通过我们内心对话而产生的许多意图和计划会因受外部条件限制而受挫，但这并不意味着社会科学家就可以忽略内心对话，因为它们也会影响我们在限制中能够做什么，而且这样的失败经历对主体而言也很重要，并会影响到他们接下来要做什么，不论是更加坚定决心还是适度下调目标。有时我们会设法改变或摆脱这些限制。我们甚至想放手一试，这个事实便说明了我们的处境和愿望之间存在紧张关系。（"关系已经恶化，我该怎么办？""我怎么才能还清债务？"我们内心的这些担忧预设了这样的可能性：我们知道自己无法掌控这个游戏／比赛，而我们需要的不仅仅是获得游戏／比赛的"感觉"。）布尔迪厄当然不会否认这些张力的存在，他对社会的规范性批判（normative critique）已经预设了他自己与社会之间存在紧张关系，因此，他以帕斯卡尔式的方法处理社会关系这一研究取向需要修正和补充。

将这一点与实践和训练在养成具身化秉性和技能方面的作用结合起来，不仅有助于行动者审慎思考自身的境况，思考自己已经成为什么样子的人，而且有助于他们努力改变自己的惯习。在《世界的苦难》一书中，法籍阿尔及利亚裔女性法丽达（Farida）接受了作者之一阿布戴玛莱克·萨亚德（Abdelmalek Sayad）的采访。她所说的一切就说明了这一点：她之所以要斗争，不仅是为了挣脱父亲的支配和压迫，而且想通过大量的"自我提升"（从失眠时的内省，到强迫自己学习和享受其他女性早在年少时就学过的东西）来改变自我，从而治愈自我（Bourdieu et al., 1999, pp.583—589）。

> ……当我离开时，正如您所说，我意识到了伤害与毁灭。一切都得从头学起……不，什么都得学。学会正常说话，学会倾听而不浑身发抖，学会边听边思考，那是我一直没有学会的，既不会听，也不会思考，因为我根本不愿意听。我学会了走路，和别人来往，而不是逃离。一句话，学习生存。有些事情还是一样：我不敢待在公共空间。我花了好长时间才敢去看电影……（p.586）

此类叙述都证明了惯习的力量与惯性，也证明了人们至少可以部分地改变惯习，其方法是通过重复的实践而获得新的秉性，并在具身化的层面上体现出来。

4. 惯习与惯域的所谓共谋关系：抵抗的必要性

我们的第四个限制条件关乎惯习、惯域与更广阔的场域之间的关系，或是秉性与位置之间的关系。布尔迪厄**宣称**，惯习和场域之间存在着一种"本体论的共谋关系"，这意味着主体具有高度的适应性，以至于无论惯域是什么，主体都会逐渐养成与之相符的惯习。我们可以用经验验证这种说法，甚至可以试着用《区分》与《国家精英》（*The State Nobility*）等书中的实证研究结果验证这一假说，尽管它们还谈不上是最终结论（Bourdieu, 1984, 1996a）。《区分》中描述特定秉性与社会位置的关系的图表有一个显著特征：在任何一个特定群体里，人们的反应都广泛离散；的确，在某些案例里，处在不同社会位置的个体其反应的差别是有限的。布尔迪厄大概会争辩说，这可以被解释为行动者获得当前地位的途径不同，加上各自受到偶然的外部影响，但这也可能表明，行动者原先的惯习对其原先位置的适应作用本来就只是很有限的。[1]

　　由于布尔迪厄原先假定惯习和惯域存在共谋关系，因此，要么人们被政治化（显然是"从外部"），要么人们流动到社会场域的另一个地方，从而面对一个疏离的惯域，只有在这两种情况下，布尔迪厄才会注意到惯习和惯域之间的不一致或紧张关系。但为什么不论人类早年身处的惯域本质是什么，不管其是舒适的还是悲惨的，与之相对应的惯习都会自动形成呢？而这样的惯习从人所置身的位置立场出发，能够完全适应或内化人与其他社会场域的关系。这是一个具有完美可塑性的人类模型，这个模型让人无法理解为什么有人会抵制和反抗自己身处的惯域。我将论证，人的身体在习惯于社会域场中的位置之前，已经厌恶和偏好于特定条件，已经具有某种匮乏感，**而实际上这些是社会化发挥作用的必要条件**。虽然社会化的过程也会产生新的偏好或偏向与厌恶，也会修改原先的这些意向，但这并不与之矛盾。

　　将共谋关系和服从视为"默认假设"（default assumption）会使得抵抗变得难以理解，因此，让人毫不惊讶的是，《区分》对社会场域的斗争抱有冷漠消极的态度：受支配者（the dominated）接受并合理化其受支配状态，而非起身反抗。颇具讽刺意味的是，这让《世界的苦难》这部记录人们的抱怨和抵抗的书变得令人费解。当布尔迪厄偶尔承认抵抗的存在时，通常只是描述抵抗是如何注定失败的，除非它深谙政治之道。此外，完全共谋的假设让这类情况变得非常神秘：在其中既没有从属性关系，也没有抵抗性，而

32

---

[1]约翰·弗劳（John Frow）认为《区分》里有些图表的呈现有误导性作用（Frow，1995，pp.40—44）。

我们**品尝**（*relish*）自由、**享受**（*enjoy*）尊重、因尊重而**感到充满力量**——因为在布尔迪厄的虚无主义框架内，这样的反应只会被理解为枯燥乏味的服从。

要理解抵抗，我们首先必须承认，抵抗不一定涉及对变革的追求，也不必然采取进步主义的形式。变革不一定带来进步，保守主义也不一定是坏事。[1]我们必须避免将对抵抗的承认局限于挑战现状，或表面上政治进步的案例。有时服从与抵抗是难以区分的，尤其当人们面对彼此矛盾的影响时情况就更是如此：拒绝你被命令去追求、但实际上拒绝给予你的东西，这是抵抗抑或服从？同样地，渴望你被命令去渴望、但实际上不允许你拥有的东西，这是抵抗抑或服从？

我们现在可以质疑惯习与惯域之间假定的本体论共谋关系。首先，我们需要注意，惯习在一定程度上独立于相对应的惯域，这恰恰是因为惯习是一种不同类型的事物；其次，我们需要更仔细地观察惯习形成所预设的个体**形塑**（*shaping*）的过程。任何可以被形塑的事物必须具备特定的结构，透过该结构所具有的力量、感受力、限制性和环境赋使（affordances），这种形塑过程**成为可能**。人类只有拥有既能够抵御某些影响，也能够接受某些影响的结构和力量，才有可能被塑造。[2]要是没有抵抗的能力，我

---

[1] 保守派对变革的抵触可能是一件好事，正如许多抵制审计文化（audit culture）的学者可能会这么说。

[2] 正如玛丽·米奇利（Mary Midgley）所评论的："……有些社会学家和存在主义者，喜欢郑重其事地宣称不存在所谓的人类本质（human nature）一说，所以没有任何东西天生就比其他东西更重要。这意味着（举例来说）完全停止流动或与世隔绝，和其他任何一种生活方式一样，也是好的生活方式，只要你从小就生活在这种环境中，或者选择过这样的生活。人被假定具有无穷的可塑性……我认为这种主张是非常模糊的（甚至一块橡皮泥也不具有**无穷**的可塑性：每一样东西都有**某种**内部结构），所以我的建议很简单，我们先等一等，直到找到有人真正这样生活……同时，我提议这样一种观点，我们是被建构成了这样的人：我们会在乎某些事物甚于其他事物。"（Midgley，1972，p.222）

们就像空气一样，根本无法被形塑。比起松软的、粉状的雪，紧密的、压实的雪更容易捏成雪球，因为其结构不同，也更有抵抗力。此外，我们需要某些类型的身体结构，这样才能习惯于某些特定的实践；由于缺乏必要的结构，我们无法培养出对无动力飞行的游戏 / 比赛掌控感。抵抗和感受力的辩证关系是一切形成过程的前提；抵抗以形塑为前提，但它也限制着形塑。因此，**只要我们不武断地将对抵抗的承认限制在那些看似进步的案例里，我们就可以看到，抵抗是惯习形成的内在因素，而不是外在的和例外的。**

　　由于人性的他者性（otherness），并非每种企图行使的社会影响或建构都会发挥作用。这表明在特定案例中，惯习与惯域或社会场域是何种关系理应是一个经验性问题。人们并非"被话语构成的"——这种看法假定了一厢情愿思维的普遍效用——而是受到话语的**影响**，这种影响既有**选择性**，也有**可错性**，而这一影响的前提是：人这样的存在者与树和鱼不同，对这样的影响具有感受力，正是他们所具有的因果性力量和感受力之特殊混合的特异性（specificity），才使得社会影响的因果效力具有选择性。社会存在以身体存在为前提，并且从身体存在中涌现（Archer，2000）。批判实在论哲学提醒我们必须时时追问，关于社会化的社会建构主义叙述究竟遗漏了什么，亦即**人类究竟具有哪些特质，使他们易受某种改变或"建构"的影响?**（Archer，2000；Soper，1995）不是每种物体都可以被文化修饰并被打上文化的烙印；无论我们赋予一块木板什么样的文化意义，它始终还是一块木板。任何成功的形塑或社会建构都取决于形塑过程与被使用和加工的材料的已有属性（包括社会属性）之间的关系（Sayer，2000a）。

　　人类的特征之一——虽然许多其他物种也具有这种特征——就

是遭受痛苦与施加痛苦的能力:[1]

> 任何一种社会安排,若想长久存在,就不能漠视其所带来的或允许施加的痛苦的程度。即使像斯金纳(Skinner)这样的行为主义者也依赖社会化条件作用*过程中愉悦与痛苦的合理结合。我们无法摆脱的肉身化本质(incarnational nature)为社会带来了不可妥协的不宽容,而且没有因为这些不宽容不是人类这个物种所特有的,它们对社会组织的影响就不突出。(Archer,2000,p.41)

正如阿彻补充道,我们不应该允许某种形式的社会学帝国主义(sociological imperialism)让身体填满"社会浮沫"(p.317),否认生理与心理层面的相对自主性,从而让痛苦、悲痛、欢愉和幸福变得难以理解,或至少把它们变成了各种形式的自欺。一个孩子抗拒某种事物,并不一定是因为他受到了相互矛盾的外部影响,也可能是因为存在他不能适应的相一致的外部影响;在《世界的苦难》中,一些年轻受访者似乎从一开始就抵抗过他们最初身处的惯域(Bourdieu et al.,1999)。讽刺的是,尽管布尔迪厄强调实践和具身化,但他并没有从肉身的存在形式(corporeality)这一角度处理好它们的本质与先决条件。人类是什么样的存在者,才能够获得惯习?

---

[1] 这并非人类独有的特征,但当然这并不影响它成为我们人类的本质特征之一。罗蒂(Rorty)认为,既然这一特征并非人类所独有,那它就不能成为人性的一部分,罗蒂由此陷入了简单的不当推论谬误(Archer,2000,p.41)。独有属性或独特属性并非总能说明物体的本质;比如,老虎身上的斑纹当然非常独特,但是斑纹并不能告诉我们老虎能做或不能做什么,而并不独特的属性,如老虎的解剖学结构、肌肉组织和繁殖系统等反而能告诉我们大量信息。

* 社会化条件作用(social conditioning)是指个体受到社会化的训练,以一种被社会总体和同龄人群体所普遍认可的方式做出适当反应的社会学过程,这些起到社会化调节和制约作用的因素包括组成社会结构的教育制度、经济模式、大众文化、家庭生活、习俗规范等。——译者注

我们依然可以承认，我们大多数的能力和感受力是从社会中习得的（尽管这个过程是以人具有前话语［pre-discursive］能力和生物性能力为前提的［Archer，2000］）。为了理解这一点，我们需要避免分割时间，并要注意到在时间 t 我们对社会塑造的感受力，会受限于时间 $t-1$ 以来社会形塑过程的产物，也因社会形塑过程的产物而成为可能。因此，对于大学教师而言，引导中上阶级的学生在研讨会上发言比引导工人阶级的学生更容易，因为他们在过去受到的形塑过程赋予了他们不同的秉性、技能或能力及敏感性。同样地，一个人是否会感到内疚和羞耻取决于他已经习得的伦理价值及其他价值观。

因此，我们不应假设惯习与惯域之间存在某种完全和谐或共谋的关系，也不应像唯意志论和各种版本的决定论那样，将这两者相互还原。除非我们承认惯习和惯域之间存在差异，否则将无法分析这两者的相互作用（Archer，2000，p.6）。"掌握游戏 / 比赛的感觉"这一现象表明，认为惯习与惯域之间存在本体论共谋关系这一看法是可信的，但共谋的程度可能不同；甚至可能在熟悉的环境里，行动者也很难掌握游戏 / 比赛的感觉。此外，行动者会认识到或感觉到（这种认识和感觉有可能是错的，但也有成功的概率），让其生活得以欣欣向荣发展的环境，与那些无法令自己发展的环境之间存在粗略的差别，而行动者的这种认识和感受能力是其得以生存下来的条件之一。人们不只是被形塑而已，他们还会生活得欣欣向荣或承受痛苦。行动者可能不会注意到，或者误解某些有益或有害的效应，但如下这个显而易见的观点仍然有效：人们不只是在简单"分类"，就好像他们潜意识地建构了公正无私的类型学，而是在积极主动地区分好与坏、安全与威胁，等等。人们用最下意识的、最容易出错的，但在实践上却最恰当的方式**评价**这个世界。如此之多的社会理论竟然遗漏了这个显而易见的要点，这可悲地证明了社会理论与实践、与生活之规范性特性的疏离。

我们当然会关心我们所习惯的事物和关系，但也有许多我们

35

不在乎，甚至想逃离的事物和关系，尽管我们对其还算掌控适当的游戏／比赛感觉。我们可以习惯于居住在拥挤的环境之中，但仍想要属于我们自己的空间；我们可以习惯于没有假期，但仍想拥有假期；我们可以习惯于一段关系，但仍希望这段关系结束。

布尔迪厄经常评论道，被规定为放诸全社会均普遍有效的、可欲的"益品"其实往往只有少数人有机会获得。他写道，从属阶级被期待参与到竞争性活动中，尤其是教育活动，其实这对他们来说只是一场尚未开始便已经输掉的竞赛。期待和可能性之间的紧张关系不一定总是导致放弃、服从以及择优取舍权的缺失。它也可以导致行动者**渴望获得自己被剥夺的事物**。正如卡罗琳·斯蒂德曼（Carolyn Steedman）在谈及她身为工人阶级的母亲的生活时说道，一个人拒绝被给予自己的事物，拒绝被鼓励去认同的身份（母职），并强烈渴望那些不允许自己拥有的事物，这些可以成为一个人内心生活的核心，主导着人对于每件事物的看法（Steedman，1986）。鉴于商品具有持久的诱惑力，教育提升和经济成功带来的荣耀，加上遵从性别规范、变得受欢迎和有魅力而带来的压力，再加上经济不安全、社会失范（anomie）和孤独，个人由此拥有如此强烈而无法实现的渴望，这也就不足为奇了。

渴望和欲望不只是单纯的社会影响的内化，还具有一个更原始的基础。人之所以为人，不只是因为人具有动物性的需求，例如对食物的欲望，还因为他们渴望承认和自尊，而这只能通过和他人的某种类型的交往才能获得。惯习不仅将现象分类，而且对它们做出**评价**，正如"不怀好意"（ill-disposed）和"怀有好意"（well-disposed）这两个词语所表达的那样。一个物体或一台机器可以有按一定方式来运转的倾向，但它不能对一些事物"怀有好意"、"不怀好意"或**关心**它们。这也是解释抵抗以及抵抗为何会出现在惯习的形成过程中，并确实成为惯习的构成要素的核心所在。承认内心对话和渴望，这有助于我们理解如下这个明显的要点：我们与这个世界的关系，不是我们适应世界或我们掌握某种游戏 / 比赛的感觉这么简单，而是我们至少在某些方面想要变得有所不同，并且希望这个世界及其游戏 / 比赛变得有所不同。

5. 情绪

布尔迪厄对惯习的强调让我们注意到，我们对世界在某种程度的潜意识的适应关系，以及我们拥有游戏 / 比赛的感觉。但这样一来，它却（奇怪地）忽略了主体性中更具自觉意识的层面，而这一层面也是阶级经验的核心，即情绪（emotion）。稍后我将会论述，诸如骄傲、羞耻、嫉妒和怨恨等这样的情绪可以说明更多关于阶级的信息，以及阶级对我们生活所造成的影响。

尽管情绪无疑是具身化的，有时也非常明显，但它们不能像通常认为的那样是理性的对立面，而应被理解为对我们所处的境况的反应与评论（Archer，2000；Barbalet，2001；Bartky，1990；Helm，2001）。情绪是认知性和评价性的，甚至是智性的必要成分元素（Nussbaum，2001，p.3）。[1] 情绪与我们的本质密切相关：我们是有依赖的、脆弱的，但却具有智性的存在者。和理性一样，情绪也**关乎**事物，尤其是对我们的福祉非常重要、我们极为重视却无法完全掌控的事物。因此，比起丢失一支笔，失去一位朋友会引起更强烈的情绪反应。情绪不是生活事务可有可无的附属品，就像超市里的背景音乐那样，而是与我们对重要事物的关注和评价有关的评论（Helm，2001）。情绪与我们在物质中（例如温暖带来的快乐），在我们与世界打交道的过程中（例如未能成功执行某项任务的挫败感），以及在社会—心理的世界中（例如自尊或羞耻感）的福祉或困厄有

[1] 要理解情绪，我们就要摒弃心灵 / 身体的二元论。我们应该严肃对待如下主张，即身体是智性的，而理性是从身体中产生的一种涌现性能力（emergent power）。

关，是我们对它们做出的具有高度鉴别力的评价性评论（Archer，2000；Nussbaum，2001）。[1]它们是关系性的，而不仅仅是"主观的"（在主体的秉性和散发出来的品质与客体／指涉对象无关这一意义上）。相反，它们涉及的是主体的客观[2]品质与客体（如他人的行为）之间的关系。虽然情绪的身体方面经常十分明显，但与其他身体经验极为不同；身体上的疼痛，如背痛，就不同于丧亲或羞耻这样的身体与情感双重痛苦，因为后者具有认知的层面。[3]

37　　　与非情绪性的评论相比，情绪和环境之间的关系更为复杂，这不只是因为情绪涉及评价，也因为情绪往往受过去经验的影响。与惯习的形塑过程相似，早年经验，尤其是我们最需要他人、最脆弱的童年时期的经验，对我们的情绪秉性和感受力有着深远的影响。乍看之下，如果我们注意到情绪反应有时与激发该情绪的、并萦绕心里许久的事件不相称，我们就容易得出以下结论：这是它们不理性的证据。[4]比如，自信或羞怯的情绪秉性往往与阶级和性别相关，它们通常在早年形成，且后来被证实延续极其长久。或者

---

[1] 这一反主观主义、反唯心主义的主张认为情感有其所指涉，斯科特（Scott，1990，p.186）对攻击行为所做的社会心理学研究证实了这一点。该研究表明，受害者对不正义行动者（agent）的愤怒，并不会因为将其发泄到其他人身上，或转移到像体育这样"安全"、合法的活动（"安全阀理论"）而有所减弱。不正义的经验也有可能让人更容易侵害其他无辜的人，但是人们发现这种迁怒的做法不能解决问题，愤怒依然存在。这种情绪显然不是没有针对性的、不明确的、没有指涉对象的冲动，而这一冲动也不能通过任何手段来补救。

[2] 这里所谓的"客观"，既不是指"真实的"，也不是指"价值中立的"，而是指"与客体本身相关的"——在这里则是把主体当成客体（Sayer，2000a，pp.58ff.）。

[3] 感谢约翰·奥尼尔（John O'Neill）和我讨论这一问题以及下一个脚注中的问题。

[4] 情绪理性（emotional reason）与非情绪理性（unemotional reason）的不同之处在于前者难以控制。例如，尽管人们可以选择不去思考某件不具有情绪重要性的事情，但当自己在面对压力、感到羞耻、愤怒、焦虑或经历丧亲之痛时，我们可能觉得很难或无法停止那种持续的情绪波澜，同样的念头和感受萦绕心头，挥之不去。

童年时期受到羞辱的经历（可能是被阶级更高的人所羞辱），可能会影响多年以后对其他情况的情绪反应。换言之，在成年生活中，某些特定场合下明显流露的情绪可能具有叙事（narrative）特征，尽管这一点不可避免地难以解释，尤其是因为主体几乎记不起他们的早年经验（Nussbaum，2001）。

情绪所提供的评论是**可错的**——但理性的评论同样也是可错的——不过这些评价在实践上具有充分的适切性，值得认真对待。而且正是因为它们可能是错误的或错位的，如种族主义者针对寻求庇护者的愤怒，我们就更应该认真对待这些评论。"倾听我们情绪的声音"这一想法不是简单的心理呓语，它承认了情绪是有所指向的，并且通过认真倾听情绪的声音，我们才会关注到迄今尚未得到关注的事物，并评估它们提供给我们的信息：我们和他人身上正在遭遇的事情。特定的情绪与特定的指涉对象或原因之间的关系经常不甚明了，当然其原因本身可能非常复杂和散乱；我们都有过莫名其妙就情绪低落的经历，但这也不失为一个好理由，我们正好可以趁机梳理一下自己的情绪。我们必须认真对待针对社会场域中的不平等和斗争的情绪反应，以及人们如何应对这些情绪反应，不只是因为这对人们来说很重要，也因为它们通常揭露了人们的境况和福祉；实际上，如果后者并非为真，前者也不会为真。

愤怒、快乐、骄傲和羞耻等情绪似乎在所有文化中都很常见，但这些情绪倾向于被什么激发、与什么相关则因不同的文化而异，即便在同一文化内部，也会因社会位置而不同。"如果情绪属于评价性的判断，那么关于何为有价值事物的文化观点便可能会直接影响情绪……"（Nussbaum，2001，p.157）。因此，在一个自由主义（liberal）文化里，对个人自由的限制所引起的愤怒可能要比在社群主义（communitarian）文化中的更激烈，因为后者相对而言不那么重视个人自由。情绪无法逃脱话语的影响，而且会因话语而变得更加的深刻、更加的生机勃勃。但情绪不会因任何一个话语现象而加深；人们不会因为翻阅电话簿或阅读某种不熟悉的语言而加深自己的情绪，只有那些指向影响福祉之物的话语，以及那些指向他人的、值得投注情绪关注的话语，才能加深人们的情绪。再一次，如下这两个事实之间并没有矛盾：我们既可以承认许多这类事物取决于诸如宗教信仰或生活方式这样的"文化建构"，而不取决于与身体福祉相关的事物，也可以承认人类一定具有因果能力和感受力（大多是从社会中习得的），由此他们才能够适应文化。尤其是脆弱性、依赖性、匮乏与欲望，包括渴望承认[1]的心理需求，这些为社会建构或社会话语提供了能够发挥作用的"着力点"。为了弄清不平等是如何被体验的，我们必须接受行动者复杂矛盾的反应，如服从、认命、合理化、抵抗与渴望。除非我们严肃看待情绪，严肃看待我们承受苦难、感受幸福的能力以及分辨价值和评价事物的能力，否则我们就无法理解为何某些环境会激起抵抗或批判性的反思。任何一种社会条件若要能"影响"我们，我们必须是具有承受苦难、感受幸福，并体验爱、羞辱、羞耻等情感的人。正如莫斯（Mauss）所言，这意味着生理、心理和社会等各个因素的整合（Probyn，2002）。当然，有些情绪（次级情绪）取决于那些经过文化中介而获得的认知和秉性，但是认为情绪纯粹是以唯意志论的方式被建构起来的，则是错误的：再次重申，不是所有的建构或解释都能成功地产生理论一致性。[2]文化中介（cultural mediation）与文化决定（cultural determination）是不同的。

最后，情绪不是微不足道的。在极端情况下，像羞耻、仇恨这样的情绪可能会涉及一些人们认为比个人生命更为重要的事情。如此多的社会科学忽视了情绪在日常生活中的力量，从而使自己疏离了常民认为是其经验的事物。雷纳托·罗萨尔多（Renato Rosaldo）

---

[1] 参见第三章。
[2] 另见 Barbalet，2001，p.25。

指出，大多数人类学研究无法领会情绪的要义，尤其是愤怒，相反，它们呈现的是一些完全忽视这种力量的精雕细琢的论述，认为行为纯粹是由话语和实际的惯例所定义的——这是一种对情绪的极度不敏感性，如果在充满着情绪的社会情境中，例如遭遇丧亲之痛，那么这种不敏感性可能被认为是可怕的（Rosaldo，1993）。语言往往无法充分表达这些情绪，最强烈的情绪可能会被行动者的轻描淡写所掩盖。与阶级有关的情绪尽管不像罗萨尔多所设想的悲伤和愤怒等情绪那么强烈，但却是阶级经验的核心。"感受"（affect）这个词带着学究式的意味，显得冰冷、短促、疏远、与情绪无涉，似乎反映了智识上的蔑视（intellectual disdain），以及轻视情绪所指涉对象的力量和严重性。[1]值得注意的是，作为动词，去"感受"（affect）仅仅意味着模仿（simulate）某种反应，例如惊讶（也就是**去掩饰**[*dis*simulate]或欺骗），而"伪饰"（affect*ations*）则指**人为**（*artificial*）的举止。[2]理性主义在社会科学中大行其道，因此许多人忽略了情绪，其实这种做法是极为不理性的："很简单，情绪之所以至关重要，是因为如果我们没有情绪，那么一切皆无足轻重了。没有情绪的生物根本没有活下去的理由，因此亦没有自杀的理由。情绪是生命之原料。"（Elster，转引自 Archer，2000，p.194）。

6. 承诺与投入

对行动者来说重要的事业、实践或他人，不只是他们碰巧喜欢或偏爱的事物，而是对他们的身份形成至关重要的事物，他们承诺

---

[1]"感受"也与我希望反对的非认知性的情绪观相关（Nussbaum，2001，p.61n）。

[2]讽刺的是，"感情"（affection）是一种非常普通的情绪感受，对我们的福祉而言极为重要，但几乎不被社会学承认。

委身于这些身份认同之中，甚至有时为了追求它们而不惜牺牲自己的利益。培养承诺的能力是人们福祉的核心之所在，而阶级不平等之所以如此重要，其中一个主要原因就是阶级不平等影响承诺能力的形成过程。

　　布尔迪厄表面上似乎承认这一点，因为他常常论及行动者**投入到**（invest）特定实践的方式，而且他所建构的许多例子都是从游戏 /比赛、赌注和奖赏的角度来表述的（如 Bourdieu，1998，pp.76ff.；1993，p.18）。中产阶级对教育的投入便是一例。然而，投入和游戏 / 比赛之类的比喻与布尔迪厄的帕斯卡尔式的行为观之间存在着紧张关系，也不适合来理解人们在作出承诺时所产生的情感依恋（attachments）的本质和力量。这样的隐喻，如同资本、利润和计算的隐喻一样，容易让我们把"投入"理解为自我本位的、工具性的、涉及竞争与追求回报的行为。在布尔迪厄的作品中，我们随处可见由如下两者结合在一起而形成的张力：一方是涉及理性计算的经济隐喻，另一方则是把惯习与推理和反思性相比，过度强调惯习之力量的主张。而这一张力也构成了对他作品的回应。但布尔迪厄也强烈反对理性主义、功利主义的解读方式（1998，p.79，另见 1993），尽管他为自己辩护的立论基础意义重大。这些立场基础包括：行动者在投入时不是理性的、自私的决策者，相反，是他们的惯习使之参与到了游戏 / 比赛之中。但是，我们也没有必要从理性主义的解释方式一跃而跳到反理性主义的解释方式；正如前文所述，在学习 /惯习养成（habituation）的过程中通常带有认知性的因素，行动者显然有时也会思考使其投身其中的究竟为何物——正如"对某物产生兴趣"所表述的那样。但真正重要的不在于此。行动者之所以倾向于对某些事物投入情绪，不单单是为了回报，而是因为他们认为这些事物本身就具有价值，有时甚至完全不顾是否对自己有利。

　　"承诺"这一概念要优于游戏 / 比赛中的"投入"概念，因为"承诺"意味着更强烈、更严肃的情感依恋，它涉及情绪层面，包含我们所**关心**的客体、实践、他人与关系。在惯习与惯域的关系中，如果我们忽略了我们有能力根据现象对他人及我们的福祉所具有的意涵而进行区分的能力，如果我们忽略了情绪，那么承诺充其量不过是某种强烈的感应（correspondence）或根深蒂固的习惯。承诺意味着情绪上的、理性的（reasoned）依恋。承诺既可以是利己的——如自我放纵——也可以是利他的，或与社会正义或民族主义这类宏大事业相关（Sen，1999，p.270）。[1] 布尔迪厄是否也作出了承诺，致力于揭示社会支配机制，抑或他只是掌握了社会学这种游戏／比赛的感觉？诚然，他的惯习的发展方式大概能让他倾向于做到这点，并出色地掌握了学术游戏／比赛如鱼得水的感觉，但这当然也是一种承诺，而其背后的理据不是简单地对不可避免之事做出合理化解释，而是包含某些规范性证成（justification）。

　　很少有人能够列出自己的承诺，而且他们可能只有在受到威胁时才会注意到自己的承诺。承诺通常是透过持续沉浸在各种关系和活动之中，并透过具身化的方式，才会在不经意间逐渐浮现出来。虽然承诺和偏爱（preferences）之间的区别是模糊的，但两者的差异并不仅仅在于情绪依恋的强度；两者之间还存在重要的、质的区别。就偏好而言，我们通常愿意用其他事物来取代。我更喜欢做 x（留在目前的银行），但如果 y（另一家银行）也是一个不错的选择，我会放弃 x 而选择 y。但如果我是为了自己的孩子或政治信念而做出承诺，那我不会为了其他事物而出卖或交换它们。当我委身于对某些人、理念和事业的承诺中，我是绝不会被收买的，因为它们就是目的本身，而不只是为了达到其他目的的手段。此外，在追求承诺的过程中，我们倾向于选择那些已经预见的、与目的相一致的手段，而个人偏好就未必如此了（Archer，2000，p.84）。

41

---

[1] 并不是所有我们投入精力的活动都会成为承诺。可能我们参与的一些短期计划比较复杂、富有挑战性、兴味盎然，但我们对其作出承诺的程度可能比不上我们为自己孩子付出承诺的程度。当然，这些区分往往是模糊的。

虽然我们事先难以谋划自己的承诺，但正是我们的承诺构成了我们的品格（character），一旦缺失承诺，我们就像飘零的浮萍一样无所寄托、迷茫无措。失去或无法追求我们已经形成的承诺，其痛楚宛如丧亲之痛，因为通过我们对 x 的委身承诺，x 已经攫取了一部分的我们。换一家银行可能会给我带来一些麻烦，但这不会影响我是什么样的人，或影响我的个人福祉，但丧失承诺则很有可能关乎个人品性与福祉。然而，随着时间的推移，承诺或许会有所弱化，甚至"变质"，于是导致某种幻灭感和失落感，此时我们或许会重新评估优先性次序。承诺也往往倾向性别化，与人们打交道的承诺主要与女性相关，而与技术工程打交道的承诺则主要与男性相关。阶级与其他社会层级（social hierarchies）也会进一步影响我们能够培育起来的承诺的类型，一方面影响了承诺类型的区分，另一方面则是让实现承诺所需的资源出现不平等分配。

由于承诺关乎我们的福祉，那么毫不令人意外，承诺在日常生活的斗争中起到突出的作用。来看一个熟悉的例子：一听到人们谈起工作，尤其是专业性很强的工作时，我们经常就会被提醒，工作场所是各种自我利益相互冲突的斗争场域，在其中，承诺可能与自我利益大不相同，也有可能紧密相关，或者，与工作无关的承诺有可能与工作职责或工作承诺相悖。一个工作人们往往一干就是几十年，但是就算他们早已完全习惯了这个工作，掌握了游戏／比赛的感觉，也难免会体验到重重矛盾："他们感觉应该怎么做"与"他们被允许做什么"、"他们感觉应该受到怎么样的对待"与"他们实际上如何被对待"之间的冲突。他们或许会觉得，自己正在他人的诸多压力之下苦苦维持个人完整性，不管这些人是同事、客户或转嫁预算压力或政府指令的经理。不管是经济工具主义，还是纯粹的帕斯卡尔式观点，都无法充分解释对某些工人来说压倒性的经验。在局外人看来，许多冲突看起来无关要紧，但是抱负、为自尊而斗争和情绪承诺一旦混合在一起（所有这一切都可能纠缠在一起），

42

就会对工人的生活产生巨大影响——在极端情况下，可能会促使工人离开安稳的工作、彻底改变自己的生活。人们是有意识地、规范性地投入到那些受到挑战的身份和承诺中的，而不仅仅通过惯习化（habituation）的方式。它们不仅仅关乎权力和资源，而且关乎何物被视为善。这提醒我们，不是所有的斗争都是为了权力或资源；虽然权力和资源有时被视为目的本身，但它们的重要性在于它们是人们过上充实生活的必要条件，而在其中，承诺是必不可少的部分。

7. 伦理秉性

前文已经阐述了惯习的概念，主张情绪是对关乎人类福祉的重要事物的价值性判断，而且还阐明了人们会珍视某物是因为这些事物本身，而不仅仅把它们视为工具，现在我们可以解决对人们来说往往最重要的事情，亦即他们对人与人之间应该如何对待彼此的感知或感觉。我们同样可以从布尔迪厄开始。

在某种程度上来，布尔迪厄承认社会行为具有深刻的评价性特征，人们会对自己和其他群体的成员，以及对与他们相关的实践和对象做出评价。然而，他对这个方面的旨趣主要从策略、功能和审美的角度对这些事物做出评价。这在一定程度上反映了他霍布斯式的社会生活模型所导致的结果，这种模型以利益和权力为基础。但行动者也会根据善（goodness）或合宜性（propriety）来评价他人及其行为。我希望论证，惯习包括了伦理秉性，而伦理秉性一旦被激发，便会产生道德情绪或亚当·斯密所说的"道德情操"（Smith，1759）。[1] 正是因为关系和道德情感的存在，所以人们往

---

[1] 布尔迪厄有一次罕见地提到了惯习的伦理层面，他指出，"伦理气质"（ethos）比"伦理"（ethics）更适合指涉这些秉性，因为"伦理"意味着存在内在一致的明显的原则（Bourdieu，1993）。关于情感、秉性和情绪之间关系，与我略有不同的分析，参见 Rawls，1971，pp.479—485。

往无须反思，就自发地产生道德反应；确实，有趣的是，如果有人不经深思熟虑就无法对某事做出道德反应，我们可能就会怀疑此人的道德品格（moral character）。因此，看到退休老人遭到抢劫，我们就会感到惊恐、愤怒和同情，然后才有机会反思发生了什么事。正如其他秉性一样，伦理秉性、美德与恶德都是习得的，并通过与他人的交往实践而变得具身化，因此，人们会变得习惯于诚实、信任他人，或习惯于欺骗他人、疑神疑鬼。对这些伦理秉性的激活具有情绪性的层面，比如感恩、仁爱、同情、愤怒、痛苦、内疚和羞耻等秉性就明显带有情感色彩。

此外，也有**非**伦理的（unethical）秉性和**不**道德的（immoral）情感。[1] 正如诺曼·格拉斯（Norman Geras）所言，我们都非常清楚这里的"动机范围"（motivational range）：

> 虽然包含所有那些值得称赞的品质与卓越之处，但也包含不那么令人敬佩的，甚至完全令人厌恶的元素。这个范围只不过是平凡生存中的材料。它是一种实践经验的形式，来自生活中的一切领域：每一个家庭、每一个社交圈、每一个街区、每一种场景、社会阶层、职业与组织。它是一种——再次强调，其中也有慷慨、深情、勇气等成分——嫉妒、虚荣、寡恩刻薄、憎恨、故意欺瞒、妄自尊大和自吹自擂的经验。（Geras，1998，p.99）[2]

---

[1] 规范性的道德与政治哲学以一种可让人理解的方式，把重点放在善与正当（the good and the right）的本质上，并且如果恶和错误要得到认识的话，人们往往会将其视为偏差，而非将其视为其起源有待解释的普遍倾向（Alexander，2003）。一个少见的例外，参见 Glover，1999。

[2] 格拉斯继续写道："它提供了一种与我们从纳粹大屠杀（Holocaust）本身中学到的知识的补充：这种知识是关于巨大罪恶的日常材料，那些平庸之恶和人类的普遍缺点在另一个环境组合中，可能突然变得罪大恶极。"

除此之外，可能还有仇外、种族主义、性别歧视和恐同症的秉性，其中涉及的是把坏的、可怕的特征投射到他人身上；如我们更愿意称之为"道德"的秉性一样，它们也有评价性的特征。

人们通常会将伦理（ethics）和道德（morality）区分开来，前者指的是行动者主要通过社交化而下意识习得的感性秉性（sensuous dispositions），而后者则指相对而言正式的、普遍的公共规范，尽管这两者的意涵有时会被颠倒过来（亚当·斯密的"道德情操"更接近伦理秉性而不是道德规范；哲学专业学生一般研究的不是"伦理"而是"道德"）。两者之间确实存在区别，但也有密切联系，正如黑格尔的"伦理生活"（ethical life）概念所承认的那样（Wood，1990；Yar，1999）。虽然本书主要关注的是非正式的实践，但正式的道德规范也有可能被内化和具身化。因此，尽管康德的道德理论因脱离行动者的秉性和感受而受到一些合理批评，但行动者有可能接受、投入并认同这类原则，并由此习惯于这些原则。我们有可能会习得具身化的责任意识和自我约束意识，并以之压倒我们以前持有的特定秉性；实际上，这个过程就是道德教育的一个重要内容。再次强调，有时我们会意识到这些内化规范的理据，有时则会通过反思而改变它们。反过来说，道德原则也有可能只是伦理秉性的正式表达。[1] 在关于道德议题的内在或公开对话中，这两个方面交融汇聚，并一起影响着道德决策。行动者开始掌握对自己文化的复杂评价，这与他们的日常经验及其他经验的广度有关，部分是因为行动者掌控了相关游戏／比赛（活动和情境）的感觉，体会到它们所带来的种种感受，部分则是行动者通过更有话语形式的意识而获得的；实际上，后者起到了中介的作用，提供了相关词汇，有时则为这类活动和情境提供了一定范围的感受性（sensibilities）。因此，道德规范和伦理秉性之间的界线应该说

[1] 规范既是实践的结果，也是行动的指南。

是相当模糊的。[1]这里关于道德和情绪所发展起来的研究路径与玛莎·努斯鲍姆一致:"我们不应将道德视为超然的智者才能领会的原则体系,也不应把情绪看作是支持或反对我们依照原则做出选择的动机,我们应该将情绪视为伦理推理体系的重要组成部分。"(Nussbaum,2001,p.1)

既然伦理秉性、道德情感或道德情绪和伦理生活等概念与惯习的概念息息相关,那么对惯习概念施加的那些限定也可以应用到秉性和规范之间的关系。

- 正如惯习未必与惯域或更广泛的话语完全一致,甚至在人的成长期也是如此,因此个人的伦理秉性不一定符合他们身处环境中的特定关系或更广泛的话语规范。一方面,个人的身体及实践与他们所处的环境之间可能出现张力;另一方面,话语会出错,与话语相联系的经验也比个人能体验到的直接经验更宽泛,这就有可能导致不和谐之音。无论是出于故意抑或无意,这样的差异都会导致异常行为与抵抗。

- 伦理秉性一旦习得,就会形成惯性,但其力量取决于它们的严肃程度和被激活的频率。其激活模式与环境会反复改变秉性,使行动者更合乎伦理,或反乎伦理,或在伦理方面有所改变。有些经历,如献血,可能会"提升意识";而有些经历,如晚上和一群小伙子出去玩乐,则可能会"降低意识"。不管是哪种情况,改变都是积跬步以成百里的渐进过程。比如,在反面例子中,一个人若以恶小而为之,来日必将酿成大恶,当

45

---

[1]因此,"美德是[或者说可能是——作者注]**智性**秉性(*intelligent* dispositions),这种秉性会因某些原因而采取行动、会对某些事物感到愉快或痛苦、会感受到某些情绪"(Wood,1990,p.214)。

他醒悟之时已为时过晚，因为他早已跨过了道德的界限。（Glover，2001，p.35）[1]

正如亚当·斯密在《道德情操论》（*Theory of Moral Sentiments*）一书中所阐述的那样，社会行动受到一种持续的相互监测和自我监测（self-monitoring）行为的影响，不仅在面对重大道德困境时是如此，在大多数普通情境下也是如此，比如在交谈中，我们必须评价自己是如何被对待的，以及自己是如何对待别人的（Smith，1759：1984）。我们会想象自己的行为如何影响到他人的福祉，以及旁观者会如何评价自己的行为，从而衡量我们应做出什么样的行为。这种自我评价和相互评价的过程对我们的福祉和社会秩序而言都至关重要，当然我们的福祉与社会秩序之间也密切相关。自我监测不一定需要乔治·赫伯特·米德（George Herbert Mead）所谓的"概化他人"（generalized other），我们也无须想象中的旁观者来保持公正无偏私，或找到某个阿基米德点（Griswold，1999）。在熟悉的情境下，监测和评价可以"自动"完成，因为这是我们对游戏/比赛感觉的一部分，但在更为困难和不甚熟悉的情境下，则需要有意识的深思熟虑。评价性的行为不能被简单化约为像对热冷那样的原始反应，因为我们已经发展出一种对游戏/比赛的评价性感觉（evaluative feel），甚至是一种掌握评价性游戏/比赛（evaluative game）的感觉，并逐渐熟练一些具有特殊逻辑或结构的判断形式，尽管这些判断形式不易被察觉。这正是道德哲学家在辨别嫉妒和怨恨、羞耻和愧疚或同情和怜悯时经常试图确定的结构。[2] 这些不只是概念结构，而是有可能受某些特定事件激活的具身化的心理秉性。

---

[1] 军事训练更擅长利用这种趋势：比如，新兵通过拼刺刀训练而改变自己对暴力的伦理秉性。

[2] 如 Nussbaum，1996，2001；Williams，1993。

伦理或道德有约定俗成的特征，因为它们是社会的产物，而且我们不一定非要遵循不可——的确，如果不是这样的话，就不需要任何规范性观念来告诉我们应该做什么了。伦理与伦理气质（ethics and ethos）、道德与风俗（morality and mores）在词源学上的联系也表明这一约定俗成的面向。除此之外，再加上人们认为不同社会的秉性与规范之间存在相当程度的差异，于是人们有时把道德简单化约为纯粹的集体约定（communal convention），或"我们在这里的作为"。然而，我们不应该一直把"应然"，即规范性力量和行动理据排除出去，尽管社会学家经常这么做。[1]虽然社会学家在对他人的行为做出专业阐释时，经常满足于将道德化约为惯例，但他们却不可能用这种方式来说明自己的行为，如果有人对他们做出违背伦理的行为，他们也不会轻易接受用"我们在这里的作为"来证成这些行为。这种化约方式既自相矛盾，又有贬损人格之嫌。行动者自己的判断和辩护，无论是好是坏，都应该被加以考虑，因为它们影响了行动者的所作所为。

正如玛丽·米奇利所论，道德与纯粹惯例的区别在于前者是**严肃的**，换言之，道德关乎对人及其福祉产生重大影响的事情，而纯粹惯例没有必要具有同样的严肃性（例如，餐桌应该怎么布置）。道德的严肃性之所以意义重大，在于它关乎人类福祉，同时也反映在这个事实中：人们期待某些类型的道德规范能够得到证成，即

---

[1]　比如，即便是涂尔干（Durkheim）在《社会分工论》（*The Division of Labour in Society*）一书中也视道德规则是义务性的、可欲的，并带有神圣性的光环，其功能在于维系社会的存续，他由此忽略了道德规则的规范性内容和力量，将其化约为由制裁机制支撑的特殊惯例（此类惯例的道德性何在呢？）（Durkheim, 1984）。在《自杀论》（*Suicide*, 1951）一书中，他把道德性等同为社会性，但是做出了更为精细的分析，承认了心理学层面：社会性与渴望和欲望相关（pp.246ff.），社会性既是渴望和欲望实现的必要前提，同时又对它们施以调节性和缓和性的影响。虽然他审视了某些自杀类型的道德动机，但他并没有深入探究其含义，他更感兴趣的是它们的分配和社会学上的关联物（correlates）。

便这些规范当然也有可能是有问题的（Midgley，1972）。行动者对这些理由有不同程度的意识，并会用这些理由来质疑违背伦理的行为。这样的证成性理由反过来也隐含着对人类痛苦和脆弱性的概念或认识。

对道德这种纯粹约定论的（conventionalist）理解，常常建立在惯例和道德规范所属的、站不住脚的社群（communities）模型之上。正如社群主义的批评者所指出的，社群内部通常存在分化与等级，同时包含彼此不相容的以及相容的力量和信仰。"我们这里的作为"可能在某些社群成员眼里是压迫性的、不道德的行为。因此，对规范的抵抗可能产生自社群内部，也有可能来自社群外部。尽管会出错，但行动者往往可以成功区分有害的、压迫性的事物与有利的、支持性的事物，尽管这两者经常纠结在一起，并嵌入特殊的实践和利益之中，由此难以分解。行动者为了做出或感知到这些区分，需要同时利用他们的非话语秉性以及话语意识和知识。行动者从他们的文化里理解他们本身以及自身的福祉，正如科学家只有借助理论负载（theory-laden）的方式才能观察这个世界一样。但在科学中，理论负载的观察不一定就受理论所决定，仍然会出现某些错误和不符合预期的情况，行动者也是如此，他可能会发现，如果不超出自身文化所提供的解释性资源，自己的某些文化解释是不尽如人意的。和任何话语一样，文化话语是异质的、可错的，而且经常为文化的自我批判提供资源。

当然，在某种程度上，行动者的伦理秉性和信仰与他们的社会位置和利益有关，比如，与他们的性别和阶级有关（例如 Bartky，1990；Lamont，1992；Tronto，1994），但它们也可能出于反思，并与其他观念啮合在一起，从而与可能的预期有所不同。我们不会将布尔迪厄的作品仅仅视为他的社会位置和生平轨迹的表达；相反，我们会**评价**他的主张，认为他为这些主张所提供的理由构成他提出这些主张的因果性原因，[1] 尽管这些理由当然也有可能是为了合理化、掩饰或回避他提出这些主张的真实理由。《世界的苦难》一书中的受访者不只是向布尔迪厄和他的研究团队解释他们当地的惯例，而是表达了他们对许多惯例的深切不满。在一些案例中，他们的绝望和愤怒似乎能吞噬一切。一种乏味的反自然主义约定论根本无法理解社会生活中规范性争论的广度或深度。实际上，伦理秉性、信仰和规范可能会因社会空间的不同而有所变化，反映了社会划分（social divisions）、人们如何被对待，以及他们被允许如何对待别人，但它们也较为显著地**跨越了**（across-cut）社会划分。亚当·斯密自己也注意到这一点，他论证道，与其说道德情感受到"习俗与风尚"的影响，不如说受到审美情感（aesthetic sentiments）的影响（Smith，1759：1984，V.2.1，p.200）。关于这一点，有几个相关原因。

首先，伦理主要关乎人们（应该）如何对待彼此，这比审美品味（aesthetic taste）之类的事务更加受到社会的规约，也更加的重要。[2] 比如，你的长相，或你拥有的东西的样子于我而言并不重要；更重要的是你会如何待我，你是否尊重我的自主性和需求，你是否利用我的弱点，等等。

第二，虽然伦理秉性在特定的具体环境下容易受到社会化的影响，但它们也会被应用于新情境之中；这恰恰是它们的实践意义之所在——伦理秉性不仅让我们对当前的和已经发生的事情做出评价，还指导我们未来的行动。除了某种实用主义逻辑外，还有更多的事物在起作用——例如一种与其他伦理秉性配置相关的"实践经济"（economy of practice）——因为伦理行为的普遍化是被

---

[1] 对"理由"（reasons）可以是"原因"（causes）的辩护，参见 Bhaskar，1979；Collier 1994；Sayer，1992，2000a。

[2] 我将在后文第九章指出，虽然在不同的文化中，人们往往对道德议题做出不同的文化阐释，但至少某些道德议题涉及的是超越历史的人性特征。

规范性地（*normatively*）强制实行的。此外，正如杰弗里·亚历山大（Jeffrey Alexander）所言："在面对社会结构时，价值观相对社会结构具有一定的独立性，因为理想具有内在的普遍性。之所以如此……是因为它们有着一种内在的倾向，即成为有待普遍化的原则问题。"（1995，p.137）亚历山大援引了发展心理学的研究，"除了行为主义这一显著的、深具启发性的例外"，发展心理学皆支持这一普遍化过程的习得。承认一种涉及具体的他人，而非抽象的他人的道德形式，也不会与此产生冲突，因为这种道德形式同样涉及一种超越自我立场的过程。（另见 Benhabib，1992，第五、六章）。因此，优待某些人（例如自己的孩子）就特别符合一般的预期，这非但不会被认为不符合伦理，而且极为适当，尽管对他人的责任究竟能够延伸到多大范围存在不同意见，并且是一个有争议的议题（例如参见 Goodin，1985；Tronto，1994；Unger，1996）。道德的这种普遍化趋势与它在特定关系中的局部化起源（localised origins）完全不矛盾：

> 正是因为我们对特定的个体和群体负有承诺，我们才能继而承认所有人的主张。……正是因为我们首先与父母、兄弟姐妹、朋友建立了纽带关系，随后我们才能把自己的同情延伸到关系不那么密切的人身上（Norman，转引自 Goodin，1985，p.4）。

第三，人际关系的相互性特征（reciprocal character）不仅产生了一种普遍化的趋势，也导致人们在其他条件同等的情况下对一致性（consistency）和公平（fairness）的关心，尽管关心的程度有所不同。正直（integrity）——行动上的融贯性和一致性——向来受到珍视和追求，它不是单纯的外部强制。这种状况经常被部门利益、权力的不平等以及近乎霍布斯式的秩序（无序）所推翻。然而，哪怕支配者虚伪地诉诸公平，公平理想的力量仍然明晰可见，这表明支配者意识到，在他们与从属者交涉的时候，如果不想丧失正当性，至少表面上必须维持公平。支配关系的正当化（legitimation）取决于如下两个因素的结合：不平等的自然化，例如在性别问题上，以及公平的表象，至少在不危及支配地位的事务上。[1]

在某种程度上，道德行为和评价的变化可能会**独立于**诸如阶级、"种族"、性别、年龄等各种划分。社会学对"恶"（the bad）的关切是可理解的，但我们也不应模糊这个简单事实：人们也经常会举止文明、相互尊重，待人亦慷慨大方、亲切友善，而且不止局限于同一个群体的成员。社会学家可能不愿意接受，有行动能够对性别、阶级和族群划分保持中立，并以这样的方式跨越这些划分，尽管他们的悲观并不妨碍他们希望事情如此，也不妨碍他们至少试图让其自身的行为在不同的社会划分中更加一致。对于思想进步的社会科学家，要是他们声称伦理不可避免地仅仅与性别或阶级和族群有关，这就相当牵强奇怪，因为这会使得伦理本质化，并会让性别主义、阶级歧视或种族主义变得不可批评。伦理行为是否应该受这些社会划分的影响，这个问题本身就隐含在关于日常生活的微观政治以及学术话语中。行动者有时互相指责对方自私、伪善，有种族歧视、性别歧视或其他不公或歧视的倾向，这体现了公平之规范的存在。[2]女性主义、社会主义、反种族歧视以及自由主义的宽容理念已对社会关系、伦理情感和伦理规范产生一些影响，而且它们全都有赖于一些更基本的伦理观念；例如，虽然性别歧视和种族歧视在教育中并不少见，但许多教师在对待学生和家长时都试图尽量不表现出性别歧视或种族歧视。至少有一些行动者已经在表现得

---

[1] 即便欺骗行为要成功，也取决于他人对诚实守信的假设。

[2] 同样有趣的是，种族主义者和性别歧视者有时在发表偏见言论时，往往会事先声明他们"相信平等，但是……"。

不在意这些划分了。

　　社会学过于投入在社会划分、划界和"他者化"这上面，因此容易让人忽略这个事实：我们受到他人的友善对待或恶意对待，这与他们所处的社会位置无关；与我们同属一个社会群体的人，或属于不同社会群体的人都有可能这么做。[1] 截然不同的行为可以在同样的群体或环境中共存；例如，正如约翰·斯图亚特·密尔（John Stuart Mill）所说，家庭既可以是爱的学校，也可以是专制的学校（Mill，1869）。此外，我们在自己的群体内受到的道德教育会影响我们和他人的关系。通过所有这些关系，我们发展出一些期望和规范，这些期望和规范在某种程度上是普遍的，而非只针对某个特定群体。由于它们涉及实际行为，而不只是刻板印象，因此我们有可能发现与刻板印象**相左**（*contradicts*）而不是相符的行为；我们有时会注意到，被污名化的人其行为合乎伦理，而颇受尊重的自己人有时却违背伦理。当然，我们与他人的相处方式可能隐含了双重标准，但是，我们不会在不同的环境下使用**完全**不同的标准。以同样的方式对待同样的行为，无论是谁这样做，亦即"不能因人而异"，这本身就是一种普遍的道德原则，也就是公平和正直美德的概念核心。[2] 因此，尽管未必可以完全得到实现，但道德思想的确包含一个普遍化的环节（a generalizing moment），可以跨越社会群体之间的界限；实际上，也正是因为如此，我们才能够批判不平等（如阶级不平等）。因此，不管是普通人还是学者对支配、不公正、伪善和自相矛盾的批判，都意味着存在我所定义的道德规范。在本书后面的章节，我将论证，除非我们能够充分意识到这种二元性（duality），否则我们就无法把握常人对阶级那种充满对立矛盾的理解。

---

[1] 我将在第七章详述道德划界的问题。

[2] 这并不排除以下可能性：人们有可能也承认，把不平等的人和事物视为平等的也是不公平的。

小结

布尔迪厄希望惯习概念能够承担沉重的解释任务。它是一个说明复杂过程的概括性概念，这些过程不仅涉及社会学层面，而且还涉及心理学和神经生理学等层面。实际上，这个概念是社会学帝国主义的产物，反映了社会学与心理学和生物学的之间的竞争关系，以及对它们的反感。[1] 然而，对这一概念作出合适的限定后，它可以暂时填补这个空白，在其中有大量的后学科（post-disciplinary）研究有待开展。我们不能因为布尔迪厄夸大了惯习的影响力，就抛弃这个概念，这无异于把婴儿连同洗澡水一起倒了。没有任何其他的社会学概念能够帮助我们理解秉性的具身化特征、生成性力量（generative power），以及秉性与更广阔社会场域的关系。难点在于我们能将其运用到何种程度。我希望保留和修改这个概念，而非抛弃它以及与之相关的帕斯卡尔式行动观。这就要求我们减少布尔迪厄关于惯习概念所具有的解释力，而且在如下方面补充这一概念：承认秉性与有意识的深思熟虑之间的密切关系，能动性的力量与世俗反思性之间的密切关系，以及通过处理行动者的规范性倾向而表现出的、情绪和承诺之间的亲密关系。

尽管我们所关心的事物是我们生活的核心，但许多社会科学都从这种普通现象中抽象出来，为我们呈现了一些冷冰冰的人物，他们宛如在生活中飘荡，其行为举止带有他们的社会位置、人际关系和更广泛话语的印记；他们规训自己，只因被要求这么做，就好像他们什么都不在乎。这一图景不只是社会学帝国主义的产物，而且还是知识精英主义的产物，在其中，理论家把自己抬到他们研究的蜂群般的大众之上，并庆幸自己洞察到群众无法看到的事

[1] 鉴于布尔迪厄在《学术人》（*Homo Academicus*, 1988）等著作中对学术场域中的斗争作出了极为敏锐的分析，因此他的学科帝国主义是相当令人惊讶的（如1993）。

物，但事实上在某些方面，他们能看到的事物更少。我们可以进一步补充，我们的论证没有任何内容能够导向任何一种笛卡尔主义（Cartesianism）；人是社会性的存在，在具身化、心理和物质等方面都有赖于他人，并且还带着多面的、通常是碎片化的惯习，被深深地嵌入话语和社会之中。正如我们曾提到，人的评价性能力（evaluative capabilities），例如对羞耻、内疚或尴尬的感受力取决于社会化和文化教化（culturalisation）；即便这些评价性能力预设了某些能力的存在，但它们不是与生俱来的，可以说是生理、心理和社会等因素的整合所产生的，而无法被社会化的事物是不会拥有这些能力的。当然，我们深刻的社会性特征绝不会否定我们关心事物的力量，实际上它是羞耻、骄傲和依恋等情绪的先决条件。

　　惯习具有道德维度；伦理秉性通过社会化而形成，不能被化约为纯粹利益的表达，与伦理秉性相关的规范也不能被化约为惯例。相反，伦理秉性具有规范性力量，而这种力量源自它们对于福祉所具有的意涵。与承诺一样，伦理秉性和信念不止于促进行动者的个人利益，而且在不同程度上包容其他人的福利，因此，伦理秉性与其说是自我中心主义的，毋宁说是幸福主义的（eudaimonistic），换言之，伦理秉性以社会福祉与幸福为导向。虽然行动者的伦理秉性和信念会因社会位置的不同而异，但也会跨越社会位置。要理解这些现象如何随着社会划分的变化而变化，我们首先就要理解它们在何种程度上不会因社会划分而异。情绪价值、关怀、关注和承诺当然会受性别和阶级的影响，并被嵌入文化之中，分析个中缘由固然重要，但是重要之处并非仅此而已。同样重要的是，我们还必须理解这些关怀涉及的是什么样的环境（主观情形与客观情形），以及它们对于人类福祉有何影响。否则，阶级和性别的重要性又从何谈起呢？

第三章

承认与分配[1]

引言

正如许多评论家指出的（例如 Fraser，1995；Honneth，2001；Phillips，1999），直到 20 世纪 80 年代以前，从分配的角度探讨平等一直被视为政治哲学和激进政治（radical politics）的核心，无论是在约翰·罗尔斯（John Rawls）及其他社会民主立场的旗帜下，还是在各种马克思主义学派中，均是如此；然而从那时起，摒弃排除（exclusion）和不尊重（disrespect），在许多情况下已经超过了不平等，成为优先讨论的议题。一再拒绝赋予个体以承认（recognition），会造成严重的心理创伤，而一再拒绝赋予群体以承认，则会伤害这个群体在一个更广阔社会中的福祉以及发挥功能的能力（Taylor，1994）。正如南希·弗雷泽（Nancy Fraser）所言，拒绝承认个体和群体会妨碍人们"与他人平等地参与社会互动"（Fraser，1999，p.34）。许多诸如种族主义、恐同症等压迫性的社会关系，都与系统性的错误承认*有关——部分是拒绝承认，部分

---

[1] 本章主要参考约翰·奥尼尔（John O'Neill）的论文"经济、平等与承认"（"Economy, equality and recognition"，O'Neill，1999）。同时本章的写作也得益于和马吉德·亚尔（Majid Yar）的讨论。

* 按照作者对布尔迪厄"错误承认"（misrecognition）概念的理解，它是指某个人、群体或阶层没有获得应得的承认，这源于对承认基础的错误认识。——译者注

是污名化承认。这种从分配到承认的转向凸显了迄今为止被忽视的各种压迫形式，这确实具有进步意义，但有观察者对此表示遗憾，因为这似乎连带让人们放弃对阶级政治的关切，而阶级政治与分配政治历来密切相关（Phillips，1999）。对阶级避而不谈，不仅不合乎逻辑，而且也绝对不合时宜，因为新自由主义者（neoliberals）正在企图把阶级不平等正当化。

当代政治学最显著的承认主张（recognition claims）类型是与文化差异相关的，包括在性特质、宗教和生活方式上的差异。在这些案例中，受到不平等对待的群体主张他们的正当性与价值要得到承认。但是，阶级的微观政治与宏观政治是不同的。穷人不会呼吁将贫穷正当化，并重视贫穷的价值。他们希望的是逃离或废除自身的阶级位置，而不是肯定它（Coole，1996）。与此同时，他们不仅想要更多的物质财富，而且还希望他们在道德价值方面获得承认和尊重，或许还包括一些文化方面。[1]因此，阶级对立（class antagonisms）不仅与收入和物质益品（material goods）的分配有关，而且还涉及一种与身份政治所强调的不同类型的承认，这种承认与不平等本身一样古老。正如历史学家 E. P. 汤普森（E. P. Thompson）和詹姆斯·斯科特（James Scott）所言，包括阶级对立在内的政治对立（political antagonisms），通常是由道德关切与不正义感（a sense of injustice）所驱动的，而不仅仅出于对财富与优势的追求（Honneth，2003；O'Neill，1999；Scott，1990；Thompson，1963）。

即便对当代工人阶级而言，他们的尊严受到贬损，工作遭到严密的监管与控制，这些压迫丝毫不亚于工作与报酬被忽

---

[1] 性别政治（gender politics）更为复杂，因为它混合了对性别化特征的正当化，以及拒绝承认这些特征，例如，性别政治一方面试图重视与女性相关的技能，但同时又不将其理想化和去性别化。

视。（Scott，1990，p.23）

　　这样一种承认政治显然与阶级不平等的主观经验的关系最为密切，因此构成了本章的主题。对于不平等的规范性意义，承认具有重要的伦理维度和意涵，这些都是我们需要探讨的，以便理解常民对不平等的感受和社会场域斗争等议题。这种类型的承认历史久远，更多地与争取平等的斗争有关，而与差异的承认及其正当化的关系并不密切，即便前者未必与后者不相容。近年来，人们不仅逐渐减少对阶级的兴趣，忽略分配政治，而且未能意识到承认是微观和宏观阶级政治的核心。

　　弗雷泽和其他许多学者都认为，社会场域的斗争必须被理解为与承认和分配这**两者**同时相关（Fraser，1995，1999；Honneth，1995；Taylor，1994；另见 Anderson，1999；Butler，1997；Phillips，1997）。对此我非常认同，但是我要指出，承认与分配的关系比许多人所设想的要紧密得多。稍后，我将会主张，尽管阶级不平等不是承认或（错误）承认（［mis］recognition）关系的产物，但除了一些偶然或衍生的情况，日常的微观阶级政治在很大程度上仍然是关于承认和错误承认的。后者［即错误承认］以布尔迪厄所说的"象征性支配"（symbolic domination）的形式，深刻地塑造了个体生活的质量，继而对由市场力量而产生的任意不平等有其特殊的影响力。本书第五至八章将进一步审视这种错误承认的本质及其与分配不平等的密切关系。

　　我们关注的承认类型具有一个必要的心理层面，而在涉及身份的承认政治的讨论中，这一心理层面经常会被忽视。承认对人们来说极为重要，它不仅关乎个人成年后的地位，而且构成了个人作为主体的早期心理发展以及后来获得福祉的条件。个人不仅需要自己的自主性和理性能力得到承认，他们对他人的需要和依赖性也同样需要得到承认——亦即承认他们对承认的需求。个体的脆弱性体

54

现在，他们不仅依赖他人给予物质支持，而且需要他人给予持续的承认、尊重、肯定和信任。虽然可能只有少数人才能充分提供这些东西，但这些需求一旦得不到满足，就会给人造成严重的焦虑、羞耻和自我贬抑——的确，有时人会把尊重看得比自己的生命还重要（Gilligan，2000；Sedgewick & Frank，1995）。正如阿克塞尔·霍耐特（Axel Honneth）所言，"在每一个社会现实中，相互承认的形式早已经被制度化了，该社会现实的内部缺陷或不对等关系确实是触发'为承认而斗争'（struggle for recognition）的首要原因"（Honneth，2003，p.136）。我们将在后文论述这些情感和需求，但现在重要的是，我们要注意到，承认不是一种奢侈品，其重要性并不低于物质需求的满足，它是人类福祉的根本条件。

承认概念所涉及的议题比分配概念更为复杂，因此我们在使用该概念之前需要对此做一些分析。我首先讨论承认的相互性本质（reciprocal nature），这在很大程度上受益于黑格尔的一个观点，他认为承认与伦理生活和人作为社会性存在的本质之间具有密切关系。黑格尔的观点包含一种社会性的、双向的或多边的承认观，在他著名的主奴辩证法（the master/slave dialectic）中，这些关系中所蕴含的不平等得到了非常清楚的阐释。原则上，这似乎意味着若要满足我们对承认的需求，就必须首先实现人人平等，但在实践中，承认的局部化条件（localised conditions）即便在高度不平等的社会中也能获得部分满足，而这些条件确实会沦为包含"他者化"（othering）的承认或错误承认的形式。为了界定自身的身份认同，把他者污名化，借此形成与自我的对比，这一实践方式是承认政治核心的批判对象。接下来，我主要参考查尔斯·泰勒（Charles Taylor）和阿克塞尔·霍耐特的著述，把承认分为无条件承认和有条件承认。这个区分将为我们探究分配与承认之间的关系提供分析工具，虽然这些方法得益于弗雷泽的分析，但我的用法与之有所不同。最后，我要指出，尽管承认的重要性毋庸置疑，但如果我们过分关注承认本身，却忽略承认的目的，这将是危险的；尤其是那些被认为值得承认的各种益品、实践和生活方式——这些事物在分配的斗争中占有显著的地位。

承认、平等与"他者化"

55

对承认的需要令人感到既熟悉又神秘，因为承认在很大程度上隐含在社会互动关系中，并且它的在场往往无人察觉，而其缺席则引人注意。我们对他人的依赖不仅仅出于对物质支持的需求，也不仅仅是工具性的依赖。虽然我们有时没有意识到这一点，但我们也出于非工具性的方式而依赖他人，即把他人视为目的本身，同时从尊重（respect）和敬重（esteem）的角度出发，把他人视为我们自身存在和地位的非工具性评价的源泉。承认隐含在人们彼此打交道和互动交往之中，以及在欧文·戈夫曼（Ervin Goffman）所称的"礼貌性疏忽"（civil inattention）这种不起眼的目光之中，无论相互间是亲属、朋友、同事或陌生人，皆是如此。同时，承认的制度化也体现在移民治理、公民身份和机会平等政策等议题的管理规则中。通过对他人或微妙或明显的不同承认，人们在不同程度上被包容或被排斥，由此被允许获得不同的机会。[1] 在本节，我选择性地参考了艾伦·伍德（Allen Wood）的《黑格尔的伦理思想》（*Hegel's Ethical Thought*，Wood，1990，尤其是 pp.90—91），以及马吉德·亚尔（Majid Yar）在回应后结构主义（post-structuralist）承认理论时为黑格尔所做的辩护（Yar，2001a）。不过请注意，我的目标不是忠实地坚持黑格尔的观点，而只是从中

---

[1] 根据森的说法，承认会影响人们的"可行能力"（capabilities），即获得他们有理由珍视的不同功能或生活方式的自由（Sen，1992）。

借鉴部分观点，并将其作为思考承认和平等的起点。

首先，我们必须承认，我们不仅具有易受社会与身体影响的感受力，也不仅具有可被激发的秉性或力量，而且还有需要不断被满足的**匮乏**（*lack*）与**欲望**（*desire*）。它们既影响我们所处的社会语境（social contexts），反过来也同时被社会语境所影响。[1]匮乏与欲望是自主性的先决条件，因为这两者是否以及如何得到满足，是非常偶然的，由此就为自主性留下了空间。但是，由于我们的社会性本质，它们也造成了我们对他人的依赖。自主性与依赖的关系对我们的心理发展，对伦理体系和规范性伦理学理论的建构都至关重要。自主性要求我们必须具备某些特定的能力，比如信心，而要获得信心，只能通过获得他人的支持，并有赖于他人将我们承认为主体。获得他人对自己的信任，就相当于自身的独立性也获得了肯定，其条件是，我们不会利用他人对我们的依赖，而滥用他人对我们的信任。一旦缺乏我们可以依赖的人，我们的自由就会受到极大的限制。匮乏与衣食温饱这些事物有关，而欲望则更多地与主体性（subjectivity）有关：我们需要他人的承认，方能成为主体。

承认只能由其他主体给予，不能仅仅通过个人单方面的要求而获得。虽然透过人的表情和举止，我们可以间接地表达或推断出承认，但是要通过对话和诠释的方式，承认才能得到更充分的肯定。我们需要他人才能形成自我意识。虽然我们可以通过劳动生产出对象，从而将自我对象化（objectify），但是对象无法反映出我们作为主体自身而拥有一定程度的自由和责任的这一观念。只有与其他人同为主体，并拥有一定程度的自由与责任，才能够实现这一点。虽然生产物品（包括提供服务），进而改变我们周围的社会世界（social world），这个过程确实有助于产生一种自我价值感，但

---

[1] 匮乏与欲望涉及一些特殊类型的因果性力量，这些因果性力量既从内部启动，也受到社会的影响。许多社会理论和社会本体论对此却完全不讨论，实属不同寻常。

这同时也有赖于他人，因为他人（a）可以承认我们是能够进行自我决定的主体；（b）能够判断和肯定我们劳动的价值。单方面的承认是不可能成功的。例如，如果受支配者被剥夺了除最低限度教育之外的一切东西，那么他们是不可能做出有价值的判断的，因此，他们对他人给予的承认就无足轻重。出于同样的理由，成年人不能指望从一个三岁孩童那里所获得的承认，跟他从另一个成年人那里所获得的承认是一样的。此外，如果被支配者缺乏做出独立判断的自由，那么对于支配者而言，他们的承认是毫无价值的，因为他们并不被期待说出自己的真实想法。更进一步，正如下文所述，以实际行为表达的承认，要胜于言辞上的承认。我可以**说**很多话表达对你的承认，但如果我的**所作所为**均表现出对你的需求漠不关心，对你的智识和价值毫不尊重，那么我所说的话就毫无价值。因此，充分的承认既需要实施行动的自由，也需要言辞表达的自由。综合这些要点，我们可以看到，无论被支配者对支配者说了什么或者做了什么，都绝对比不上与支配者平等的人在行动和言辞上对他表示的承认。为了得到奴隶的充分承认，主人就必须放弃支配关系，终止其作为主人的身份。因此，自我价值感的形成要求主体间的相互承认，这些主体在一个很强的意义上是平等的，且能够自由地践行其自主性，这体现在他们不仅在形式上拥有权利，而且还有能力按照自己有理由珍视的方式去生活。

当主体均属相同文化的成员，比起他们互属完全不同的文化，这种相互承认就显得更加直接。在文化不同的情况下，承认可能会因为相互忽视以及把熟悉的特征（通常是污名化的特征）投射到他人身上，而遭到阻断、扭曲或变得虚假。不过，虽然这很常见，但不是不可避免的。即使困难重重，但只要对话是在尽可能找到共通点的前提之下发展起来的，并对可能存在的无知和差异保持敏感性，那么从长远来看，这样的对话就有可能通过积极诠释（hermeneutic engagement）各自的意义框架，从而建立起一个承认的真实基础（Yar，2001a）。[1]

这种对承认的论述包含一种关于自我的强烈的社会性观念，但这种承认观念并不完全将自我化约为外在力量的产物，仿佛每个个体都是缺乏自身力量的被动客体。这也意味着个体需要依赖外在的社会关系才能发展自身的某些内在力量。个体从婴儿时起，通过生物性能力和社会性影响的共同作用，就缓慢发展起自我的涌现性属性*，在这个过程中承认至关重要（Nussbaum，2001）。人类对于承认有心理上的需要，若未能获得承认，尤其是在儿童时期，这就会带来长久的伤害；[2] 我们不应该让社会学对心理学帝国主义式的竞争之势掩盖了这一点。过分夸大个体作为自主性主体的程度，或低估社会对个体影响的广度，确实都是危险的，但此外，把个体化约为这些社会影响，同样也是危险的，因为这会让承认及其意义变得完全难以理解。[3] 如果人根本不能被算作主体，他们要么不需

---

[1] 人们很容易在理论上对此表示怀疑，但怀疑主义者又能建议我们应该做什么呢？因此，我同意亚尔（Yar）的观点，反对列维纳斯（Levinas）和其他学者提出的对承认的"病理学的"（pathological）呈现方式（Yar，2001a）。要恰当地承认他人，正在于不能夺走其主权或否定其差异性。如果这种可能性不存在，那么进步主义者就会被颇具讽刺意味地扔回到一个前途黯淡的替代方式，即一种相互漠不关心的准自由主义契约（quasi-liberal contract）（Geras，1998），在其中，陌生人只是避免与他们的他者打交道（例如 Young，1990）。

* "涌现性属性"（emergent properties）来自系统论，是指由多个要素构成复杂系统的自我组织过程中，系统的某些个别特征才会清晰地呈现出来，而这些特征是单个要素或发展过程中的低级层面不具备的，只有在系统发展到高级阶段才会出现。下文的"涌现性能力"（emergent power）就指系统发展到一定程度才会出现的整体性能力或力量。——译者注

[2] 詹姆斯·吉利根（James Gilligan）关于暴力罪犯的著作表明，他们的行为总是与早年生活相关，他们都有过被严重剥夺承认、遭受暴力对待的经历（Gilligan，2000）。

[3] 为了充分说明这一过程，我们必须避免把主体的发展过程折叠成瞬间可成，如此一来主体显得要么是前社会（pre-social）的，要么是纯粹由外在因素导致的主体化（subjectification）产物。主体在某个时间 t 的发展是基于先前几轮的发展，包含了生物性和社会性的影响力与先决条件的交互作用。

要承认，要么无法给予承认。承认一个人与承认一棵树截然不同；人和树都由内在能力和外在能力构成，但是树没有欲望和理性的涌现性能力，并且树不需要承认，也能欣欣向荣地发展。[1]

原则上，承认的这种相互性对于我们论证平等和人类福祉极　58
为重要，因为它似乎意味着，只有在一个相对平等和自由的社会中，才能使所有人获得承认；的确，对每一个人的承认和每一个人的自由是所有人都获得承认和自由的前提。然而在实践中，承认的这个前提有可能只在某个特定群体中才能得到满足，由此具有选择性和局部性，所以，获得他人承认的需要并不会成为推动平等的强烈动力，除非它已经得到了制度上的强制。支配者能够在其所属群体内部获得承认，不论这个群体的类型属于阶级、性别或其他类型，与此同时，支配者却依旧在剥削他人：

> 在现代社会中，人们喜欢隐藏自己支配他人的事实，例如把他人隔离在城区的偏远地方或遥远的域外之地，或者把他人描述成与他们一样具有形式上的自由和平等。通过这些方式，人们既可以享受压迫他人所带来的（真实）利益，又可以享有只有自由而平等的社会才能提供的（至少假装的）自我安全感……与黑格尔的观点一致，似乎我可以在由特权族群、世袭等级或阶级所构成的狭隘社会中发现自我安全感，在同一个阶层的成员相互承认为人格（person），但把外人排斥为非人格（non-persons）。（Wood，1990，p.93）

---

[1] 在这个语境里，"理性"（reason）不应该被等同为它在哲学中所采取的崇高的、高度反思的形式，包括对理性本身进行反思的哲学，而是应该被理解为日常思考的过程。另外需要注意的是，我想把对他人的承认不仅与他们的自由，还与他们的脆弱性和感受痛苦的能力联系起来。这也可以被认为是涉及一种自然的同情能力（尽管这种能力在人类身上高度发达，但某些非人类的物种也具有类似的能力）。这些涌现性能力是以我们的物质存在为前提的，但不能被化约为我们的物质存在。

在从属阶层（subordinate）中，也有可能存在这种局部化的相互承认。

这里存在一种关于道德共同体的复杂的社会地理学（social geography），其中的行动者认为他们所属群体的成员要比其他群体的成员更具有道德考量的价值。[1] 就对承认的需要所包含的意涵而言，与拒绝承认相关的支配的形式不太可能仅仅建立在个体之间二元关系的基础之上，因为支配者们需要归属于一个群体，这个群体既可以给予他们承认和团结，也包括支持他们支配其他人。例如，按照父权制的定义，所谓父权制不仅指男性支配女性，而且还指男性之间存在同侪压力，以支持他们对女性的支配。同样地，被支配者之间的联合团结有助于他们忍受被支配的境况，也有助于他们携手反抗。

现在常见的倾向是通过"他者化"来寻求身份认同，这使得情况变得更糟糕，换言之，群体把他者划定为与自己对立和排斥的一方，把负面的属性加诸他者身上，而把与之相对的正常的和善好的特征归于自己，从而确立自身的身份认同。同时，这种把自我与他者对立起来进行自我定义的做法，意味着他们自身的身份其实是以消极的而非积极的方式建构起来的，所以，无论给予他者承认或撤回其承认，对群体自身而言都意味着自我认同的丧失。以这种方式被污名化的他者，他们提出的任何承认要求都无法得到满足，因为他者原本就是被认为不适合提出承认要求的。此外，由此形成的身份认同对于被他者化的群体或共同体而言，没有任何积极的贡献，

---

[1] 在极端的情况下，处在特权阶层的行动者可能把其他人视为完全外在于他们道德共同体的人，但我想指出，更常见的情况是，道德可考量性（moral considerability）存在程度渐进之别。

也不会提供另外的承认。[1]他者化很有可能支持经济不平等、支配和社会排斥之间的关系，也很有可能被这些关系所支持，而且确实还被拿来作为这些关系的理据（Tilly，1998），但他者化也有可能来自仇外（xenophobia）。一旦仇外心理形成，就难以铲除，而且最糟糕的是，它会导致自我膨胀的相互轻蔑和报复。我将在第七章对此做进一步论述。

　　以上结论无疑是令人沮丧的，特别是关于相互承认的探讨原本令人产生一些期待，但这些结论根本不意味着从属阶层提出承认的要求一定是徒劳无功的，因为他们同样可以诉诸支配者也依赖的对承认的需要，事实上这就是为承认而作的斗争，比如争取公民权利、反种族主义和女性主义运动等。这也并不意味着支配者可以完全无视被支配者的承认，虽然这种承认肯定是采取有缺陷的形式。即便支配者不需要得到被支配者的承认就能维护其权力，即便对于支配者维持其物质利益以及维护在他们自己群体**内部**的承认，争取被支配者的承认是不必要的，但正如韦伯（Weber）所言，支配者通常还是会努力在其群体之外建立支配的正当性。

　　这里我提出的分析框架，可以让我们得以理解存在于现代社会中的那种不完全的、有限形式的承认，同时指出通过平等主义运动（egalitarian movements）将承认普遍化的趋势。就某种意义来说，后一种看法可能仅仅被视为规范性论证，但是重要的是，这些论证根植于现存的趋势或潜力之中，而这些趋势或潜力源自我们作为社会性存在者这一特征之中，尽管这种趋势很容易被推翻。离开了这一点，对承认的要求将是空洞的、任意的，既缺乏理据，与现

---

[1] 虽然人们有时有失公允，将黑格尔的伦理观与保守主义（conventionalist）和社群主义（communitarian）的伦理观混为一谈（Wood，1990），但黑格尔认为共同体应该为其他共同体提供积极的事物，这一点很重要。

存的趋势毫无关联，也缺乏与平等的任何联系。[1]

60   **有条件承认与无条件承认**

　　"承认"有很多种形式。查尔斯·泰勒区分了无条件尊重和有条件尊重。[2]无条件尊重是指把尊重赋予或应该赋予每个人，其理由仅仅在于我们承认他者的人性，即便我们并不清楚他们的具体特性和行为。[3]与之相对，有条件尊重是根据他者的具体行为而定的，不管是按照道德品质还是其他品质的标准：有条件尊重是需要经过努力才能获得的（Glover，2001，p.23；Taylor，1994；另见 Collier，1999，第七章）。因此，给予他者承认这一过程分为两个阶段。要求获得第二种（有条件）承认或尊重，却无法保证可以按这种要求行事，这纯属无稽之谈。同样地，在此种情形下给予的承认是毫无意义的。例如，有人因为继承了一笔巨款，就由此要求他人对自己表示尊重，这是毫无意义的；但是他作为一个人，想获得别人的尊重，那就不是毫无意义的。这里和霍耐特对自尊（self-respect）与自重（self-esteem）的区分有某些相似之处（Honneth，1995）。因此，承认他者的人性，尤其是他们的自主性，对于他们获得自尊而言是必要的条件，[4]而建立在具体行为和成就基础上的承认则是自重的来源。许多情形均与两者相关，例

---

[1] 对从属阶层如此这般的承认，其唯一理由是表面的、工具性的，例如，政客可以将其作为手段赢得选票，从而获得下层民众对他们的顺从。

[2] 我和其他许多学者一样，认为区分尊重与承认没有什么益处；我同时把尊重和敬重都视为承认的一部分。

[3] 这并不排除我们承认那些不可避免的或良性的差异。

[4] 霍耐特还认为，承认他人为平等公民是自尊的基础，但这种承认可能是工具性的、契约性的承认观的产物，与真正的尊重并没有多大关系。

如，教学伦理（ethics of tcaching）就要求老师必须给予学生
这两种形式的承认。

　　当然，对于究竟何种情形才能获得有条件承认这一问题难免存
在争议。贬低某个特定群体的某些特定成就或生活方式，可能有损
其自尊（Honneth，2001），然而，根据这种承认的条件要求，我
们不应该假定承认总能得到合理保证，因为个体或群体的行为不
一定能够确保他们值得获得承认。正如泰勒所言，并非所有的生活
方式都是值得敬重的，例如种族主义者或恋童癖者的生活方式。[1]
有一种危险的看法，人们总假定在所有的"错误承认"或拒绝承认
的例子中，问题都在于被要求给予承认的那一方，而非提出承认要
求的一方。[2] 在其他情况下，例如他者是来自与我们不同的文化，
关于他们是否应得有条件承认，只有当我们以非种族中心主义的方
式深入理解他者之后，才能做出合理的判断——正如上文所述，这
一进程漫长且艰难。而在实践中，人们对于有条件承认经常做出不
成熟的（错误）判断，这丝毫不令人奇怪。

　　尽管米德和霍耐特等理论家指出，有条件承认取决于个体是否
取得了他者没有的成就（Honneth，1995，p.125），但我认为，尽
管有时确实如此，但一些人们重视的日常活动，例如育儿、教学、
烹饪、护理或专业工作等，只要表现得"足够优秀"，也会获得有
条件承认，而一些像坚韧、礼貌和社交能力等平凡的美德，也会得
到有条件承认。在这些案例中，人们因技艺精湛而受到承认，不仅

------

[1] 重要的是，这些群体就其本质而言，甚至拒绝给予其受害者无条件承认。

[2] 这样的假设可能出于（a）唯心主义（认为问题只存在于观察者的头脑中，或只
　　是通过施事性方式建构起来的［constructed performatively]）；（b）相对主
　　义（认为在彼此竞争的主张之间做出选择缺乏客观根据）；以及（c）加密规范
　　论（crypto-normative）（认为对承认问题的关切表明人们对福祉具有一种规范
　　性关切，但是这种关切未能告诉我们，如何判断什么是善恶以及为什么），因此
　　是无济于事的。

会提升自己的自重感，而且也会因为他们拥有了能够与他人共享的能力、技能和美德，而产生自豪感和集体团结感。[1]有时我们也会意识到个体成就的负面效果，具体表现为生活失衡、冷漠、残酷、自私，以及剥削他人，使他人的贡献无法受到客观评价并获得赞赏。在生活某个领域的成就或许可以弥补其他领域的不足，如社交能力。我们在日常生活中对福祉的追求会涉及对这种权衡取舍的考虑（Lamont，2000）。[2]这类关于有条件承认的判断是日常生活的一部分；在第七章中，我们将会看到这些判断也部分构成了常民对阶级的复杂感受。

然而，我们必须认识到，在某些情况下，一无所成或不具备某些值得承认的行为，可能是由于分配不平等造成的。如果你只拥有最低限度的资源，你自然不可能达致什么成就。有关为承认而斗争的文献通常忽略了这样一点，即为承认而斗争不仅蕴含了对他者承认的要求和反向要求（demands and counter-demands）（这种相互性要求或是不言而喻的，或偶尔是更明确的），同时也蕴含了努力以**应得**（*deserving*）承认的方式去生活和行动。因此，通过获得支持这些生活方式的条件，为承认而斗争由此就与分配的需求相关。失业者的痛苦在于他们既没有收入，也缺乏他人承认，同时也缺乏获得资源的渠道来改善这些困境。支配者漠视这些每况愈下的困境，并一再蔑视或拒绝承认不幸的和被排斥的人，这往往激发后者产生反社会的行为，如此又进一步强化了支配者对他们的排斥。有些人鄙视那些遭受社会排斥的人竟然要求

---

[1] 人们还会因为参与了某些活动而获得愉悦，虽然在这些活动中，其他人的表现要优于他们，但他们非但不会感到自己的自重遭到贬低，而且还会从中获得激励和快乐（O'Neill，1999）。（参见第五章）

[2] 拉蒙采访过一个美国白人，他谈到野心时说道："你失去了生活中的一切……一个野心勃勃、完全投入追求的人，除了目标之外，对其他一切都视而不见。"（同上，p.110）或许这是该名工人对自己未能获得成功的一种合理化解释，但如果我们认为这种批评性看法仅此而已，那我们就有些过于傲慢了。

得到尊重或敬重，认为他们没有付出与承认相配的努力，这些人冷漠麻木，忽视这些群体的两种需求：一是他们需要资源才能达成更多的成就，二是他们作为人享有他人对其需求和能力的无条件承认。承认与错误承认的动态变化正是社会场域微观政治的典型特征。

有条件承认和无条件承认一样，也在支配关系中遭到扭曲。在互为平等的人的关系中，承认是自由地被给予，对某人卓越美德给予有条件承认，会引起（有条件）尊敬，但这与支配关系中的服从截然不同。对于具备我所欣赏之品质的人，我会肃然起敬，但这些品质绝非是以牺牲我或他人的品质为代价的。但是，被支配者对支配者表示遵从的行为在性质上则极为不同，这隐含了对支配者获取利益的怨恨与蔑视。尽管支配者具备某种令人钦佩的品质，但这些品质要依赖从属阶层对他们不求回报的、非互惠性的服务，由此这些品质也就在其形成和接受的过程中玷污了从属阶层对支配者的遵从行为和钦佩之情。有时，从属阶层通过对支配者表达过分的遵从，带上几乎不加掩饰的讽刺，使得这一点表现得更明显。这是从属阶层可以用来抵抗软性支配形式的软性武器（soft weapon），因为它会让支配者觉得不舒服、不受尊重。如果支配者因为从属阶层流露的讽刺意味而对他们鞭挞呵斥，这很可能会适得其反，因为这会更清楚地表明，支配者希望从被支配者那里获得的承认必须是自由给予的，因为如果出于强制，则会极大贬损这种承认的价值，也由此注定无法令人满意。另一种可能是，如果从属阶层的钦佩和遵从是发自内心的，但与作为被欣赏对象的美德并不相称——通常从属阶层没有机会获得资源以培养出这种品质，也无法对这里所讨论的品质作出恰当的判断——这会让他们作为遵从对象的主体尴尬地意识到，他们其实并不应得这样的承认。像中产阶级中的一些人，因为偶然的出身而身处优势位置，由此他们可以轻而易举地获得人们珍视之物，而面对缺乏这些优势的人对他们的恭维，他们可能会感到尴尬和不安；作为一名中产阶级学者，我因为写了一些书而受到了不如我幸运的学者们的由衷褒扬，但我有时仍然会感到尴尬，因为我意识到我们之间的位置存在着其正当性未被证明的不平等。然而，如果我受到的褒扬来自那些地位与我相当的人，那么他们就可以对其褒扬的质量和重要性做出明智的判断，因此这种承认并未受到玷污，因为它根植于一种平等的关系。

有条件承认本身是根据所要判断的品质种类而区分的。最明显的是，关于成就的承认与关于道德品质（比如友善和慷慨）的承认是不同的，而且两者通常都不会反映在个人的经济地位与所获报酬中（这可以从"经济承认"的角度进行探讨）。行动者通常非常清楚这些区别（"不要以为这会让你比我们更好"），尽管有些人可能会把一种品质当作另一种品质的替代品，比如，用收入来替代价值的指标（Lamont, 1992, 2000）。此外，正如前文所述，在不平等的条件下，由于人们意识到有利于发展出有价值的成就与品质的条件是以不公平和任意的方式进行分配的，那么对自我和他人的感受就会变得更复杂化。

承认的标准也因文化而异，因为不同的益品可能得到不同的评价，正如米歇尔·拉蒙分别对比美国和法国的工人阶级与中上阶层的男性，也得出了这样的结论（Lamont, 1992, 2000）。再者，差异本身意味着对他者的差异化理解，由此也蕴含了承认的问题。这些问题的跨度很大，小到单纯觉得自己格格不入或无法融入某些他者的群体，大至各种破坏性的、摧毁个人生活机会的错误承认。在某种程度上，文化也会因经济环境而异，反之亦然。尤其透过拉蒙的著作，我们可以看到对成就的评价与道德品质（正直、团结和可信赖）的关系，由此可以做一个有趣的推测：在高度不平等的社会中，是否成就更受重视，而在比较平等的社会中，是否道德品质反而更受重视？

承认和分配的连结

上述论述已经隐约表明分配与承认之间关系密切，但我们现在可以更明确地说明两者之间的关系。承认与分配不是对立的概念，这种看法是将承认归于观念的领域（ideational realm），而将分配归于物质领域，但我们必须意识到，"承认"不能够局限于"观念化"（idealised）的沟通与意指（signification）领域，而是应该在物质益品的分配中被彻底物质化（materialised）（Fraser，1999；Yar，1999，p.202；另见 Yar，2001b）。如果一个资金充足的大学院系要给所有学生都配备电脑，唯独排除少数人，同时却声明承认所有人的平等价值，人们就有可能指责这个院系有失公允，做法伪善：分配的不平等本身就会揭穿任何关于平等承认的主张。就在分配物质益品这一行为中，该大学就是在给予承认或拒绝给予承认。出于同样的理由，如果人们在获取医疗保健方面面临巨大的不平等，我们就很难接受声称全体社会成员均具有同等价值这样一个主张。[1]承认并不仅仅停留在我们的言辞或纯粹想法里，它也清楚地体现在具体行动中，体现在制度或我们对待他人的事务中，尤其是体现在他人所被给予的事物之中。在日常生活的微观政治里，这包括我们给予他人的时间：正如布尔迪厄指出，衡量个体之间的相对社会位置，最明显的标志之一就是他们愿意给予彼此多少时间（Bourdieu，2000）。[2]但是，不仅言辞和行为之间有差别，思想与行为也有所不同；在支配关系之中，由口头言辞和行为

[1] "……如果一个社会容忍在财富繁华的背后存在极端贫困，或者任意给予某一项技能百倍于其他技能的报酬，那么它就不是在承认它的所有公民都拥有平等的人类价值。相反，这使得这个社会的成员更难以继续假装，声称他们把同胞看作是与自己一样的。"（Phillips，1999，p.131）
[2] 熟悉组织生活的人都知道，当我们要求和上司面谈时，他或她一般只会给我们几分钟时间，而且末了说话最多的也是他们，以致我们要费力争取才能表达清楚我们请求面谈要陈述的重点。另见 Scott，1990，p.29。

所表达出来的明显承认，很有可能与未表达出来的感受或"隐蔽脚本"（hidden transcripts）有所不同，而后者可以是怨恨与鄙视（Scott，1990）。处于支配关系之中的人可能很清楚他者的这种感觉，但是他们往往会合谋，以维护事实并非如此的假象，并表现得他们的言行看似是透明且诚恳的。

在话语与态度层面上的承认当然非常重要，但只有这样是不够的，而且在最坏的情况下，承认将流于表面（tokenistic）。对于被支配者或被社会排斥的人群，支配者很容易给予口头承认和表面礼仪；但如果要支配者给他们捐出一点钱、放弃一些优势，那就另当别论了。[1]富裕阶层更容易接受在公开态度层面上的一种平等主义承认政治，而非另一种要经过分配才能达到的平等主义承认政治，并且他们也更偏向把前者看作是进步的，而把后者看作是落伍的。的确，前者还可以为他们挣得声誉。事实上，在过去三十年的英国政治文化中，我们可以看到，越是在话语上承认每个人拥有相同的价值，改变物质益品方面的压力就**越小**，因为物质益品的不平等日益被视为一个与承认分离的问题。随着文化越来越趋向平等主义，人们就会觉得经济平等越来越无足轻重了。

再者，平等主义分配政治的基础在于平等主义的承认政治：任何强调分配平等的论证最后都必须诉诸承认的标准——即所有人都拥有同等的道德价值。[2]同样地，更多部门提出的分配主张，比如某些特定工人团体所提出的薪酬主张，通常是基于该项工作的经

---

[1] 感谢约翰·奥尼尔（John O'Neill）提醒我这一点。表面承认（tokenistic recognition）不仅涉及拒绝重新分配金钱，同时也包括不愿反对象征性支配（symbolic domination），例如在教育领域，人们利用文化资本和社会资本（动用关系）等手段来获取优势。另见第一章引用的贝尔·胡克斯（bell hooks）观点。

[2] 根据同样的理由，不平等的捍卫者不得不诉诸不平等承认的标准。正如弗雷泽所言，再分配政策从承认的角度来说可能适得其反——因此，为领取福利救济而接受经济状况调查，这可能会被视为自我贬低并蒙上污点的行为（Fraser，1999）。

济和道德价值未得到充分的承认这一理由。[1]霍耐特承认了这一点，因为他指出：有时候"社会对一个个体或群体的尊重显然与其对某些益品的控制程度有关，因为只有掌握这些益品，他们才会获得相应的承认"（1995，p.166；另见 Honneth，2003）。

或许有人认为，不平等的承认有时是合理的，所以不平等的分配也有其存在的理由，比如人的需求不同（按不同需求进行不平等的分配），或更有争议的一点是，人的功绩（merit）不尽相同（按不同功绩进行不平等的分配）。根据这些看法，简要而言，对公民资格和人性的无条件承认意味着分配平等（除非个人的需求有所不同），而有条件承认蕴含了分配上的不平等，这取决于我们判断个人成就中的具体不平等是否是个人努力所赢得的，而不是不劳而获的，由此获得的不平等回报也是应得的。无论我们作为旁观者对这些规范性观点有何看法，它们都是常民看待不平等现象的常见态度（例如参见 Bowles & Gintis，1998；Lamont，2000；Miller，1992）。

虽然这些观点看起来很合理，但它们适用于根据接受者及其特征而有意进行计划的经济分配，而在资本主义制度下的分配在很大程度上都是非计划的、任意的，它是市场力量的无政府主义、封闭策略（strategies of closure）、政治操纵和象征性支配的共同产物。[2]以新自由主义精神导师哈耶克为例，他明确主张，市场财富更多地与运气而非功绩有关（Hayek，1960）。[3]以个人成就

[1]"因为我们值得"——这是一句当下被用于薪资谈判的口号——有趣的是，它改自"因为你值得拥有"，最初广告商用这句口号来说服我们购买其产品。这句口号正吻合当代新自由主义对个体"自我感觉良好"之非道德的关注焦点。"自我感觉良好"中的自重感并不一定与做任何值得尊重的事情有关。当然，工人必须公开为自己主张的正当性辩护，而消费者却不必如此做。

[2]资本主义的捍卫者往往会提出一种理据，为这种任意性辩护。大意是说，非道德的机制及其所产生的不平等对于促进资本的有效运行是必要的，从长远来看，穷人最终也会从中受益，因为相比没有市场的处境，穷人的日子要好过多了。

[3]在哈耶克哲学中，这个看法并不反常，因为这让他可以提出：穷人只是不走运罢了，而不是受到不公正的对待，所以根本不需要从富人那里转移财富。

应该得到有条件承认为理由，为巨大财富所做的任何正当性辩护，总不免引发争议。当财富积累到一定程度，炫耀性财富则有可能会（有意或无意地）引发嫉妒，甚至是钦佩，但是其他人可能会发现，或怀疑财富所有者并没有做过与其丰厚财富相配的任何事情。因此，就资本主义的前提（相对其偶然形式和伴随结果）而言，承认与经济分配的关系也是不可逆转的：经济分配取决于运气和稀缺性（scarcity），所以并不一定反映值得承认的品质。此外，现代经济学并不是简单地按照资本主义的前提而运行，它同时也反映了其他偶然联系在一起的不平等根源，比如性别和"种族"的区分，这些区分通过不平等的承认进而影响分配。因此，事实上，资本主义制度下的分配与承认之间并没有多大关系；但是从一个规范性的观点来看，人们会觉得它们之间应该存在关联。

有一种错误观点认为，通过市场而进行的分配在实践中确实反映并提供了对功绩的适当承认（"你的所得符合你的价值，你的价值符合你的所得"），这种观点很有可能吸引富人，而我们在大众话语中也常常遇到这个观点的恭敬版本。（关于性别方面也有相似的版本，比如女性"大方地"认同男性的利益是他们应得的。）或许有人把这种恭敬看作是正面的，认为是对其他人功绩的无私接受，尽管它也可能出于人们一厢情愿的想法；换言之，将人对分配应该反映出承认的某种规范性的感受，错误地当作事实，即误以为现实中的分配确实反映了承认。这就是关于不平等的道德情感中的迂回曲折之处。

小结

对承认采取宽泛的黑格尔式的分析，能够表明承认在主体发展中的作用，由此也产生了人际关系的社会心理学。相对在平等个体

关系中的承认，主奴辩证法确定了在支配关系中的承认之局限性与
倾向性。虽然这种分析指出，促进更多的平等关系是必要的，但实
际的支配关系具有高度的持久性，并表明规范性压力很容易就被支
配者对继续支配的兴趣所推翻，同时，因支配者与被支配者之间缺
乏充分的承认而造成的负面结果，仍然可以通过各自所处的共同体
中平等个体之间的承认加以补偿。尽管如此，该分析仍然有助于我
们理解与阶级相关的微观和宏观的承认政治，以及可能由此产生的
相关感受，例如沮丧、遵从和怨恨。

　　承认与错误承认无疑是社会生活的重要方面，也是冲突的来
源，这些当然不能被简单化约为分配问题，尽管我们已经看到承认
与分配之间存在密切的关系。最近对承认的兴趣使人们不自觉地重
新注意到启蒙运动早期关注的问题（O'Neill，1999），但又不止于
此，还包括探讨关于错误承认和他者化等作为压迫来源的问题，例
如"种族"、性别、性特质和残疾等。霍耐特等学者以承认为关注
点的研究，也有助于我们超越像布尔迪厄所提出来的以利益为基础
的冲突观。然而，它无法让我们深入"社会冲突的道德语法"（the
moral grammar of social conflicts）（霍耐特《为承认而斗争》
一书的副标题），而这正是因为它只是以最宽泛和最抽象的方式来
处理**什么**是承认行为中有价值的事物这一问题。"承认"作为一个
概念过于单薄，也不够具体，因此无法帮助我们深入探究这个问
题，而社会生活与冲突存在比承认更丰富的道德语法和语义学内
涵。为了理解分配与承认两者的意义，我们必须考虑这些道德语法
和语义学可以做到什么，以及它们的**目标**是什么。[1]

　　我们必须考虑人们努力争取和寻求承认的益品或生活方式。社
会场域的斗争部分是关于什么是值得追求和值得尊敬的事物：对于

---

[1] 例如，虽然承认有助于增进信心，但信心本身不是一种道德品质；举例来说，
　　信心可能基于一个错误的基础，充满信心的人不一定是道德良善之人，缺乏信
　　心的人也未必是道德恶劣之徒（Alexander & Lara，1996）。

人们过一个欣欣向荣的生活，并获得应得的承认，这些事物是必要的。承认总是指向他物、凭借他物，并且它所追求的目标是最重要的。此外，益品与承认之间存在着严重的**不对称性**（*asymmetry*）。虽然承认本身就是益品（因为它承认了个体和群体的权利，允许他们追求自己的善观念，并获得自尊），但承认部分是以其他益品为条件的：人们**同时也**践行其他活动、承诺，并参与到其他关系中，不论这些能否给他们带来承认。此外，缺乏必要的资源本身就是痛苦的一个根源，这不一定与是否缺乏承认有关：无家可归之人需要一个家作为庇护所，这不仅仅是因为家象征着承认。[1]把承认从益品中抽象出来进行研究，会带来一种职业性危害，即我们很容易就会忘记或颠倒承认和益品的不对称性关系，以至于所谓益品似乎就是任何碰巧带来承认的事物（O'Neill，1999）。正如我在下述章节将指出的，人们不仅仅追求资源和承认，他们也追求一种自己有理由珍视的欣欣向荣的生活，而这些所需要的并不止资源或承认。

因此，从人们所珍视的生活方式这一宽泛的意义上来说，以利益为基础的斗争和对承认的追求这**两者**都与对益品的斗争有关。人们对利益的追求如果没有被误导的话，也会涉及对益品的追求，但追求方式通常是自私的，大都不会将足够的和同样的益品留给他人。对于人们获得的某些具体益品给予承认，就会给他们带来自重感。在这两种情况里，被人们看重的益品，包括事物、实践和目标等，都具有一个基础。缺乏这个基础，承认将是表面的、毫无价值的，而利益则成为虚幻的泡影。这根本不是要排除"何**为**益品"这一棘手问题。相反，这种批判的意义在于提升这一问题在社会科学和公众辩论中的地位。无论从一个外在的规范性观点来看，还是从理解行动者自身的规范性关切来看，这都是非常重要的。在第五

---

[1] 我们没有必要极端地提出这个主张：不被尊重的感觉是"**所有**社会冲突的动机之基础"（Honneth，2003，p.157，强调为笔者所加）。有些社会冲突是为了获得更多资源，而与资源所隐含的承认无关。

章，作为分析社会场域斗争的本质和结构的一部分，我们将引入对某些人们所追求的并借此获得承认的益品进行概念化分析的方法。

我已经指出，阶级政治所涉及的承认方式与身份政治中所涉及的承认并不相同，并且试图分析前者所涉及的内容。两者之间的差别可以归结为其**规范性意涵**（*normative implications*）的不同，正如黛安娜·库利（Diane Coole）在一篇重要文章中所论述的（Coole，1996）。她将阶级界定为一种"结构化的经济不平等，它通常与在价值、视角、实践和自我身份方面的文化差异相关，但并非主要由文化差异所造成的"（同上，p.17）。[1]阶级首先不是要求得到承认并将其作为合法性来源的生活形式[2]（虽然特定阶级文化的某些方面也会有获得承认的要求）；阶级不是值得歌颂的差异；阶级不能被简化为它们的外在表现；单靠拙劣的模仿是不能摧毁阶级的；并且，与性别不同的是，阶级"并不需要去自然化（denaturalizing），因为所有人都同意它是约定俗成的"（同上，p.23）。这些差异非常重要。然而，阶级概念的某些版本，包括常民的阶级版本，确实包含更多的文化区分，这些文化区分部分地属于阶级的构成性要素，而不仅仅是对阶级的反应。因此，在我们进一步推进探讨之前，必须先比较"阶级"的不同意义。

69

---

[1] 与劳勒的说法不同（Lawler，1999，p.4），这并不意味着阶级不能用文化或象征的方式来表达。

[2] 或者如南希·弗雷泽所言，"无产阶级最不需要的，就是对其差异的承认"。尽管如此，我的同事莫琳·麦克尼尔（Maureen McNeil）在私下交流中告诉我，有些学生是以这种方式来思考阶级的。

第四章

阶级的概念：厘清基础

引言

阶级对行动者的规范性意义部分取决于他们对决定阶级的因素的理解。因此，行动者对同一阶级成员及他们自己的评价受到了他们所认为的阶级位置之成因的影响；尤其涉及以下判断：人们是否"应得"（deserve）其阶级地位？是否攫取了不应得的利益，或成为其阶级位置的受害者？例如，正如米歇尔·拉蒙的研究所表明的，美国的熟练技术工人倾向于从个人主义角度出发，认为阶级不平等是个人努力程度和功绩的差异导致的；而法国的熟练工人则偏向于从政治化的角度出发，把阶级视为决定人们位置的一种结构或各种力量的结合（Lamont，2000）。与所有实践感（practical sense）一样，常民理解（lay understandings）无需是一致的或正确的：人们对待阶级的态度往往摇摆不定，有时认为阶级差异是不公平的，有时却认为是公平的；言语上否定阶级的存在，却在其行为中隐含相反的意思。因此，我们不能将阶级简化为行动者对阶级的想象，因为阶级对行动者可能产生一些他们没有察觉的影响，其中有些还会影响到他们思考阶级的立场。在接下来的章节中，像布尔迪厄等社会理论家一样，我会简单使用一些日常的描述词汇，如用"工人阶级"或"中产阶级"等词汇对行动者进行定位（locating）（必要时会对这些词汇进行限定[qualifying]）。然而，理解这些日常词汇背后的意义至关重要。为了做到这一点，我们就必须运用社会学理论，在其中我们可以遇到经过更细致审视的阶级概念。关于阶级本质的流行观念把各种现象混乱地结合在一起，其中不仅包括职业和财富，而且还涉及社会学者一般视为次要的方面，例如口音、语言、品味和举止等。这些观念也倾向于包括许多社会学家从地位而非阶级来理解的不平等现象。由于对社会研究者而言，常民理解既是解释对象（被解释项，explanandum），又是对立的解释（解释项，explanans），因此，我们必须既要理解常民的阶级概念，无论这些概念是否一致，同时也要用一整套前后一致的社会学概念对其加以分析。如果我们要评价阶级的道德意义，我们就需要理解阶级是如何产生的，而这可能与常民理解不相符。当然，有许多社会学的阶级概念，从抽象或狭义的概念，如马克思主义的阶级概念，到具体且包容广泛的概念，如布尔迪厄式的包含地位差异的阶级概念。有些阶级概念主要强调决定分配和控制的经济机制，有些则包含（错误）承认与文化分化的各种形式。本章旨在探讨和综合不同的阶级概念。在这样做的时候，我力图阐明与阶级之本质和特殊性相关的诸多要点，以帮助读者理解接下来的章节。

　　我要诠释的基本要点十分简单，尽管细节才是难点之所在。这些要点包括：

　　（1）出于分析上的需要，我们**既**需要抽象的阶级概念，**也**需要具体的阶级概念；**既**需要学术性的（社会学的）概念，**也**需要常民的概念，同时要牢记它们之间的差异。为了理解常民阶级概念的诸多方面，我们必须识别出各种机制的多样性，还要以抽象化的方式把这些机制各自独立出来。

　　（2）出于某些原因（我稍后会解释），虽然布尔迪厄的研究路径对理解阶级的主观经验极具价值，但这种研究路径仍有待修改：（a）涉及性别的部分，以及（b）涉及经济资本来源的方面。

（3）在对阶级分化的再生产进行理论化阐释时，我们必须同时探讨如下两个机制及其相互影响：一种机制敏感于行动者的身份，另一种机制则中立于身份或与身份无关。

（4）阶级和性别这两个方面事实上在人的行为中是融合在一起的，因此，举例来说，我们难以清楚分辨男性工人阶级行为的哪些方面可归因于其阶级，哪些可归因于其性别，尽管如此，但阶级和性别的决定因素并不相同，且相互独立，并从中产生不同的规范性意涵。

我即将讨论其中的细节部分。已经接受这些要点的读者可以直接从第五章开始阅读。

要进一步探讨这些议题，我们就需要深入到阶级概念的重重迷雾深处。首先，为了避免混淆，我们必须先承认，在常民话语和学术话语中存在各种各样的阶级概念，而这些概念的差别在于它们的抽象和具体的不同程度，它们是否包含还是排除地位的概念，甚至是否有不同的指涉（referents）或对象以及不同的解释性目标（explanatory goals）。有些概念尽管存在差异，但可能是兼容的。我将略述布尔迪厄的"客观阶级"（objective class）概念的关键特征和优势。接着我将论证，尽管这个概念有颇多优势，但它将性别以及其他导致不平等的基本要素都纳入阶级之中，而不是将其抽取出来进行单独讨论，因此这种做法有所欠缺。然后，我将试图发展布尔迪厄关于经济资本的概念，指出它的不同组成部分，尤其是区分敏感于身份（identity-sensitive）和中立于身份（identity-neutral）的过程。这可以让我们理解，阶级和性别如何具有各自不同的决定因素，尽管这两者是一起被人体验到的。

因此，本章主要涉及概念的分析。任何试图澄清混淆概念的做法，都必须将那些看似成功的习惯用法和概念连接予以保留和强化，同时去除不成功的部分。我们只能从旧概念中锻造出新概念，而旧概念中某些成分可能就是我们试图摆脱的问题之一。要是放弃太多，就有可能致使我们费力解决原本就直接明了的问题。然而，如果我们不针对常民和学界所声称的阶级观提出自己的立场，那么我们就无法评估这两种阶级观。

厘清基础

只要讨论到阶级的本质，便难以避免提及相悖的目标。首先，这是因为人们普遍没有意识到，不仅对"阶级"是什么存在许多不同的观念（conceptions）（这意味着人们对同一个单一的对象的不同概念进行辩论，就像有人问我手上拿着什么东西那样），而且不同概念指向不同的对象或指涉（所以存在不止一种"阶级"）。因此，概念性眩晕（conceptual dizziness）成为阶级研究的职业危害，但注意到诸多阶级概念的不同指涉对象和不同的解释目标，便能缓解这一症结。由此可见，并非所有的阶级概念都相互排斥。因此，马克思主义的阶级概念毫无疑问有别于布尔迪厄的阶级概念，但它们指涉的是社会世界的不同方面，被用以不同的却可兼容的解释性目标。

其次，如果我们认识到阶级的诸概念会因其抽象或具体的程度不同而有所差异，这将有助于避免混淆。有些概念是高度抽象的，但我的意思不是说这些概念很"模糊"（恰恰相反），而是说它们是**片面的**或选择性的，因为它们聚焦社会世界的某个特定方面，将其从其他可能与之并存方面中抽象出来。马克思关于资本主义下的阶级概念以生产关系为支撑，它如果不是过度扩展，也是相对抽象的，因为对于那些能够在被抽象化的层面之外而独立运作的各种变异和分化的形式（如性别、技能水平、地位），这一阶级概念既没有将其纳入探讨，也不加以判断。[1]其他阶级概念则比较具体或**多面向**。它们野心勃勃，尝试综合各种不同的分化形式。在这个意义上，社会分层（social stratification）理论家所使用的阶级概念更为"具体"，因为他们把阶级视为他们试图作出综合分析的多种影响因素的产物。[2]再一次，抽象概念和具体概念之间未必相互排斥：一个社会分层理论家可能认为马克思主义或韦伯式的抽象阶级概念合理地识别出了具体阶级中的某些要素。

期待抽象的阶级概念发挥具体概念的功能，或者相反，认为后者具备前者的功能，这是一个根本却常见的错误；比如，我们不应该期待一个马克思主义的或韦伯式的抽象阶级概念能够预测生活机会或生活形式。[3]这些概念将不可避免地未能认识到它们从中进行抽象的事物（例如性别，它也能够影响人们的生活机会），但是期待单个抽象概念就能让我们对具体现象做出详细说明，这也是不合理的。恰恰相反，抽象的优势在于，让我们关注那些可以与其他感兴趣的现象分离开来（亦即两者只是偶然相关）的影响因素的运作，由此我们就能够将具有特定成因的影响因素隔离出来。被解释项甚至不是生活机会和生活形式中的不平等；例如马克思主义的阶级概念，

---

[1]这并不意味着它们无法与其他影响因素共同起作用，只是说明它们**能够**独立于其他影响因素而发挥作用。偶然关系和必要关系之间的差别对抽象化至关重要（Sayer，1992）。

[2]一旦采用这种对抽象和具体的定义方式，概念有多"现实"、真实或在实践上有多充分，便不取决于该概念的抽象或具体程度。通过抽象概念和具体概念来理解现实，这两种方式都有可能出错。因此，"具体"并不意味着"现实"。用这些定义来谈论"具体的实在"，就是在指涉多面向的现实，而非对隐含的"真理主张"（claim to truth）增加修辞的力量。同样，"抽象"也并不对应于"学术"或"理论"，因为日常语言和概念也是抽象的；诚然，所有语言的力量均源于它能够以某些方式进行抽象，进而成功指导实践：抽象本身就具有强烈的实践品格（Sayer，1992，2000a）。

[3]据此，由于马克思主义的阶级概念无法达到它本来就无意处理的目标，因此常常遭到搁置。这并不是否认马克思和马克思主义者对该概念往往持有过高的期望。虽然生产资料的所有权问题对资本主义制度的运作仍然至关重要，但还有其他许多因素会影响经济权力和经济安全。

就主要是为了解释资本主义经济机制之存续与运作的必要条件。另一方面，这些问题不是较为具体的阶级概念的关注点，如社会分层分析所用的概念，或布尔迪厄在《区分》（Bourdieu, 1984）一书中所使用的阶级概念。一个更具体的阶级概念应该更详尽地说明生活机会、生活方式和经验，但要实现此目的，这个概念就必须承认与其他主轴上的不平等之间的互动关系，包括性别和地位。我将论证，布尔迪厄的阶级概念已经接近能够做到这一点。

要解释具体的复杂性，首先我们需要抽象出各种要素，并加以分析，然后为了返回到具体上，把这些要素重新组合起来，观察它们的互动方式，往往从中就会生成无法化约为其组成成分的涌现性属性。实际上，这正是布尔迪厄的意图：把社会位置的诸多决定性因素分解成不同类别和数量的资本——经济资本、社会资本和文化资本，等等——进而分析身处社会场域不同位置的行动者所拥有的特定资本的组合及其影响。然而，如果研究者缺乏时间，并希望以简单的方式作出更多解释，他们就有可能被误导，试图跳过这一复杂的分析过程，直接尝试确定某个抽象概念，以此独力地"解释"（通常只是在统计学意义上的解释）具体概念的复杂性。这种实证主义的进路把数量上的规律性误认为是因果性机制（causal mechanisms），从而导致识别错误（identification errors），即把因果性责任（causal responsibility）归因于所选取的变量（Sayer, 1992）。与之相反，正如我们先前所述，阶级的抽象概念在范围上是具有选择性的（它只能被如此期望），因此经常由于不能解释具体的复杂性而受到批评和拒绝。

厘清基础的第三项要求是避免这个常见的倾向，即忽略学术的、社会学的阶级概念与隐含在常民的日常社会世界观中的阶级概念这两者的差别。再次指出，后者既是前者的研究对象，也是竞争对手。把这两者混淆起来可能源于这个事实：在试图解释或诠释常民的阶级观时，我们可能想要援引不同的学术上的阶级概念来解释这些观念或它们当中的某些元素；但为了达到这一目的并不要求后者和前者一定相符（尽管我们可能用相同的词语描述这二者，从而造成混淆）。这不仅是因为学术概念往往受到更多审视，也更为抽象，因此不那么模糊和分散，同时也因为解释项必须与被解释项有所不同。然而，有时不单是一般人，就连学者也认为，判断学术概念的标准应该是看它们是否与日常概念相符。常民的阶级概念本身无法区分导致不平等的不同来源，例如财富和地位。常民的思想也很少承认性别对整体生活机会造成的影响，或对经济资本带来特定的影响，而且在许多常民思维中，性别究其根本仍然是被自然化的。常民的阶级概念有别于学术概念，是因为与任何其他常识性概念一样，常民概念通常未经审视，被广泛用于各种不同的情境，因此它们的意义常常在不受觉察的情况下发生变化。布尔迪厄可能会说，支配常民概念的是实践的逻辑，而非范畴、陈述和蕴含关系的逻辑；常民概念的发展是受到某种实用的游戏 / 比赛感觉的驱动，而非为了追求概念的一致性和经验确证（empirical corroboration）。基于这些理由，无论阶级的学术概念存在什么缺陷，但如果仅仅因为它们与常民概念不同，就全盘否定之，这是非常有误导性的，尽管这种反对相当普遍，就好像常民概念才具有权威性。虽然常民概念不经审视的性质让它们难以成为解释项，但它们当然还是社会科学中被解释项的一部分；的确，在这种例子中，它们受到人们的高度重视，它们不仅仅是描述性的，而且是社会生活的构成性部分，因此绝对不能被忽略。[1]在本书中，我希望严肃对待常民概念——

[1] 常民概念可以在极为丰富的语境中被使用，它具有学者经常忽视的某些优点。与学者们笨拙的努力相比，常民对各种行为和动机的解释可能要更加熟练和细致，学者们从具体语境中进行的抽象，不只强调了用于分析的特定事物，也可能带来职业危害，令其他事物陷入晦暗中。虽说对常识保持高度的学术性警觉非常合理，但这往往不仅导致学者们低估常识的实际效用，还导致一种几乎不加掩饰的阶级区分形式，即他们自认为有胜过庸俗大众的优越性。激进的学术界容易受到这种自命不凡的伤害，其程度不亚于其他领域。

75

程度要高于大多数社会科学所做的——但就其作为对社会生活的解释而言，我也不希望先验（*a priori*）地拒绝接受它或给予它解释上的优先性。

既然社会学的阶级概念可以也应当有别于常民概念，而且后者是研究对象的一部分，那么我们就需要使用并指涉这两类概念。因此，当语境的意义不明确时，我会用"阶级 S"指代社会学的阶级概念，用"阶级 L"指代常民的阶级概念。不过需要注意，这种区分并不必然等同于抽象概念与具体概念的区分，因为某些社会学的阶级概念，如布尔迪厄的阶级概念，与其说是抽象概念，不如说是具体概念。

第四点，下述事实令问题变得更加复杂：学术上的阶级概念可能会渗透进常民的话语，从而影响行动者对阶级的看法。这不意味着行动者对阶级的诠释会与学者的方式完全一致，虽然行动者在接受社会科学家访谈时，可能会尝试用自认为采访者会接受的话语来回答，也可能以符合自己理解和利益的方式来挪用学术概念，有时还会故意改变话语的意义，就好比老板说自己也是工人阶级，因为他们也要工作。

这也就凸显了第五点，即阶级概念很可能受到质疑：

76

> 只要阶级存在，"阶级"一词就永远不可能是中性的。阶级存在与否，是阶级斗争的关键所在。（Bourdieu，1993，p.21）

下文我将论证这种斗争不仅仅是权力之争，还受到对阶级的各种类型和层次的认识的影响，它们认为阶级的本质在伦理上是成问题的。

第六点，在某种程度上，阶级话语会产生真实的效应。近年来，随着社会理论的文化转向，人们对阶级的文化建构越来越感兴趣，例如阶级话语的历史（如 Day，2001；Finch，1993；Skeggs，2004）。这些研究贡献不只对理解阶级的主观体验是重要的：将价值或欠缺价值归因于自我和他人时，会对人们产生真实的效应，影响到他们如何被对待，进而影响其生活机会。得益于此类研究，我们现在对阶级的文化建构拥有了更丰富的理解。然而，也存在这样一种危险，即认为阶级不过是此类建构的产物。无疑，话语有真实效应，但话语的效应很少与话语的指涉对象等同。辨识话语不同于辨识话语的指涉对象或话语的接受和效应。话语通常在一定程度上具有施事性（performative）*，但话语在多大程度上能够生产出自己所命名的事物，则属于经验研究的问题，而不是某种先验的假设。若在社会理论中漫不经心、夸大其词地使用"建构"（construction）和"构成"（constitution）之类的隐喻，从而掩盖其可错性和有限的效应，将会导致我们夸大表征（representations）的力量。[1]

在厘清一些关于阶级概念一般本质的基础问题后，现在我转向探讨布尔迪厄对这个主题的研究进路，这一进路对阐释常民对阶级的理解尤为恰当。

布尔迪厄的阶级研究进路

我首先让读者注意到，这一研究进路对理解阶级的主观经验来说有诸多优点，随后我会指出其中的问题所在，尽管这些问题可以在不完全放弃这一进路的情况下得到纠正。

＊　这一概念来自英国哲学家奥斯丁的言语行为理论，认为话语、言语本身也是一种行为。——译者注

[1] 正如斯凯格斯（Skeggs）所言，表征并不总会得到那些被表征对象的吸纳（2004，p.117）。

布尔迪厄把**"客观阶级"**定义为：

> 一组处于同质化生存条件中的行动者，这些生存条件能够施加同质化的制约作用，并生产出能够形成类似实践的同质化秉性的体系……（1984，p.101）

77　　（1）阶级的这个定义提到了诸多条件作用（conditionings）与秉性之间的对应关系，显然是对布尔迪厄关于惯习和场域概念的补充，这表明它不仅仅是一个特设（*ad hoc*）概念，而且还是社会元理论（meta-theory）的一个组成部分。与大多数社会学阶级概念相比，布尔迪厄的定义相对较为具体，也具备足够的弹性，可以辨识多个维度的阶级差异，从而可以阐明常民的阶级概念，而后者通常不对阶级和地位做出区分。它不仅涵盖经济资本，也包括文化、社会、教育、语言及其他形式的资本，因此，使阶级或阶级的分支发生分化的不仅仅是它们所具有的资本总量，而且还有资本的组成方式。[1] 因此，阶级差异不是坐落在单一轴线上的，而是坐落在多重轴线上，每条轴线与不同形式的资本相关。据此，举例来说，支配阶级既包括商业阶层（经济资本强于文化资本），也包括专业阶层（文化资本和教育资本是强项，经济资本适中）。把非经济的资本类型纳入后，布尔迪厄对一般只被视为"地位"的社会分化问题进行了更透彻的分析。因此，他能够对象征性支配提出无与伦比的洞见，从而对阶级的主观体验和阶级意识也卓见非凡，而这些体验和意识远远不止局限于对物质财富差异的认识。因此，布尔迪厄的阶级研究进路不同于社会分层对阶级的研究方式，后者通常只不过对经验研究提出一些操作分类法（operational taxonomies），

---

[1] 我省略了象征性资本，即被人们承认为合法的任何资本，并假定这种承认在某种程度上适用于所有类型的资本。

借助各种阶级的理论抽象概念和其他"变量"（"人力资本"[human capital]、地位、教育等）的特设指涉对象的组合，有时还加上他们所假定的常民阶级概念，来勉强支持这种分类法。布尔迪厄不是简单地罗列和添加变量，再从中寻找经验上的规律性，而是把构成要素的特征和倾向以及它们之间的互动方式理论化。因此，由于这是一种极为具体的阶级概念，包含了许多不同的要素，它在复杂性上也就比其他社会学概念都更接近常民的阶级概念，尽管它在对不同要素进行抽象和重组时，肯定会对日常生活中未经审视的方面提出深刻的分析。

　　布尔迪厄的研究进路让我们能够分析与不同资本类型相关的不平等来源的互动关系。一般而言，大多数的资本类型的拥有量存在正相关（positive covariation）的关系。譬如，虽然持有等量经济资本的人，可能拥有不同数量的文化资本，但是文化资本与经济资本之间一般存在正相关关系。持有大量文化资本的个人或群体却只拥有极少的经济资本，这种情况不太可能发生，尽管经济市场的运气因素在某些情况下允许相反的情形出现——亦即让缺少非经济资本的个人得到飞来横财（成为暴发户）。虽然在一定限度内，文化资本和其他非经济形式的资本可以弥补经济资本的不足，但它们也可以转化为经济资本，且通常不会造成损失。[1]反之，要获得文化资本和其他多种资本形式，一定数量的经济资本是必要的。不同形式资本的可转化程度以及它们共同变化的程度往往与性别相关。不同类型的资本容易与男性紧密相关，但对女性来说，情况就不是这样了，因为父权制的各种束缚能够轻易阻止女性把自己的文化和教育资本转化为经济资本。因此，新一代的女性毕业生在职业生涯

[1] 非经济形式的资本（如社会资本或文化资本等）可以在不耗尽"库存"的情况下得到利用——甚至还能通过使用而增加，这一事实表明它们与我们更为熟悉的经济资本不具有类比性。这也意味着拥有更多文化和教育资本的人比仅仅拥有经济资本的人更有安全感。

的发展上，难以取得像男性毕业生那样的成就。对那些独力抚育子女的离婚女性来说，把文化和教育资本转化为经济资本就更容易遭遇困难。

虽然在一个高度商品化的社会里，没钱可谓寸步难行，但文化资本与其他非经济形式的资本本身却不能用金钱直接购买，因为它们需要长时间的社会渗透（social osmosis）、社会具身化、学习和自我改变的过程——有时需要花上几代人的时间。资本持有的这种相对持久性——尤其就具身化资本（embodied capital）而言——意味着不平等的演变具有强烈的路径依赖（path-dependence）的性质；昨日的赢家和输家亦是明日的赢家和输家。举例来说，为了获取对高雅文化的知识和游戏/比赛的感觉，花费金钱只是必要条件，而非充分条件。这种限制对暴发户很不利。这里，从习得的困难程度和缓慢速度中，我们发现了经济资本和非经济资本的另一个重要差异。虽然我们可以根据一个人的口音、举止和谈吐等判断他的出身，却无法分辨货币的来源；货币的来源不带有任何痕迹，也不像非经济形式的资本那样有具身化特征。正如克劳斯·奥费（Claus Offe）所言，"市场的一个基本特征之一是它消除意义的作用，令其不再作为生产和分配的标准"（Offe，1985，p.82）。然而，货币和市场无法轻易消除与文化资本、社会资本和教育资本相关的意义的作用。[1]

教育资本尤为重要，因为支配获得教育资本之渠道的机制，表面上看完全是功绩取向的（meritocratic），因而具有正当性（至少在教育免费的情况下是如此），但事实上，文化资本会极大促进持有者获得教育资本。的确，布尔迪厄精辟地指出，教育制度的运行机制倾向于帮助那些拥有丰厚文化资本的人，将他们的文化资本转化为正当的，甚至是神圣化的教育资本，同时阻止欠缺文化资本的

---

[1] 这也再次表明了布尔迪厄的经济隐喻有其局限性。

人这样做（Bourdieu，1996a）。证书和学位形式的教育资本也不同于其他形式的资本，因为前者能够在群体之间造成鲜明的区分，而不仅仅让群体之间形成梯度式的渐变。

（2）布尔迪厄的研究进路不仅描述了品味和生活方式的差异，还解释了它们之间的层级关系（hierarchical relations）——例如，为何某些类型的艺术或文学比其他类型具有更多的文化资本——并说明特定类型的益品及其级别之间的关联性不是任意的，也不纯粹是约定俗成的，而是遵循一定的理据，即与惯习相关的实践逻辑。最重要的轴线是"与必需性的距离"（distance from necessity）。这就把经济上无保障与经济上有保障的群体区分了开来——前者始终处于谋生的压力之下，谋生主导了他们的所有选择，也影响了他们对所有客体的评价；对后者来说，由于经济和财富都有所保障，他们看待任何客体或主体时无需考虑它们是否会对自己的经济福祉带来任何影响。在《区分》一书中，布尔迪厄揭示了这种差异如何影响特定社会群体的审美判断，经济上无保障的人根据艺术对日常生活的功能来评价艺术，而布尔乔亚（bourgeois）则乐于接受"为自身而存在"的抽象艺术，而不管其功能性关联；的确，他们的惯习让他们具有这样的审美倾向，因为这与他们摆脱了必需性压力的生活产生共鸣。

（3）审美判断和某种程度上的道德判断，反映出判断者和被判断对象各自社会位置的关系。群体之间的象征性支配、竞争和斗争发生在场域之中，而场域是由不同的社会位置及其占据者的层级关系所构成的。在整个社会场域中——亦即在作为整体的社会中——存在着许多特定的场域，而每个场域的层级关系都是整个社会层级关系的变体，从中建构了个体之间以及群体之间的竞争；例如，教育场域有自己的制度层级，以及自己对不同资本类型的竞争性评价和斗争。因此，对益品的定义和追求是根据有争议的标准进行的，这些标准反映出相互竞争的群体在各自场域中所占据的不同

80

位置。这让我们认识到，行动者对自己、他人和益品的评价，包括他们根据阶级对人们所做出的评价，存在着某种社会模式。

（4）惯习和场域的理论框架让我们得知，即便不承认集体身份或集体利益，处于相同处境下的个体仍然会展现出相似的行为模式：客观的阶级不一定是"被动员的阶级"（mobilised class）。正如布尔迪厄所论证，阶级团结的衰落和动员能力的欠缺绝不意味着阶级正在逐渐消亡。因此，我们从中得以理解，虽然阶级团结和基于阶级的政治组织已经衰微，但常民对阶级差异的敏感性仍然存在。正如迈克·萨维奇所言：

> 布尔迪厄的论证旨在指出，在考量当代身份认同的本质时，不能以过于简单化的方式对比阶级集体主义与个体化的身份认同，而需要注意这两者相互啮合的关系。（Savage，2000，p.108）[1]

（5）上文所引用布尔迪厄对客观阶级的定义，并不要求阶级之间应该有泾渭分明的界限。虽然排除的过程以及教育和专业机构的资格证书授予造成不同群体之间资本持有量出现极大差距，从而令某些界限变得格外清晰，但资本持有量上的差异形成的是连续体（continua），而非不同级别。既然阶级划界（class boundaries）在阶级的再生产过程中就受到质疑，那么只能通过经验研究来辨识出这些界限，而无法用先验的方式进行判定。用这种方式，布尔迪厄能够避开阶级界限如何划分、特定群体如何在单个维度上定位这些无效争论。

（6）大多数社会分层的研究路径主要以非关系的方式来安置

---

[1] 萨维奇批评的对象是贝克和贝克-格尔恩斯海姆夫妇（Beck & Beck-Gernsheim，2002）和吉登斯（Giddens，1991）等作者关于"个体化"的论述。

阶级，阶级之间的敌对和竞争关系只是偶然才会出现，布尔迪厄的
进路与之不同，他以极为强烈的关系性的方式把阶级概念化，但不
像马克思主义的阶级概念那样从剥削的角度去理解阶级，而是强调
象征性支配中最核心的方面，即竞争、区分和分化的辩证关系。从
经济角度来看，诸如会计师和教师等不同职业的成员，只是以劳动
分工的方式发生间接而相互依赖的关系，但从象征性的角度来看，
他们不仅拥有数量不同的经济资本、文化资本和教育资本，而且
还主动地把他们自己对这些资本和其他益品的评价与其他群体的评
价区分开来。在布尔迪厄看来，竞争、斗争和支配不是阶级的附带
品，而是其构成要素。在正常情况下，竞争性斗争不是政治化、组
织化的，而是行动者的秉性与争夺各种益品的产物。有的益品——
无论是商品、关系还是实践——得到提升和投入，而其他益品则被
无视或者贬低，因此遭到贬值。由于资本的价值与持有资本的人数
成反比（这一点在教育资格证书方面尤为明显），因此增加某种特
定类型资本的持有量往往会导致自我挫败（self-defeating）。通
过这些竞争过程，布尔迪厄所定义的客观阶级就将自身与其他阶级
区分了开来。

　　布尔迪厄把自己第5点和第6点的立场总结如下：

　　　　存在这种可能：一方面否认阶级是由在经济和社会条
　　件上分化的个体所客观构成的同质化的群体，另一方面却
　　断言存在基于经济和社会分化原则的差异空间（a space of
　　differences）……从这个角度看，"社会现实"……由一系列
　　不可见的关系组成，这些关系恰恰构成一种位置空间（a space
　　of positions），其中各个位置外在于彼此，并且由它们之间的
　　相对距离而得到界定……真实即关系。（Bourdieu，1987，p.3）

　　稍后我将指出，布尔迪厄关于差异和竞争性斗争过程的观点过

于霍布斯主义，未能公正对待其中包括伦理在内的规范性面向，但在这个阶段，我想要重点关注他的"客观阶级"概念所面临两个不同问题：一个关于性别，另一个则关于经济资本的来源。

"客观阶级"与性别

我重申，对布尔迪厄来说，"客观阶级"是"一组处于同质化生存条件中的行动者，这些生存条件能够施加同质化的制约作用，并生产出能够形成类似实践的同质化秉性的体系……"（Bourdieu，1984，p.101）。乍一看，我们可能会提出异议，认为这个定义既可以是关于阶级的，也可以是关于性别或族群的，因为它没有说明阶级与性别及其他不平等来源的区别。[1] 根据性别差异，男性和女性被置于不同的生存条件中，因此，按照这个阶级定义，我们就不能说男性和女性属于同一个阶级。然而，当布尔迪厄详细阐释客观阶级的定义时，他却把性别和族群**容纳**进来：

> ［一个］阶级或阶层不只由其在生产关系中的位置来界定，辨识指标可以是职业、收入甚至教育水平，还可以是某种**性别比例**（*sex-ratio*）、某种地理空间分布（这在社会方面永远不可能是中性的），以及一整套辅助性特征，它们作为真实的选择或排除原则，通常是以隐性要求的形式发挥作用，而没有被正式声明（**族群起源和性**都是如此）。（Bourdieu，1984，p.102，强调为笔者所加）

---

[1] 他在其他文本写道："'阶级'［就行动者有意识使用的意义而言］可以是社会的、**性的、族群的**或其他的……"（Bourdieu，1987，p.15，强调为笔者所加）这个用法进一步强化我们的印象，对布尔迪厄来说，阶级仅仅意味着社会位置，与那些同经济资本相连的、或将其与性别区分开来的狭义的"阶级"观无关。

　　因此，性别和族群同其他要素一起被视为共同决定阶级的因素。这也意味着，由于存在性别差异，男性和女性始终处于不同的阶级。虽然这种运用定义的方式可以是前后一致的，但危险在于，这种定义宣称要把性别因素考虑在内，同时却诱导我们忽视性别，或把性别化约为一个受到更大限制、更抽象的阶级概念的修饰成分（modifier），这一概念将阶级与经济资本关联在一起，从而忽略了性别的独特性质。被认为是普遍的描述项（descriptor）实际上反而容易把它声称要容纳的事物边缘化。在布尔迪厄的分析中，阶级和地位的逻辑被赋予了支配性的、语境化的作用，性别不过是修饰成分。象征性支配中的主要对立组合有高/低、精致/粗糙，而非性别的对立（男/女、公共/私人、强硬/软弱，等等）。只有在布尔迪厄的《男性统治》（*Masculine Domination*）一书中，性别才不再是次要的角色，本身成为不平等的一个独立轴线（Bourdieu, 2001）。性别、族群和其他类型的社会划分，其基础不同于狭义的经济阶级 S。忽略这些差异，并把每种类型的社会划分和群体都化约为多种资本形式的特定组合，就很容易掩盖其最重要、最独特的属性。当然，男性和女性确实倾向于拥有不同的资本数量和资本组合，但这无法解释导致男性和女性产生差异的机制——即与性别有关的机制。性别和阶级（涵盖狭义和广义的阶级）不只是彼此的修饰成分，它们本身就是各自独立的社会分化和社会不平等的轴线。

　　因此，我建议我们将布尔迪厄的客观阶级概念重新命名为"客观社会**位置**"（objective social *position*），如此一来，我们既可保留上述优点，又可消除与更受限制的阶级 S 概念之间令人棘手的语义张力，并且更明确地表明，我们需要明确把性别纳入进来，使之成为其主要决定因素之一。因此，采用一个抽象的阶级 S 概念，不一定意味着性别被排除在客观社会位置的决定因素之外；恰恰相反，它为性别留下了空间，而不是试图在纳入性别时掩盖其鲜明的独特性质。这仍然让我们得以研究这些客观位置与不同数量和组合的各种资本形式的关系，但又不会令我们误认为它们都与抽象意义上的阶级有关。因此，如此定义的性别和阶级以多种方式结合在一起，共同影响客观社会位置和生活机会。这种组合不仅仅是累加性的（additive）。它们有可能涉及强化（reinforcement）、抵消（neutralisation）或不协调（dissonance）等不同作用机制，或者可能产生涌现性属性。因此，在分析具体事物时，我们必须先审视之前通过抽象化所分析得来的诸要素互动关系的方式和产物。在这种替代性的研究进路中，社会场域的斗争涉及阶级、性别和其他因素（如年龄、族群和性特质等）相互交错的斗争。

性别的秩序产生了独特的资本形式。正如莱斯利·麦考尔（Leslie McCall, 1992）所言，性别不仅是文化资本、社会资本和教育资本的一种次要的修饰成分，其本身是资本——即男性资本（masculine capital）或女性资本（feminine capital）——的来源之一。[1]与其他形式的资本一样，男性资本和女性资本的价值根据持有者所处的特定场域而发生变化。在工人阶级的语境中，中产阶级的男性特质可能会遭到贬低，反之亦然；中产阶级和工人阶级形式的女性特质也是如此。男性资本和女性资本以非常强烈的具身化方式，在外貌、举止、态度和行为中清楚地体现出来。由于男性特质和女性特质取决于被社会看重的遗传性的身体特征，例如体型与外型，相对那些容易通过社会性的方式而获取的资本，这些特征难以被改变或伪装，因而，当它们作为资本的形式，往往会与其他资本相互交错在一起。体型和外型在某种程度上会随着经济资本而发生变化，但当然，围绕这些平均值存在很大变异，工人阶级男孩或女孩要是拥有被看重的体型和体格，比没有这些身体资本的人拥有更多向上流动的机会。因此，身体特征便成为社会场域斗争中的

---

[1] 麦考尔指出，布尔迪厄对这一点的立场似乎介于两者之间。异性恋也可以被视为资本的来源之一，尽管这种资本来源正开始受到争议。

一张万能牌（a wild card），提供了向上（或向下）流动的可能性。[1]鉴于体型和外貌的确可以被塑造，因此它们就可以成为人们对男性资本和女性资本的投资对象。

作为资本形式，男性特质和女性特质十分复杂。没有任何一个男性或者女性完全符合男性特质或女性特质的标准，这也就意味着绝对的符合标准既不可能也不可欲。而且，被看重的男性特质和女性特质不仅要根据特定的分支场域发生变化——例如，一方是艺术和专业中产阶级的场域，而另一方则是商业场域——它们还随着年龄和社会位置而发生变化。正如罗斯玛丽·普林格尔（Rosemary Pringle，1988）和西尔维娅·格哈迪（Sylvia Gerhardi，1995）指出，职场上的女性往往会扮演某些类似家庭性别分工中的性别化角色。女性特质和男性特质的行为方式是通过一种性别化的双重标准体系而得到评价的，而这一双重标准本身又会根据阶级和族群而发生变化：例如，同样是独断（assertiveness）、柔顺（submissiveness）和刚毅（hardness），用于男性和女生身上却会形成不同的评价。这种特殊的层级区分和标准既不稳定，也不一致。它们无需如此。它们的主要功能就是允许男性占据支配地位，而变化和不一致反倒是维持男性支配地位的必要条件。因此，辛西娅·科伯恩（Cynthia Cockburn）在对性别及技术的分析中写道：

> 在工程学中，男性意识形态利用硬/软的二元对立，把艰辛的、重体力的工程工作分配给男性特征，但当评价其"对立面"——即花费脑力的、专业的工程工作——时就会出现问题……为解决这一矛盾，这套意识形态运用了另一种二元对

[1] 因此，在某种程度上，性别化的资本（gendered capital）涉及对自然天性的评价；同所有评价一样，这种评价也是遵循社会标准，但是它所**涉及**的对象部分超越了社会建构。关于"社会建构"的模糊性，参见 Sayer，2000a，第四章的讨论。

立，把男性特质与理性、智性关联在一起，而把女性特质与非理性和身体关联在一起——在这个过程中，意外地造成了概念上完全的颠覆。（Cockburn，1985，p.235）

男性特质和女性特质只是因为惯例而与生物性别相关，而且在适当的场合（再次因阶级而异）中，人们或许可以接受男性展现出女性特质，或女性展现出男性特质——通常前提是，在这些场合之外，他们就会恢复到原本被期待的那样行事。[1]性别规范受到不同程度的质疑，在那些拥有大量文化资本和经济资本的群体尤其如此。反过来，正如贝弗利·斯凯格斯所说，女性特质或许是工人阶级女性唯一可以获得的资本，因此她们可能会质疑女性主义，担心它威胁了女性特质所带来的益处（Skeggs，1997；另见 Lovell，2000）。

85　发展布尔迪厄的经济资本概念：身份敏感机制与身份中立机制

布尔迪厄的贡献主要在于对象征性支配的分析，而非对经济不平等和剥削的分析。相对而言，他很少论及后者："就经济资本来说，还是留待其他人研究吧；这不是我的领域。"（Bourdieu，1993，p.32）我将论证，要理解经济资本不平等的起源、阶级 L 的道德意义和社会场域的斗争，我们必须更加注意经济资本这个方面。我首先将提出经济资本的某些决定因素和组成成分，然后指出我们需要认识到两种决定经济资本的机制，一种是与行动者身份中立或无关的机制，另一种是对行动者身份敏感的机制。[2]

---

[1] 举例来说，埃伦·麦克阿瑟（Ellen MacArthur）这样的女性在传统以男性为主的帆船运动中展现出了杰出的勇敢、坚韧和技术水平，但在运动场之外，她也被期待要展示出足够的女性特质；的确，后者似乎是无条件地对她卓越的品质进行赞扬的条件。这同样也适用于政治上的"女强人"。

[2] 我没有直接把后者称为"歧视性"，因为有些歧视形式不是因身份而产生，而是因其他性质而产生，例如按照价格产生的歧视。

如前文所述，布尔迪厄相对具体的阶级概念，未必与某些对阶级的抽象分析不兼容，甚至可以通过后者得到阐明。特别是，他的研究进路首先就与马克思主义的观点相容，即经济资本的决定因素之一是生产资料的所有权和非所有权。这会带来一些影响，但没有使之截然不同。在其他条件相等的情况下，身为雇佣劳动者的清洁工所拥有的权力要小于其所在公司的共同所有人的权力。同样，受雇的经理人（employee-managers）的权力也少于所有人经理人（owner-managers）。决定经济资本的另一因素与劳动分工有关（这通常被包含在众多社会学的具体阶级概念之中，即根据职业类别使之操作化）。人们在劳动分工中占据不同位置，就会获得相对他人较多或较少的权力；与那些自己的职业所提供的服务不是被迫切需要的人相比，从事短期内会让他人产生极大依赖性的策略性活动的人更有可能凭借其分工位置而获得更多收入和保障。这些策略性活动还进一步提供了封闭策略（strategies of closure）的不同机会。相对稀缺性会影响经济资本，虽然相对稀缺性常常与工作所需要的技能和培训相关，或与所谓的"人力资本"相关，但相对稀缺性也可以独立发生变化。土地和房产等其他经济财产也会影响行动者的经济资本；例如，房价上涨可能让个体获益或受损。获得经济资本的渠道会因地域分布，在空间上也是高度分化的——布尔迪厄的著作对此没有予以充分分析；劳动力市场本地化的程度往往很高，并且在不同地区的劳动力市场之间，经济机会差距悬殊，因此，相比其他地区，有些地区提供更多的向上流动的前景（Fielding，1995）。最后，经济资本的另一个重要来源就是遗产继承，这是富人再生产的关键。

这些可能性加在一起，从收入、财富和安全等方面共同影响了个体的总体经济资本。它们是经济资本的构成要素，尽管从下文我们将会看到，其他过程偶尔也会对它们产生影响。

经济资本的这些不同要素，不管是其中的个别要素，还是诸多要素组合在一起，我们都不应期待单独凭借它们自身就可以解释生活机会的差异，因为生活机会——以及获得经济资本的渠道本身——也受到地位、族群和性别的影响，而这些影响因素必须用**其他**抽象概念加以研究（Crompton，1996；Sayer，1995）。举例来说，许多研究人员指出，通过工作的设计方式、对雇员的选择以及对实践的经济评估，经济不平等也会受到地位差异与性别差异的影响。有时，以性别或族群为基础的区分可能会把个体推进某个特定的阶级；例如，性别化的继承体系可能允许长子继承家族企业，从而成为小资产阶级，而女儿们则被剥夺继承权，被迫进入劳动力市场，成为雇佣工人。然而，资产阶级或雇佣工人的位置可以独立于这类机制之外而存在，所以这些实践只是偶然地与资本主义的经济阶级 S 发生联系，而不一定是它们的必要条件。[1]

萨拉·欧文（Sarah Irwin）认为，这种关系，即在其中正式经济本身适应性别和其他非阶级的社会差异，可以概括为：

> 某些群体的边缘地位本身对于塑造就业结构至关重要……职业结构和就业不平等不是由经济过程直接"给予"的，它们也会受到社会划分的影响（Irwin，1995，p.186）。

87　　这当然是正确的——经济不平等被非经济的、文化的机制所建构——不过这段引文中的"也"很重要，也就是说，如果它的意思是指，**除此之外**，有些影响因素确实是受到经济过程所决定的，这与性别、族群或地位无关。为了理解哪些方面的不平等对资本主义

---

[1] 更详细地说：我没有把这些因素纳入经济资本中，因为它们都不是经济资本存在的必要条件，虽然在某些情况下它们是充分但非必要的条件。换一种说法，基于所有制和非所有制、劳动分工和遗产继承的经济资本并不**需要**地位、性别或族群差异等成为其存在的条件。关于这种抽象化模式的论述，参见 Sayer，2000a，2000b。

发挥作用是必要的，我们就要分清产生不平等的不同机制之间的关系是偶然的，抑或是必然的。

更确切地说，我们必须承认，决定不平等的身份中立和身份敏感的机制可以偶然共同在场（co-presence）。在过去 20 年，关于不平等研究的最大缺憾之一是：早先的研究忽视了身份敏感的、文化的影响力，为了扭转这一局面，后来转而否认不平等与身份中立机制的共同在场（Sayer，2000b；另见 Holmwood，2001 和 Sayer，2002a）。在这个过程中，资本主义经济运行的某些根本特征面临被忽略的危险，而这些根本特征对人们的生活机会和体验有重大影响，并且这种影响与人们的身份无关。虽然经济关系总是嵌入社会之中——而在我们的社会中，这意味着不可避免地存在着性别化、"种族化"，等等——但这并不表示身份中立机制不存在，就比如鸟会飞这一事实并不表示地球引力暂时中止了。

虽然资本主义的具体形式偶然会受到因身份而产生的错误承认或歧视的影响，并对这些影响作出回应，但是作为一种经济体制，资本主义本身并不取决于这些因素——没有理由认为资本主义离开了这些因素就无法存在，并且不管是否有身份敏感的过程在场，资本主义都会既生产又依赖于经济资本分配中的不平等。人们作为雇佣劳动者和特定职业的从事者是找到工作、维持工作或失业，还是作为资本家获得成功或失败，都取决于（除去其他因素）市场对他们生产的商品——无论是物质的还是非物质的商品——是否有需求。当消费者不再购买打字机，转而购买文字处理软件时，生产这两种物品的工人的命运也随之改变，前者的产业部门会失去工作机会，而后者的工作机会则越来越多。此外，一些新人能够在日渐扩张的产业部门中成为资本家。由此产生的不平等不是起因于消费者歧视生产这些商品的工人身份，因为消费者往往不了解或不在乎其身份。同样，去工业化主要是由制造业和服务业的生产力增速不均衡所导致的，去工业化还会改变经济资本的分配，从而间接影响阶级结构。这同样也不取决于身份差异或归因行为（acts of ascription）。与此相似，货币贬值可能会使进口材料依赖型的公司破产，进而导致失业和经济资本的流失，但造成这些事件的宏观经济成因与工人的身份无关。

这些以及其他许多与身份无关的机制是资本主义的正常组成部分。然而，这并不是说，身份中立机制必然导致身份中立的效果，因为我们常常看到，不同性别和族群的工人通过身份敏感机制而被隔离在不同类型的工作之中，特别是那些受到种族主义歧视和／或性别歧视的人被限制于从事最容易被解雇的工作。但即便如此，如果他们失业的原因是因为消费者的品味发生了变化，或者因为汇率变动使盈利减少，这仍然是身份中立机制影响了一个身份分化的语境，而且正是后者，而非前者，要对性别化或者"种族化"的结果负责。资本主义要求生产资料的私有财产权集中在少数人手中，而多数人成为雇佣劳动者（无论是清洁工还是主管），但任何一个人都可以做这些事。没有人天生就是资本家、工人、医生或清洁工。其他对资本主义基本结构来说不是固有的机制，也会偶然对人们产生影响，使他们成为资本家、工人或特定类别的工人，但从资本主义存在的必要条件而言，任何人都能在其结构中找到自己的位置。当然，在实践中，现实存在的事物不仅仅包括资本主义运行所必需的事物，也包括其他机制偶然产生的事物。然而，若不加仔细思考，就可能错把偶然当成必然，误解不平等再生产的必要条件。这种疏忽会带来灾难性的后果，因为这会让人得出这样的推论，资本主义不仅仅在适应性别歧视、种族主义等，而且还依赖它们而存在，而这又意味着，只有废除资本主义，才能消灭这些歧视与支配的形式。[1]讽刺的是，这与极左主义（ultra-leftism）的结论是相同

[1] 朱迪思·巴特勒（Judith Butler）关于资本主义和性特质之间关系的论述并不合逻辑，她提出的例子受到弗雷泽的有力批驳（Butler, 1997; Fraser, 1998）。

的——除非全盘改变，否则什么也改变不了。[1]以上关于身份敏
感机制和身份中立机制之间关系的本质的讨论看似过于学究，但却 89
具有极大的实践和政治意涵。换言之，我们无须先找到一个资本主
义制度的接替者，就可以在这些受文化影响的、对身份敏感的支配
和排斥形式上有所进展。[2]

　　竞争性的市场环境可以鼓励对身份中立的行为，或鼓励**看似**
对身份高度敏感的行为，尽管我们将看到，在后一种情况下，重要
的不是身份，而是与身份相关的金钱或益品。[3]以产品市场为例，
卖方需要赚到买方的钱，因此卖方要是根据购买力之外的方面歧视
消费者，就会违背自身的利益。就消费品和服务的生产者针对具有
特定身份的消费者而言，他们感兴趣的不是消费者本人的身份，而
是为了挣更多的钱。再以劳工市场为例，竞争压力促使厂商雇用最
能胜任职位的人，而不会考虑他们的性别和"种族"等身份因素，
那些以身份为理由拒绝雇用最佳候选人的厂商甚至会受到竞争压力
的惩罚，当然，种族主义等因素偶尔会推翻这种激励方式。与此同
时，竞争压力会迫使厂商利用能够带来经济利益的群体的不同身
份，例如，为了降低劳动力成本，雇主会雇用在文化上受到污名化
的群体，给他们支付低廉的薪水。然而，要注意雇主的这种选择逻
辑：竞争压力鼓励雇主剥削这类群体，**完完全全是为了、也只为了
这个群体的货币价值，而且，再次强调，雇主对这类群体的文化不**

[1]讽刺之处在于，极左主义有名的地方正是对不平等和压迫的非资本主义成因持
　　有轻视态度。
[2]我知道阶级地位低下会加剧性别和"种族"或族群方面的劣势，并且使得这类
　　身份更加污名化，但它们之间的关系只是偶然的：没有后者，阶级地位低下仍
　　旧存在。
[3]"……市场的经济逻辑以复杂的方式与承认的文化逻辑交织在一起，有时把既
　　有的地位区分当作工具，有时消解或规避现有的地位区分，有时则创造出新的
　　地位区分。因此，市场机制所产生的经济阶级关系不仅仅是地位等级的反映。"
　　（Fraser，2003，p.214）

一定有特殊的兴趣，既没有憎恶，也谈不上喜爱。[1]换言之，雇主是在市场压力的驱使下雇用这些群体成员的，不是出于后者的文化身份，而是因为他们具有经济上的可剥削性。反过来说，他们经济上的可剥削性可能是其身份被污名化的结果，但从市场激励的角度看，经济结果才是重点。

然而，可能有人会反驳上述观点，认为在某些案例里，厂商的存续有赖于他们雇用被污名化的群体，如伦敦东区一些盈利微薄的制衣厂专招来自孟加拉国的女工。如果这些厂商招不到这些廉价的、可剥削的劳动力，它们就无法生存下去。不过需要注意，首先，这类盈利微薄的资本主义厂商之所以能够存活，关键在于有廉价的、可剥削的劳动力——不一定是特定性别或族群的：任何一个刚好愿意从事同等低报酬工作的群体都可以。其次，这种廉价的、可剥削的劳动力或许是这种公司存在的条件，但不是资本主义存在的条件。资本必须相互竞争，但是除了降低劳动力成本之外，还有多种的竞争方式，例如：产出比率——还有自动化、技能提升、产品创新、降低材料成本和管理费用，等等。由此可知，资本主义本身无需依赖特定性别或特定族群的工人。

资本要存活下去，当然也需要它的劳动力能够不断地进行再生产，但它并不需要劳动力以男性为主，也不需要家务劳动主要由女性来承担。任何能够胜任这些工作的人都可以，而男性和女性都可以从事这两种工作。此外，西尔维娅·沃尔比（Sylvia Walby，1986，1990）论证，虽然大多数资本家也是男性，但资本主义可能与父权制时常发生利益冲突。资本主义和父权制或性别秩序是两种普遍的秩序，两者一直以来可以相互适应对方，尽管它们可以彼此独立存在；父权制也存在于非资本主义体系，并且没有人证明

---

[1] "市场在收入和财富的不平等上蓬勃发展，但市场却不承认社会等级之分。除了价格标签，市场贬低所有的不平等媒介（vehicles）。"（Bauman，2001，p.21）

过，为什么资本累积、阶级、货币或资本竞争没有父权制就不能存在。因此，虽然它们处处都相互影响，但是它们之间相互依赖的状态只是偶然的。[1]

身份敏感和身份建构（identity-constructing）的机制是不平等的重要来源，无论就其自身独立发挥作用，还是与身份中立的机制发生互动关系。许多工人的经济资本、保障或脆弱性与他们特定的身份高度相关。因性别歧视或种族主义等原因被排除在劳动力市场之外的人在经济上处于劣势，并因此历经苦难，这种痛苦究其根本是出于**文化因素**，涉及象征性支配，包括性别主义、种族主义和恐同症等话语。就其**性别**而言，男性和女性都经历所谓的"一阶"（first-order）道德评价，理所应当地被人**视为**男性和女性——例如，"好"女孩、"好"男孩、"好"母亲、"好"父亲——不同的标准（即双重标准）是性别差异和性别关系（再）生产的主要动力。它们关乎文化，是因为它们的基础是建立在对男性和女性的文化理解，以及对他们应该是什么样的期待之上。但是，它们也是经济性的，因为这些性别建构为男性和女性都预设了特定的经济角色，例如谁负责挣钱养家，谁负责照顾家人，工作是否得到报酬，以及工作如何按照对技能和回报的承认而得到评价。

因此，现实组织之实践的典型特点（但这只是偶然的）既涉及身份敏感机制或身份建构机制，也涉及身份中立机制。（要注意的是，我们现在转向更具体的分析层次，从特定的机制转向了特定环境中的组合方式）。根据人的性别身份和外貌来分配不同工作，比如让一个美女担任客服工作，这当然体现了对身份的敏感；但在涉及经济体系的组织的背景下，比如在银行，那么这就是以文化为导向的挑选过程，虽然在很多情况下，背后的原因与身份中立机制相

91

---

[1] 再次强调，拒绝使用抽象化，或拒绝区分偶然性和必然性的关系——即区分"能够"与"必须"——容易导致误解。

关，特别是利润最大化。在大多数工业化国家，制造业部门的雇用人数在下降，这不是对性别的反应，但却影响了劳动力市场的性别化，因为制造业从业人员多为男性，这意味着许多工人阶级男性的经济资本显著下降，从而也对工人阶级的文化产生了深远影响。在过去 20 多年，英国女性就业人数的增长是身份中立机制和身份敏感机制相结合的产物，例如，身份中立机制包括女性从业人数本来就偏低或偏高的部门，其相对盈利能力发生了变化；而身份敏感机制包括教育和政治文化中开始出现了女性化（feminisation）的现象。

市场体系拥有独立于参与者身份的相对自主性，这也提供了一项重要理由，让我们得以在布尔迪厄更为具体的阶级概念，甚至常民行动者所持有的阶级概念之外，能够保留经济阶级这一抽象的"结构性"概念，并将其视为市场体系的产物。这也让我们认识到，在具体层面上，阶级 L 的行为及其身份发展总是通过性别、族群、年龄和性特质而进行的。因此，以男性与女性、白人与黑人等区分的工人阶级文化存在巨大的差异（Skeggs，1997，2004），较高阶级也存在相同情况。然而，正如上文所述，我们的经济资本之所以发生变化，可能与我们的身份或行为无关，也可能与之有关。[1] 还需要注意的是，身份中立和身份敏感这两种机制的区分不是简单对应于经济和非经济的区分，因为身份敏感过程也会影响经济资本，例如关于男性和女性经济角色的性别化预设。[2]

阶级、性别和种族之间的互动本质上具有偶然性，坚持此种观点与许多当代文化的阶级分析格格不入；例如，加里·戴（Gary

---

[1] 正式经济体系的这种身份中立特征，为关于这种体系的**抽象的**政治经济理论"隔绝于"文化研究提供了一定的**证成**，尽管这当然并不能证明在具体研究中把后者排除在外是合理的。

[2] 后文将进一步区分正式资本主义经济本身和非正式资本主义经济，后者最重要的是家庭经济（household）——正是通过家庭经济概念这种区分才得以阐明。

Day）写道："最终，当然，种族、性别、性特质和文化都不能与阶级分开。"（Day，2001，p.200）就行为而论，这似乎是正确的：例如，我们怎么能够分清楚男性专业人士或女性清洁工的行为中，哪些源于阶级，哪些源于性别呢？但是，假定没有性别（或种族，或其他的社会划分），阶级就不存在，这或许是错误的，反之亦然。此外，正如先前所述，阶级差异和性别差异的起源或原因截然不同。即便看似普遍的联系也有可能只是偶然。理论的作用之一就是把握事物存在的必要条件，使之有别于偶然联系。当我们面对 x 和 y 之间的联系时，就要提出这种反事实（counterfactual）形式的问题：如果没有 y，x 会存在吗，反过来也是这样吗？如果没有 y，会有什么不同？在回答这些问题时，我们便会发现它们存在的条件。[1]

通过提出同样的理论问题，我们可以推断出，阶级的主观经验不是资本主义中的经济阶级 S（再）生产的**必要**条件（尽管它会偶然影响到其进程）。与之相比，主观经验和身份是性别的必要构成性成分，因为性别差异在性质上是归因性的（ascriptive）。

我一再强调，导致经济资本不平等的某些关键机制与身份无关，这是因为我想反对某种庸俗的文化主义或文化帝国主义，它们认为归因性的文化定义"通行无阻"（go all the way down），因此，比如说，贫穷的最终根源是贫穷文化。只要资本主义中身份中立的发展过程未被加以审视，那么我们对待其他阶级的人的方式

---

[1] 约翰·弗劳（John Frow）提出反驳意见："**列出**组成社会位置性的'因素'（年龄＋性别＋种族＋取向＋……），正如朱迪思·巴特勒指出，这一行为本身就假定了'它们沿着水平轴线以离散的、序列的方式共存，但并未描述它们在一个社会场域中的聚合（convergences）'。"（1995，p.102）它们确实聚合并相互影响，但这并不意味着它们无法相互独立而存在。抽象理论的任务就是以抽象化的方式，来评价它们的关系是偶然的还是必然的，并定义它们存在的条件、结构和力量。具体分析的任务就是审视它们如何进行偶然互动，同时可能产生涌现性效应（emergent effects）（Sayer，2000a，2000b）。

就不会有多大改变。社会建构论的阶级观模糊了阶级概念与阶级指涉对象的差别，由此使得前者容易变得具有唯意志论意义上的施事性，但与这一印象相反，人们之所以成为某个阶级的成员，不是因为他人如何定义自己的阶级，以及他人如何对待自己，虽然这确实起到一定作用。顺便提及，还应该指出的是，虽然忽视由文化导致的问题——其中许多都是经济问题——远远称不上是进步的，但走向另一种极端，即忽视由身份中立的来源所导致问题，或把这些问题化约为由文化所导致的问题，同样也是不可取的。英国政府（以及其他许多政府）更愿意把失业看作是失业者本人身份的问题，以及是失业者缺乏在市场推销自己的能力，而不是经济体制无法提供足够的就业岗位。掩盖身份中立对经济过程和经济阶级的影响，这一做法就是某种形式的神秘化。在接下来的章节中，我们可以看到，这种做法在常民阶级概念中也很普遍，而且还有助于把阶级差异正当化。

小结和启示

虽然人们的阶级触角——他们的阶级实践感——通常对社会差异高度敏感，但是人们对于阶级的话语意识缺乏良好的定义，混杂着不同类别和来源的不平等。[1]如果我们要理解常民的阶级经验，评价其恰当性，就要找出其不同的组成成分，以及它和其他不平等来源的差异和互动方式。

如果我们所指的"阶级"是与身份中立机制密切相关的抽象的经济阶级概念，那么就不能说它是错误承认或象征性暴力

---

[1]我们可能觉得自己精通某种游戏／比赛的感觉，但要用话语对其进行表征时，却只会结结巴巴，这种情况并不罕见。

（symbolic violence）的产物，尽管错误承认或象征性暴力可能
诱发这些现象。如果我们用的是更包容、更具体的阶级概念，这样
的概念就能将身份敏感机制纳入其中，如布尔迪厄的或常民的阶级
概念，那么我们当然可以承认，这种意义的阶级从某个程度上是承
认或错误承认的产物。虽然在正常情况下，抽象经济意义上的阶
级本身通常部分地独立于身份、承认或错误承认而产生，但它无
疑与性别一样，对**形塑**主观身份和惯习至关重要（Charlesworth,
2000）：阶级当然是第三章中所说的"错误承认"的原因。布尔迪
厄的阶级研究进路有许多优点，在后续章节中我会加以借鉴。然
而，我已经指出该进路有需要修改之处，这样才能将性别以及经济
资本的多种来源考虑在内。

94

因此，阶级和"种族"既有共性，又有差异。在两种情况下，
人们之间的互动都可能表现出恐惧、不信任、蔑视、恶心、怨恨、
奚落，以及自卑感和优越感，但阶级差异可以独立于这种互动而存
在，而"种族"不平等从根本上却有赖于这些互动和反应。如果不
是文化化约论（cultural reductionism）这么盛行，认为所有的
差异都是文化表征（cultural representations）的产物，那么
就没有必要陈述这个显而易见的看法：种族主义是"种族"再生产
的必要条件，而"阶级主义"却不是阶级再生产的必要条件。这里
存在一种危险，我们可能因一时疏忽而陷入某种三方共谋的关系：
上述对阶级化约论式的描述，认为阶级不过是阶级偏见之可悲产物
的常民观点，以及认为阶级是过时政治态度的撒切尔夫人和布莱尔
主义（Thatcherite and Blairite）观点。虽然持平等主义倾向
的个体行动者可以让自己的行为消除种族主义和性别主义的影响，
但是在个人层面上，他们难以改变阶级不平等的状况。我们都生活
在阶级社会中，依赖于那些与我们的收入、教育和品味不同的人，
由此不可避免地与阶级不平等再生产形成共谋关系。

身份中立和身份敏感的机制都有可能产生客观社会位置的差

异，这一事实对阶级的道德意义，以及对我们能够对阶级做什么而言，都具有重要的启示。如果阶级不平等是通过身份敏感机制的运作而产生的，那么打击歧视就能够减少这种差异，尽管这种做法的效果可能很有限。如果阶级差异产生于身份中立的原因，如工作机会的供需状况对薪资的影响，那么只能采取各种对身份中立的、但可以调节经济行为的措施来减少这种差异，例如通过立法规定最低薪资和保障就业权利、制定累进税制和限制资本流动等。

第五章

社会场域的斗争

引言

　　阶级不平等涉及的不单是财富、收入和经济安全方面的差异，还包括获得重要的环境、实践和生活方式（也即广义上的"益品"）渠道（access）上的差异，以及对那些益品及其持有者的承认或评价方面的差异。阶级不平等产生了并形塑着斗争和竞争、支配和抵抗，以及人们的服从，不管人们出于自愿或勉强为之。这些斗争的本质是什么？目的是什么？为了什么样的益品而斗争？特定益品的评价与其相关群体的社会位置的关系如何？本章旨在回答这些问题。正如我们在第一章所述，常民道德情感和规范关乎人们应该如何对待彼此，以及应该如何评价不同的行为，这必然涉及人们对益品的本质和好生活（the good life）的预设。我们会先讨论后面这个问题，然后在接下来的章节中讨论道德情感与行为评价。

　　我首先从所要讨论的斗争的一般本质开始：斗争针对什么，为了什么，与什么相关，以及所采取的斗争形式一般有哪些。它们在何种程度上是为了争夺权力本身的工具性斗争？或者是为了获得重要的生活方式之渠道的斗争？它们在何种程度上是涉及对益品的定义和评价的争论？或者在何种程度上涉及被公认有价值的、但分配不均的益品的斗争？接下来，我们会审视益品的本质，从而区分两类益品：一类自身就具有价值，另一类主要通过让其持有者具

有优势而具有价值。更确切地说，我认为使用价值（use-value）和
交换价值（exchange-value）、内在益品（internal goods）和外在益
品（external goods）的区分能够让我们看到，社会场域中的不平
等和斗争超越了争夺利益和权力的诸多方面。这些能够让我们更深
刻地理解为了益品和承认的斗争。如下文所述，这些区分有着重要
的规范性意义，但在布尔迪厄的资本概念中并无体现。承认固然
重要，但我认为，对自身就有价值的益品的不平等分配才是阶级不
平等问题的最大症结。其次，通过参照"高雅"（the posh）、"善"
（the good）、"普通"（the common）、"恶"（the bad）之间的关系，
我们审视益品在社会场域中的不平等分配，以及益品与垄断它们的
特定社会群体的关系，以考察这些因素将如何影响对益品的评价。
最后，为了强调从益品分配不均、价值差异中产生的问题的严重性
和棘手性，我们从安妮特·拉鲁（Annette Lareau）、戴安娜·雷伊
（Diane Reay）、瓦莱丽·沃克丁（Valerie Walkerdine）和海伦·卢
西（Helen Lucey）等人有关工人阶级育儿和教育问题的著述中，
选取一些实例进行分析。这些案例涉及父母在实现自己"承诺"方
面，特别是父母为了孩子的未来而去追求益品和有价值的生活方式
时所面临的两难处境。这表明社会场域的斗争不单是为了权力和与
众不同（distinction），而且也是为了如何生活。

社会场域的斗争是什么？

　　这里讨论的社会场域的斗争不是那些正式的、组织化的公共
政治，或老式的"阶级斗争"，而是布尔迪厄所分析的日常的、非
正式的微观政治斗争和竞争，虽然这两者有一定的关联。它们既包
含"大动脉"式的权力，也包含"毛细血管"式的权力。斗争和竞
争不仅是为了反抗他人，更是**为了争夺**特定的"益品"——我所说

的"益品"并不只是商品或承认，而且还包括被看重的环境、实践、关系和生活方式。[1] 它们不仅涉及物质分配的不平等，还有"软性支配形式"，即日常生活中无数细小微妙、且通常是非故意的象征性支配行为，以及由此产生的抵抗。它们具有多个维度，而应该追求什么，应该为了什么而斗争等问题，本身就是社会场域斗争的主题之一。在物质资源稀缺的情况下，当每个群体或个体都在努力谋生，那么无论他们是否意识到，他们实际上就与其他群体或其他人处在竞争关系之中。象征性资源（symbolic resources）里也蕴含类似的逻辑，因为在他们追求象征性益品（如教育）时，行动者不可避免地要与其他人竞争，即便他们并不认为自己是在这么做，但他们资本的价值——比如他们的学历——会被拿来和其他人的学历进行比较和判断。[2] 此外，包括物质性益品和象征性益品在内的许多益品，都因位置而异（positional），因而不能被普遍化，而且许多竞争是零和博弈（zero-sum games）或同样会产生输家的净正和博弈（net positive-sum games）。[3] 在这个意义上，斗争和竞争与其说是目标或策略，不如说是个体或群体在处理日常生活事务时产生的副产品。一般来说，人们也谈不上有太多规划和谋略；大多数时候，他们的行为涉及的不是计划，而是"前瞻"（protension），即对未来的导向（orientation），它基于人们掌握游戏 / 比赛的感觉和对偶然性的开放。

有一类竞争的目标是为了融入特定群体，并获取当下被这些群体垄断的益品。这些事物之所以成为追求目标，是由于现在被排除的人想要能够排除别人，也可能仅仅是为了追求平等。当然，被排

[1] 根据哲学中对"正当"（the right）与"善"（the good）的区分，微观政治斗争主要关乎"善"，而对"权利"（rights）的斗争主要是组织化的宏观政治的特征。

[2] 如前文所述，在实践中，对于深受惯习强烈影响的选择与半自觉的评价过程来说，"判断"这一术语可能过于强烈且过于理性化了。

[3] 这并不意味着不平等是不可避免的，因为竞争游戏并不是自然而固定的事物，而是偶然的社会产物，因此可以被改变。

除的人可能一开始是追求平等，一旦融入特定群体后才转而排除别人；平等主义总是更吸引那些仰望较高社会等级的人，而不是俯视较低社会等级的人。尽管如此，自利并非总是占主导地位，许多行为既不是单纯利己的，也不是单纯利他的。

即使有这些限制性条件，社会场域的"斗争"这一说法似乎过于夸张，甚至使之贬值，面临丧失意义的危险。很简单，并非一切都是斗争，因为还有许多诸如和平共处、服从、合作、团结、同情、尊重和慷慨以及相互冷漠等情形。要理解社会生活在多大程度上涉及微观政治的斗争，我们必须首先认识到社会生活中有多少内容不涉及斗争。这一点非常重要，因为我们需要认识到社会生活的道德维度，不仅仅是认识到它本身，也不仅仅是把它当作社会秩序的基础，而且要认识到它是对现有秩序之抵抗的来源之一。只要抵抗是为了实现更公正、良善的生活方式，这两者就是相互关联的。对道德不屑一顾的观点，在激进的学术界尤为常见，它有助于同时阻塞同意（consent）和抵抗。当然，有时候行动者持有的道德观是相当可疑的，比如传统父权制家庭的道德观就是如此：承认道德，不等于认可它所采取的每一种形式。有时，甚至是吸引人的道德品质，例如宽宏大度、接纳他人等，可能会导致压迫继续存在，比如被支配者对支配者所享有的特权表示宽容，就是常见的例子。无论我们是否同意常民的道德情感与道德规范，正如 E. P. 汤普森（E. P. Thompson）所言，它们不仅是同意和服从的核心，还是抵抗支配和不正义的关键（Thompson，1963，1991）。抵抗不是简单源于为权力本身而追求权力，还源于对广义的"益品"的追求。

同样，声称社会场域的秉性、动态和微观政治中存在道德维度，并不是否认同时存在那些与道德无关的、自私的、不道德的甚至是邪恶的维度。正如我们在第二章所述，人的动机通常是混杂的、不一致的。人们既怨恨那些拥有更多文化资本的人摆出势利的姿态，同时又对文化资本较少的人同样势利，这并不罕见。人们往往出于自利而以合乎伦理的方式行事。（行为合乎伦理与否，跟它与自我利益的关系无关。）不应该说支配和不正义是对本质上符合道德的秩序的反常干扰，而应该说日常生活本身就充斥着公正与不公正、善与恶。

布尔迪厄往往基于利益，把与物质商品和象征性秩序相关的社会场域的斗争描述为纯粹的权力游戏。行动者努力捍卫自己的资本，并尽可能地扩大自己的资本。他们能否做到这一点因他们在社会场域中的位置而异。有些人处于增加其经济资本而不是其文化资本的有利位置，反之亦然。对资本的竞争会影响从资本中获得的利润，以及不同形式的资本之间的交换比例。当越来越多的人获得了原来只是少数人专有的"益品"，例如大学学位，那么这种资本形式就会贬值。

> 每个阶级（或阶级中的派系）努力赢得新优势的行为，即获得相对于其他阶级的优势，客观上能重塑阶级之间客观关系的结构……该行为常常会被其他阶级在朝着相同的目标前进时做出的反应所抵消（因此会依次相互抵消）。（Bourdieu，1984，p.157）

甚至那些试图避免竞争的人，也必须采取策略以保存自己的资本，以免资本贬值。根据这种观点，换言之，不管他们是否意识到，也不管他们是否喜欢，每个人都陷入了某种霍布斯式的零和竞争中，目标是为了夺取相对于其他人更多的权力和优势——"一种永久的、躁动的权力欲望，得其一思其二，至死方休。"（Hobbes，转引自 Singer，1993，p.37）。

讽刺的是，完全基于利益和权力的斗争观反倒将斗争本身去政治化（depoliticises）了，因为这种观点忽略了斗争的规范性内容和意涵；虽然布尔迪厄使用的诸如"错误承认"、"象征性暴力"

和"支配"等批判性术语都隐含着不正义，但是在他大多数的早期著作中并没有体现**为了**正义而斗争，甚至从被支配者的角度来看也是这样，而是体现了对资本的中性竞争（neutral competition），其中有赢家和输家，尽管这种竞争是在倾斜的场域中进行的，昨天的赢家和输家很可能就是明天的赢家和输家。要了解不平等、支配、竞争和抵抗，我们必须审视它们为什么对行动者而言是**重要的**。

这似乎有点不公平，毕竟布尔迪厄强调支配者不仅渴望获得权力，还渴望获得正当性（legitimacy），但他避而不谈任何此类为正当性的斗争本身是否正当的问题，因此给人留下了这样一种印象：这只不过是他们进一步增加其权力的一种方式而已。他以一种加密规范性（crypto-normative）的风格暗示这种正当性是可疑的，但他并没有直接论述为何如此。被支配者对于他们受支配的正当性的观点，在很大程度上是根据这些观点的效应来处理的——例如，被支配者拒绝权威，造成支配者对他们产生强烈的反感，结果这一感受被正当化，而被支配者之被社会排斥也获得了证成。这使得行动者抵抗的规范性基础变得模糊不清。不认识到这些问题，我们就无法判断它是否获得证成——我们也无法证成对支配者的负面判断是错误的。（很多人会认为这样的判断是超出社会科学范畴的，但这并不会改变这一事实，即如果我们没有解释清楚涉及的社会关系在哪些方面是不好的，我们就不能正当使用诸如"支配"和"象征性暴力"这样的术语。[1]）从逻辑上说，在人们提及支配问题时，我们可以这样回应："是的，为何不行？——支配有什么问题吗？"实际上，很少有读者会以这种方式做出回应，这就反映了在这些案例中，描述（description）和评价（evaluation）是密不可分的。

---

[1] 第九章将会进一步探讨这些问题。

在《世界的苦难》(Bourdieu et al., 1999) 一书中，接受采访的受压迫者对自身处境的正当性、对关于他们的支配性话语有许多话要说，也为自己的评价提供了理由。这些理由未必完整，也未必前后一致，但指出了使用"惯习"和"掌握了比赛/游戏的感觉"这类概念时容易忽略的方面：人是评价性的存在者；他们遭遇的事情对他们来说很重要；他们无法对每一场比赛/游戏都获得自在的、满意的感觉，也不可能接受所有理据，或接受所有"询唤"(interpellation)。没有任何一种斗争可以化约为对权力或优势的争夺，因为权力或优势只在与"益品"(即被看重的事物、实践和生活方式) 联系在一起时才会存在。如果别人对你所垄断的东西根本毫不在乎，那你就无法对他们行使权力。支配者声称自己拥有的益品比他人优越，出于(1) **非工具性**理由——因为他们认为事实就是如此 (通常确实是如此)；(2) **工具性**理由——因为他人越渴望得到这些益品，支配者就越能从这些益品的垄断中获得更多利益；对他们来说，符合他们利益的做法就是使其目标普遍化，但不普遍化实现这些目标的条件。

在某种层次上，布尔迪厄认识到了这一点，因为他强调社会场域的斗争不只是为了益品，而在于定义何为益品，从而强调了斗争的象征性层面。但他往往用霍布斯式的和工具性术语来表述后面这一维度——无论哪一种益品的定义，只要是最符合特定社会群体的惯习的，或最大程度增加该群体的资本价值的 (上述第 2 种解释)，人们就会为之而斗争。他对比赛/游戏及其"赌注"使用与道德无关的类比，这激发我们把针对益品的争论看作单纯的权力游戏。这掩盖了一个事实，即尽管一些群体确实可能这样做，但他们也为自身有价值的事物而斗争，不论这些事物是否给自己带来高于他人的优势。平等主义的秉性和奋争就从这种非道德 (amoral) 的霍布斯式框架中得到规定。如果被支配者起来抵抗，那么他们隐含的理由也只是想自己成为支配者，而不是想要实现平等并终结支配。同样地，占优势的群体只想保持或扩大自己的优势；没有任何一个占优势的个体或群体会希望自己的优势被平均分享。除非我们承认它们的道德—政治内涵，否则我们会严重误解社会场域斗争的本质和规范性意义。因此，社会场域的微观政治包括父权制、女性主义、保守主义、社会主义、种族主义、反种族主义等诸多元素，其中没有任何一个元素仅仅是工具性的。这些替代性导向不是竞争中的赌注，它们自身就是规范性议程（normative agendas）。它们不只是为了爬到社会的顶端，而且还关乎改变社会秩序的本质。

布尔迪厄倾向于承认这些只在例外情况下发生，是通过导向社会决定因素去自然化（de-naturalising）的政治化的方式实现的，他认为，除非如此，否则社会场域的斗争将仅局限于"竞争性斗争"，亦即"当被支配阶级接受支配阶级提供的赌注……［并］……隐含承认他们追逐那些支配阶级所追求的目标的正当性时，被支配阶级就允许强加给他们的阶级斗争的形式"（Bourdieu，1984，p.165）。因此，他们是为了位置而斗争，而不是为了改变位置本身的性质和结构。将规范性化约为权力斗争的后果之一，是布尔迪厄并没有考虑到这种可能性：支配者追求的目标可能是正当的，因此被支配者在追求这些目标时，并没有受到误导。

提出论证是为了找到真相（或者往低了说是找到可能的真相，或者"往最好的情况想"是能够超越人的自私自利）。在另外的情况下，提出论证是为了战胜他人（"辩论式的"论证），在这种情况下，任何手段都可以采取。试图说服他人接受特定价值观和实践的优越性，通常会遇到这些情形：他们不仅有不同的信仰和秉性，而且其利益也取决于受到反对的实践或情境，因此他们在处理问题时不会接受较佳论证的力量，而是会采取一切手段取胜。例如，任何反对性别歧视的论证都要面临这个问题。如果社会互动方式被看作仿佛一场持续进行的、盛大的、不带偏见的公共研讨会那样，那么毫无疑问，布尔迪厄会对这种描述社会互动的方式有所保留，而且常交流——包括内在交流——的确会出现这类问题，并且可能涉及工具性和非工具性标准、道德—政治标准之间的紧张关系。

这些利益与理性或伦理之间的紧张关系引发的问题，类似 20 世纪 70 年代极"左"政治中的反对派团体所经历过的问题，即强调要夺取权力，还是说服人们相信改革的必要性。过分强调前者，会导致腐化、自我压抑和丧失目标感，而过分强调后者，则会天真地高估对权力讲真理的效果；社会主义者、女性主义者、环保人士等可能在辩论中取胜，但仍然无法对既得利益造成什么影响。

日常生活中的微观政治不仅涉及对资本的追求，还包括对好生活的追求。两者不一定只是利益不同的人之间的差异，这些人出于自利目的而对利益进行合理化。在现代多元社会中，有许多相互竞争的价值体系，其中一些价值体系可能会被内化为"分裂的惯习"（divided habitus），而人们不需要进入政治教育的课堂就会遇到它们。有一位年长妇女是全职家庭主妇，她一直为了这个身份辛苦投入，会面临她已工作的女儿与她有着迥异生活方式的现实，她女儿的生活方式包含更大的自主性，更有机会参与公共生活，不太重视家庭生活，并且对男性有不同的期待。母女双方可能都想了解彼此生活方式的优缺点，以及设想自己如果处在不同的年龄，生活会有怎么样的不同。（无论是母亲还是女儿，都不认为这种思考是女性主义的，但是两人反思的问题与女性主义极为相关。）如果母亲开始接受并尊重女儿的生活方式，她就几乎不可避免地会贬低自己毕生的付出。但与单纯的金钱投入不同，母亲的投入是关乎她一生的"承诺"与品格。同样，在《世界的苦难》一书中，布尔迪厄等人精彩地分析了老年农民所面临的两难处境：由于小农耕作经济式微，他们丧失了经济资本；他们的生活方式也得不到承认，最明显的体现莫过于他们的儿子们不愿意继承农场。虽然此类危机肯定涉及行动者的资本遭到贬值，但它们还关乎究竟什么构成了一种有价值的生活（Bourdieu et al., 1999, pp.38—91 & 507—513）。

102

差异与服从

考虑到不平等会在多条轴线上运行，并涉及多种资本，因此我们不能把社会场域的斗争简单看成是对相同益品的竞争，它还关系到应该如何评价益品的价值。然而，正如我们在第四章所见，不同形式的资本之间的关系不是随机的；在不同形式的资本中会有局部的共变关系（co-variation），它们之间的关系使得社会场域发生分化。社会场域斗争的特点在于这两者的紧张关系：一方面，通过追求不同于支配者所重视的那些益品，以便追求差异，并实现"不同但平等"（different-but-equal）；另一方面，通过追求支配者所重视的益品，即按支配者所设定的条件来获得优势。[1] 这些斗争不仅关乎获得益品的渠道，还在于与他人形成区别；斗争不只是为了融入，也为了排除他人。在最有支配优势的群体外围，许多群体都试图实现这两者，尽管程度有所不同。有些群体比其他群体更加墨守成规。这一"选择"的可能性空间是有限的。如果处于从属地位的人在经济意义和象征意义上都过分依赖在支配者所设定的条件下进行的竞争，争取更多当前受支配者所垄断的和被看重的益品，那胜算就不大。支配者可能进一步限制获得资本的渠道，或转移到排他性更强的益品，从而避免其资本遭到贬值的任何潜在可能性。处于从属地位的人若以这种方式竞争，便相当于放弃了自主性（这种自主性使得处于从属地位的人能够一定程度上摆脱由支配者所设定的条件而带来的压力）——这些机会虽然微少但非常重要。另一方面，过分追求差异同样存在风险，因为这有可能导致自我排除（self-exclusion），令自己无法拥有支配者所享有的益品（这些益品不太可能是虚幻的），这也会促使支配者贬低"替代

---

[1] 这与女性主义者的相同 / 差异之争和伊丽莎白·格罗斯（Elizabeth Gross）提出的女性主义者应该追求自主性而不是平等的主张（因为后者存在一种迎合男性期待的危险）（Gross，1986）非常类似。

性"益品并将其持有者边缘化，从而使他们变得"不同且**不平等**" 103
（different-and-*unequal*）。[1] 此外，正如布尔迪厄所论证，"不同
但平等"的策略比较吸引向下流动的中产阶级，这表明这个策略虽
然本质上试图抵制阶级划分，但注定失败（1984，p.370）。

　　不平等与差异的这种紧张关系，是人们持有不同形式资本的相
关性（correlation）的原因与结果。一个群体不太可能只大量持有
单一类型的资本，这不仅是因为持有一种资本后，容易转换为另一
种资本，还因为除了部分经济资本之外，边缘化的风险限制了高度
依赖范围极为有限的资本的策略，或以非常规的、反文化的方式来
评价益品的策略。出于这些原因，社会场域斗争的特点是，差异与
服从（conformity）之间存在紧张关系，在其中，差异给人提供了
摆脱不平等的希望，但也存在因为被边缘化而转化成不平等指标的
风险。

　　我们可以参考两种极端的假设来阐明竞争的双重性含义：

　　场景 A：不同社会群体就益品的构成达成完全的共识，因此，
　　　　　　竞争或斗争纯粹关乎益品的分配。

　　场景 B：不同社会群体间就"何为益品"存在完全的分歧。

　　在场景 A 中，我们会强烈感受到不平等。场景 B 可能有相反的
含义。如果人们认为不需要就益品达成共识，不同的群体也乐于保
留对分歧的共识，那么他们就没必要直接为了益品而相互竞争了。
自由主义和市场鼓励我们把益品的定义视为单纯偏好的问题，而不
要将其视为对所有社会成员都具有约束力。然而，这未必是一种所
有人都"平等但不同"的局面；财富和权力可能仍存在不平等，在

---

[1] 在一个以不平等和支配为基础的社会之中，这种差异往往受到限制，这种趋势
　　的伦理意涵之一是：支配和不平等大幅减少后，多样性应该得到增加，而不是
　　减少，因为已经不存在感到自己的规范受到挑战的支配阶级。这无疑强化了托
　　尼（R. H. Tawney）的论证——他反驳那些认为一个平等主义的社会缺乏多样
　　性的人。

这种情况下，支配阶级将有更多机会获得他们所定义的益品，而从属阶级则难以获得他们所定义的属于**他们的**益品。只要不同的益品需要同样的资源，竞争就会持续存在。

尽管可能是这样，但以上讨论仅仅提供了纯粹工具性和策略性的观点：它没有说明斗争的合宜性（propriety）。差异可能是好的、中性的或坏的；这完全取决于所涉及的实践是什么样的，服从也是如此。因此，我们需要回到益品（包括有价值的实践和生活方式）评价这个问题上来，这本身就是社会场域斗争的核心。这不仅是一个学术问题，而且关乎人类福祉，因此也有助于深化阶级的道德意义。

人们在看待别人的善观念时——不管是约定俗成的，抑或不同寻常的——往往会毫不在乎，或混夹着警惕而蔑视的情感。后者可能源自对差异未经审视的恐惧，其表现形式为阶级蔑视、种族主义或恐同症等弊病，但也可能源自对特定观念、行为和生活方式较多审视之后（虽说不一定得到证成）的恐惧，并感到对所有人而言，这些观念和实践都是危险的、有悖伦理的。某些差异可能是相互矛盾或相互排斥的。在他们看来，伦理规范，比如那些与对待动物有关的伦理规范，其主张具有内在普遍性，不是个体或群体偏好的事情。许多益品是共同的，而不是个性化的，不仅是因为人们在某些方面类似，而且还因为所有群体都需要相互依存，至少要参与到社会劳动分工中。这种相似性和相互依存性意味着社会场域的斗争将导向场景 A。既然存在共同文化，即便是分属不同文化的人都是同一社会劳动分工的组成部分，那么他们必然强烈倾向于与其他人追求相同的益品。

到目前为止，我们主要是从策略的角度概述了社会场域竞争或斗争的一些核心结构。实际上，我们已经详述了布尔迪厄分析中隐含的内容，还超越了他的部分论述，反驳他以霍布斯主义为主导的观点，基于此，我们承认行动者不仅仅是竞逐那些占据工具性优势的事物，而且也是为了他们认为是美好的事物而奋争。但是，通过探索社会场域斗争的规范性内容，进而摆脱霍布斯主义的框架，还有很长的路要走。我们现在借助对**益品**的分析来完成这项任务。

益品的性质

我们是在非常广泛的意义上使用"益品"一词的，它不仅包括消费品，还包括所有被重视的事物，它可以是制度、社会环境、客观条件（如良好的健康与社会安全），也可以是被重视的实践、关系和生活方式。如果我们要理解社会不平等和社会场域斗争的意义，我们就需要进一步分析其规范性意涵。在本节中，我将通过探讨益品及其评价方式本身的性质，引入某些区分，以此阐明阶级不平等的规范性意义。我希望这些做法能够消除用布尔迪厄的资本概念解释在社会场域的斗争时被掩盖的某些模棱两可的地方。

从最普遍的层面上，重要的是区分两类益品，一种是自身就有价值的益品，另一种是能给持有者带来相对优势的益品。[1] 前者的例子有营养充足、免受疾病之苦或生活在一个友好互助的社群。在其他情况下，益品的价值主要在于其象征性的、相对于他人的优势，最明显的例子就是地位象征物，如劳力士手表。许多事物兼具这两个方面的价值。大学学位的价值既在于在获得学位过程中学习的内在满足感，也在于它给学位持有者在劳动力市场上带来竞争优势。一栋坐落在怡人环境的房子，其价值可能同时在于房子本身及其暗示的地位。从平等主义和社会学的角度来看，理解这些类型的益品及其评价方式在整个社会场域之间的变化方式，将会非常有帮助。

----

[1] 我的这一讨论框架得益于约翰·贝克（John Baker）的建议。

按照布尔迪厄的研究进路，对惯习的关注令人容易想到第一类益品，人们是否喜爱这些益品，是他们的惯习使然。尽管这个观点有其道理，但正如我在第二章中所论证，这个观点属于化约论，因为它忽略了能够超越特定惯习的话语的影响力，也忽略了行动者能够超越他们自己的特定环境，进行抵抗和思考的可能性。而对资本和社会场域斗争的关注，则主要表明了对益品的第二种工具式的、策略式的评价方式，这种评价方式本质上取决于位置。在资本采用具身化形式的情况下，例如某些文化资本，我们可以像布尔迪厄一样把这两个方面融合在一起，不过重要的是区分这两种评价方式和益品。

这种区分绝不仅仅是学术问题；它们还有助于我们寻找对人们的福祉、对其社会特性和政治文化至关重要的差异。例如，这一点我们在教育领域可以看得非常清楚，新自由主义趋势在个人之间和机构之间引发资源竞争，从而产生一种压力，即强调人们追求教育益品，不是为了教育益品本身，而是为了获得由教育益品带来的相对优势。在这一过程中，教育益品（如研究和教学）不再成为目的本身，而成为获得财富和声望的手段，结果教育益品也由此受到损害。

106　　为了辩护上述主张的正当性，我要引入和探讨关于这种区分的两个更具体的版本：其一是区分使用价值与交换价值，其二是区分内在益品和外在益品。前者的区分是关于对事物和实践的功能价值（functional value）的规范性判断；后者则涉及人们以各种方式投入实践和关系中，从中带来不同类型的满足感、技能和成就。接下来，我将简述在这些区分下，几种益品分配不平等的现象，并指出这些不平等对相对剥夺（relative deprivation）现象的意涵。

使用价值与交换价值

使用价值（use-value）和交换价值（exchange-value）涉及两种完全不同的评价方式。我们是从品质的角度（qualitatively）评价使用价值，并根据不同的、通常不可通约的标准，来评价电影、食品、住房或银行服务的品质。因此，对它们评价上的分歧有时指向不同使用价值的不同的标准（Anderson，1993）。这些品质对使用者具有特定的关联或意义，或以新术语来说，就是鲍德里亚（Jean Baudrillard）所说的"符号价值"（sign-value），尽管这个概念并没有什么新意。[1] 评价过程唤起并激发受评价者重视的物品的意义，由于意义始终是社会性的，因此评价具有社会性维度（Anderson，1993），确实，这些关联是我们所重视事物的一部分。[2] 与之相对，交换价值是量化的：在决定一个物品可以换多少另一个物品时，我们将不可比较的事物放在一个单一的尺度上进行比较，而不考虑交换对象之间的品质差异。因此，尽管像绘画和工程这样不同种类的活动的使用价值没有可比性，但与艺术家和工程师相应的资本形式的交换价值却被视为是可通约的（commensurable）。

　　亚里士多德对生产做过一个相关的区分：为使用而生产与为获利而生产（在后者中，作为经济消费的手段——货币——变成了经济活动的目的本身）。卡尔·波兰尼（Karl Polanyi）将其描述为"可能是社会科学史上最有预见的指示物"（Polanyi，1944 [1957]，p.53；另见 Booth，1993）。亚里士多德的这一区分预见了一种转变，这一转变后来在马克思的注解中被概括为从 C-M-C（商品—货币—商品，出售商品而获得货币以便进一步购买商品）

107

[1] 虽然，在鲍德里亚之后，符号价值在人们看来往往超越了使用价值，但这种看法是不合理的，因为商品所指涉的一般来说与它们的使用价值不无关系。商品既有使用价值，也有符号价值。当然，如果商品无法产生交换价值的话，很快就会被停止生产。

[2] 这些关联可能强烈地附着在客体和主体的特征上，比如沙发与放松之间的关系，而其他的看起来可能是任意关联的，比如某一种品牌的牛仔裤和特定的青少年亚文化之间的联系。虽然鲍德里亚在讨论"符号价值"时说到，后一种情况会越来越普遍，但即使承认这一点，也不必想象使用价值不再重要，或使用价值总能与符号价值脱离。

到 M-C-M′（货币—商品—货币′，将货币资本用于生产商品，将其出售以获得更多货币）(Marx，1867：1976)。随着资本主义兴起，在亚里士多德时代只是偶然出现的反常现象或罪恶——经济活动向金钱积累的方向发展——却变成一种要求（Booth，1993）。马克思用使用价值/交换价值的区分，将资本与单纯的机器、原料或厂房区别开来。后者具有使用价值，但只有在获得它们是为了控制他人的劳动、从而获得交换价值时才会变成资本。[1]如果将其应用于布尔迪厄的非经济形式资本，我们就可以看到，实际上，这些资本带来的交换价值或象征性利润才是主要的。

　　毫不令人惊讶的是，在资本主义社会中，不仅益品的生产，甚至连益品的使用都应成为获取抽象的、可转换的社会权力形式的一种手段，尽管不一定是故意为之。此外，正如布尔迪厄所言，对交换价值及其象征性等价物（symbolic equivalents）的竞争扩展到了诸如文化、教育和社会关系等现象。表面上无偏私的行为，如社交活动、品味表达或学习过程等，都会影响个体的社会资本、文化资本和教育资本。它们均可以作为不同形式的资本，并为它们的持有者带来各种形式的优势。它们具有交换价值，尽管各种形式的资本之间的交换比率总是通过社会场域的斗争而受到挑战。它们可以产生利润，并形成软性支配形式。因此，文化资本不仅可以通过像艺术学位这样的正式代表物，还可以通过一些微妙的社会位置指示物来获得标示——某种举止风度和社交自在感（social ease），能够自信且从容地运用所占有的文化益品——这些都为持有者带来优势，不管他是故意的还是非故意的。行动者可以通过建立既实用

---

[1] 讽刺的是，布尔迪厄对其资本形式确实提供了明显是马克思主义的定义，即"当行动者或集体行动者在私人的，亦即在排他的基础上占有的累积劳动（采取物质化的，或'实体化的'的具身形式），这能让他们以物化劳动或活劳动的形式占有社会能量"（1984，p.241）。但他却没有注意到马克思把累积劳动与使用价值和交换价值的区分关联在一起。

又有声望的社交网络来增强其社会资本。他们可能有能力将这些形式的资本转化为其他资本，包括经济资本。值得注意的是，行动者不一定刻意捍卫或扩大自己资本的交换价值，但这种象征性评价不论如何都会发生，并构成社会场域的竞争。布尔迪厄认为对资本的追求主要是为了获利，尽管往往是以非金钱的形式（"象征性利润"），而非为了资本中的使用价值。

　　虽然布尔迪厄使用的资本概念包含许多洞见，但它与资本主义文化本身一样，都倾向于优先考虑交换价值，并忽略它与使用价值的区别。然而，对于解释社会场域不平等和斗争的性质和结构，以及对于行动者和观察者的规范性意义，两者的差异是至关重要的。例如，我们应该坚持"投资"之间的差异：以教育投资为例，一种投资是为了本身的缘故或为了使用价值（例如学习德语），另一种投资是为了提高持有者的社会位置并产生经济或象征性利润（例如学历）。当然，教育的使用价值包括工具性维度——让人能够与说不同语言的人交流，如此等等——还包括可能的内在兴趣，但这不同于旨在获得比他人更多社会优势的工具化行为。就布尔迪厄论述的各种资本形式——包括经济资本、文化资本、教育资本、语言资本、社会资本等——把这些资本与它们相关的实践或益品区分开来，对于解释和批判都是必不可少的。接受教育、聆听音乐、结交朋友可能会给人带来教育资本、文化资本和社会资本，但是把前者等同为后者，即使后者是无意中由前者产生的，这仍然是一个灾难性的错误。

　　资本以及与资本相关的益品或活动之间，还有另一个重要区别：资本是一种取决于位置的益品，即拥有该资本的人越多，其价值就越小（O'Neill，1999），而与资本相关的活动却不一定如此。[1]因此，当越来越多的人拥有学历，作为教育**资本**的学历就

[1]　有些使用价值也是因位置而变的。当道路越来越堵塞，开车的人越多，汽车的使用价值就随之降低了。

随之贬值了，但教育的使用价值**未必**也贬值。无论有多少同类型的数学课，一门特定的数学课仍然具有特殊品质。相反，稀缺性可能增加交换价值，但它无法让某事物带来更多使用价值，除非该事物严格来说是一种取决于位置的益品。这个谬误在"限量版"现象中尤为明显。反过来说，"共同／普遍"（common）这一词语具有双重意涵，其中包含非常明显的假设，即只要是能够普遍获得的事物，其交换价值就非常有限，也由此肯定是劣质品，这一预设同样谬误。然而，正如布尔迪厄表明，它是社会场域斗争的一种关键错觉。

虽然某物的交换价值与其使用价值之间没有必然的联系，但从规范性的角度来看，我们可以期望它们至少具有正相关的关系，因此高交换价值意味着高使用价值。我可能会买一辆宝马汽车来证明自己的成功，但是除非说服其他人认为宝马汽车值得羡慕，否则它就不会成为羡慕的对象。如果宝马汽车性能不稳定，且驾驶体验极差，那么它就不会给车主带来任何与众不同。换句话说，如果宝马汽车没有很高的使用价值，那么它们就不会拥有相应的交换价值，即价格不会那么高，地位也不会那么高。没有这种联系，益品的交换价值或名声就会因缺乏基础而受损，并且会像皇帝的新装一样沦为笑柄。尽管布尔迪厄证明了物品或实践的特殊性质如何与特定的惯习产生共鸣，从而使这一惯习中的人对那些物品和实践产生渴望，并且拥有之后感到自在舒服，但他在对偏好和行为以及象征性支配的解释中，却排除了对物品和实践的品质或使用价值的评价。从特定物品和实践是好是坏这一问题中进行抽象化，这是可疑的。穷人重视的事物就与穷人的惯习相符，而富人重视的事物就与富人的惯习相符——事情不是这么简单。**一般来说**，具有更高交换价值的事物往往具有更多的使用价值，并且在很多情况下，正如我们通过场景 A 的思想实验所讨论的（请参见上文，[边码] 第 103 页），身处社会场域不同部分的群体都**同意**什么是益品的本质，但对获取益品却存在不同的渠道。穷人之所以住破旧的房子，不是因为这符合他们的惯习，而是因为他们买不起更好的住房；而富人住空间宽敞、供暖充足的豪宅，不仅仅是因为这与他们的惯习相适应，而且是因为它的使用价值非常优越，且它的交换价值不成问题。富人偏好这类房子，不只是为了展示优势或象征性利益，因为正如宝马汽车的例子所示，如果房屋的使用价值不佳，持有者的优势就无法持续。穷人不是傻瓜，他们之所以羡慕富人，不是因为受到主流话语的象征性支配的欺骗。当然，劣质物品的地位可能因其与支配群体的关联而"被哄抬"，或者获得额外的交换价值；而且在一些情况下，正如布尔迪厄所强调，事物缺乏明显的效用，也有可能会成为这些斗争中的利害攸关的地方，甚至成为区分的标志——奢侈品就表示优势，说明没有生活必需性方面的压力。在这种情况下，竞争群体和从属群体可能试图通过揭露他人投资之本质的虚假性，来表明它们的交换价值与使用价值无关，从而使他人的资本贬值。因此，我们若不承认判断内在品质或使用价值的作用，我们就无法解释社会场域的斗争是如何运作的。对与众不同的竞争也是对物品和实践的固有价值（intrinsic worth）的争夺，而争夺这一价值的事实本身就意味着它不是纯粹任意的。针对使用价值的**争议**在种类上，与针对交换价值的**争议**是不同的：交换价值的争议的首要考虑因素是工具性的（任何能取得最优"价格"的东西），而关于益品使用价值的争议指向益品自身的品质，例如一门学位课程，如果就其所教授的特定观念和技能而言，它被认定是一门优秀课程，那么**无论**它在教育和就业市场中的交换价值怎么样，它都是一门优秀课程。

　　一项活动的使用价值与相应资本形式的交换价值之间的关系是偶然的，这一点至关重要。虽然我们可能倾向于认为交换价值是或应当是衡量不同的使用价值的合理尺度，但交换价值也可以不随着使用价值的变化而变化——考虑到某些重要利益，这一点并不令

110

人意外。例如，常春藤大学建造得气派非凡，但与其教育质量之间没有必然联系。人们为了捍卫教育资本的价值而宣称或假定的所谓高品质，甚至也可能是伪造的，例如"牛津和剑桥大学文学硕士学位"（Oxbridge MA）。*（拥有牛津和剑桥大学文学学士学位的学生只需等几年，并支付一定费用就可以获得文学硕士学位——有些人为此制造借口，而这正反映了牛津和剑桥大学享有文化特权。）作为教育资本，牛津和剑桥大学文学硕士学位的交换价值是不应得的，因为它缺乏任何相应的教育过程。它的市场价值取决于这个假象的成功：牛津和剑桥大学文学硕士修学年限长于文学学士，还取决于牛津大学和剑桥大学象征性资本的相关交换价值（声望），好像这就可以成为担保。[1]如果我们没有注意到这种承认的虚妄本质，我们就会对实际情况作出错误的描述。换言之，如果没有批判，我们就无法做出解释。

将交换价值视为使用价值的替代品，意味着承认纯粹是主观的，无须从被承认者的行为获得正当性辩护（即"价值的任意褒贬理论"[boo-hooray theory of value]）；名人们之所以有名，只是因为他们已经有名气，而不是因为做了任何值得享有声名的事情，而所谓善好就是任何碰巧受到称赞的东西。用奥斯卡·王尔德（Oscar Wilde）的话来说，这就相当于知道一切事物的价格，却不知道任何事物的价值。从使用价值的角度来看，我们尝试根据事物的品质来评价事物，而资本的交换价值可能受到不相干的关联因素（irrelevant associations）的影响。布尔迪厄不愿意承认无偏私的判断（disinterested judgement），导致他只能局限于交换价值，但他

---

* Oxbridge 是英国牛津大学和剑桥大学的合称，因两校共享许多办学历史和教育建制的共同点，故而具有合作和竞争关系。有时被简称为"牛剑"。——译者注

[1] 许多人知道这是纯粹表面的，但不能将其作为托辞。还有很多人并不知道，并且上当受骗。那些以这样的方式为其制造借口的人可能会反对其他大学也这么做。

的批判意图非常明显，这意味着有必要参照使用价值或固有价值。由于布尔迪厄拒绝这一点，因此削弱了自己的批判。此外，鉴于布尔迪厄热衷于市场经济概念，我们可能会注意他的做法与卢梭、斯密和马克思所指出的趋势形成了共谋关系，即在商业社会中，身份成为一个表象（appearance）问题，脱离于人实际拥有的品质——而后现代主义也参与到这种共谋之中（O'Neill，1999）。

对物质不平等和象征性支配的**批判性**分析，不可避免地要对与各种资本相关的益品的使用价值或内在品质做出评价，例如教育资本中学习的质量或使用价值。它必须区分应得的和不应得的承认或错误承认。当然，任何人试图做出这种区分，都可能被怀疑他正在试图建立一套权威的、甚至是威权主义的判断基础，即一套绝对的价值观。即便如此，我完全认同，对（使用）价值的判断是有争议的。但这并不意味着所有得到承认的主张都具有同等的价值，或者因为与特定的社会位置有关就失去资格，也并不意味着在评价和争论背后总是存在某种隐蔽的动机，导致批判性的区分永远无法被理性证成。逃避规范性判断的"批判理论"，本身便是一个矛盾。

内在益品与外在益品

虽然在布尔迪厄的资本和象征性利润的经济隐喻中加入使用价值和交换价值的区分，是极有帮助的，但是我们还可以通过一组更广泛但相关的概念，即**内在益品和外在益品**的区分来进一步阐明社会场域的斗争以及不平等对行动者的规范性意义。阿拉斯代尔·麦金太尔（Alasdair MacIntyre）在对现代性的批判中介绍了这种区分（MacIntyre，1981，pp.187ff.）。[1]尽管麦金太尔没有

---

[1] 亚当·斯密关于值得赞扬的行为（praiseworthy acts）和赞扬（praise）的区分（下文详述）也隐含了类似的看法（Smith，1759：1984）。

研究这种区分的社会学意涵，但他的看法可以从这种探讨中获益（McMylor，1994）。[1]

内在益品是指内在于个人参与其中的实践的益品，例如具体成就或"卓越"，以及完成复杂技能活动和其他脑力或体力活动之后所带来的满足感。它们可能存在于运动、音乐和其他艺术、学术研究、烹饪等活动中，人们参与其中，能够学习和发展复杂的技能。当我通过这些活动获得并享受内在益品时，它们也可能给我带来赞赏、名望、声望和金钱等外在益品。诸如音乐创作、脑力工作、结交朋友或烹饪等内在益品对于每个人而言都是精细且具体的，但人们通过这些活动而获得的外在益品则与活动的性质无关，尤其在金钱方面更是如此。

麦金太尔对实践提供了一个专门的定义（以下均以"实践*"来表示）：实践*是受自身一套关于卓越（excellence）的标准所控制的社会活动，它的行为与组织的方式使得这些标准成为参与者首要的关切，而不是金钱和地位等外在益品（Keat，2000）。实践者主导并定义他们的内在益品，但这并不排除在定义和辨识益品的过程中内部争论的存在，的确，争论是实践*活力所固有的。这些争论本身受到人们共同接受的一些实践*内部规范的约束，如果失去了这一基础，实践*就会随之分裂或死亡。对益品的内部评价不一定排除实践*以外的、却受其影响的人可能带来的影响。只要实践*构成的是更广泛的劳动分工活动，而非某种自足的活动，那么对内在益品的定义很可能考虑到对外人的服务和责任，尽管经常存在生产者与使用者在利益上的紧张关系。因此，人们可能期望医生在定义医学实践*的内在益品时，会考虑到患者的观点。

在某些案例中，对内在益品和外在益品的追求可以是兼容的，

---

[1] 关于商品化（commodification）概念以及艺术方面的意涵，相关评论参见 Keat，2000。

例如音乐创作或奢侈品消费；在另一些案例里，它们可能是相互排斥的——把结交朋友视为赚钱的手段会破坏友谊。尽管某些实践 * 可能涉及竞争行为，但一方的成功会丰富和扩展该实践 * 的内在益品，从而使其他人受益。例如，布尔迪厄对社会科学这种实践 * 的贡献丰富了其他人可以从中受益的内在益品。但是，与交换价值一样，对外在益品的竞争是零和竞争，或因位置而异，因为不可能让所有人都同时受益；例如，对所有学者都授予"首席学者"称号，根本没有任何意义。

　　麦金太尔倾向于选择一些"崇高的"的实践 * 范例，例如建筑和国际象棋，以及涉及项目计划和有明显的成就的例子，从而重现哲学中经常出现的类似于中产阶级与男性的个体模型，这类个体能够相对自由地从事他的"计划"。而我在使用实践 * 这个概念时，希望既扩大其范围，使其包括社会位置较低的、传统意义上男性特质较弱的项目，以扩大内在益品的类别，使其包括内在于关系的益品，例如友谊或养育子女。

　　这种区分在某种程度上与使用价值和交换价值的区分重叠，并且这两种区分都具有某些特性和规范性涵，但是它们之间也存在多种差异。首先，使用价值 / 交换价值是商品的特性，但内在益品和外在益品可能与商品无关。的确，它们可能与友谊这类的不可商品化的事物有关。其次，内在益品关注的不是人们从事物中可能得到的东西（例如我们从汽车中获得的机动性），而是我们通过有规律地、持之以恒地参与各种活动，从中发展出的技能与卓越。虽然一般来说，获得成就令人满意，但是"内在益品"主要是指成就或卓越本身。第三，人们有时可能会争辩说，某物的使用价值不仅包括提供获取内在益品的渠道的可能性，还包括提升外在益品的可能性，如名车就是如此，其使用价值往往会横跨内在益品或外在益品之分。第四，虽然内在益品可以使人们获得包括金钱在内的外在益品，但它们与大多数使用价值不同，因为它们通常不能通过交换而被转让（alienated）出来。因此，在某些方面，内在益品和外在益品的概念比使用价值和交换价值的概念更广泛，因为它们涉及活动、技能、成就、情感和承认，而不只与经济商品相关。但另一方面，在其他方面，由于使用价值或交换价值的区分更简单，因此它们也更广泛，因为它们超越了实践＊，并且可以应用于更简单的活动，例如市场交换和使用世俗产品（mundane goods）。鉴于这些差异，我有时会根据语境使用内在益品和外在益品的概念，而非价值和交换价值，尽管在某些语境下这两者都适用。

尽管追求内在益品和外在益品不一定不能兼容，但是两者的规范性意涵却大不相同。像亚当·斯密一样，麦金太尔认为外在益品是真正的益品，"任何对此表示鄙视的人……都带有某些伪善"（1981，p.196）；[1] 但是，同斯密一样，他认为外在益品恰当地与内在益品联系在一起，并寄生在内在益品之上（另见 O'Neill，1999）。当我们根据内在益品来评价一项研究计划时，我们主要聚焦在研究方法的品质、对理论的运用等方面。若根据外在益品进行评价，我们会询问资助数额有多少，宣传力度有多大等。我们希望后者与内在益品成正比；一项研究计划若是设计粗率、理论支撑不足、纯属堆砌数据，那么它就不应获得赞誉或资助，而经过精心设计、有充足理论支持的项目则应该获得赞誉和资助。[2] 亚当·斯密认为，内在益品（或"值得称赞的行为"）即使没有人夸奖也是好的（Smith，1759：1984）。当一个老师设法教孩子阅读，两人都获得了内在益品，不论他们俩是否获得任何称赞，尽管我们当然希望他们受到称赞。在这些方面，内在益品和外在益品的规范性意

[1] 正如利希滕贝格（Lichtenberg，1998）也指出，我们通常认为，若一个人完全无视他人对自己的看法，他肯定在心理上是有问题的。

[2] 有些人可能会反对说："精心设计"之类的描述仅仅是外部描述，但重点不在这里，因为所有描述在一定的意义上来说当然是"外部的"；重点在于我们所讨论的（与学习有关的）益品内在于研究实践之中，而名声则不是；有名声固然令人愉悦，但没有名声，研究一样可以进行。

涵与使用价值和交换价值的规范性意涵是相似的。作为社会性存在者，我们需要他人的承认：问题是，承认的目的是什么？或者换个更有挑衅性的说法：获得与真正的内在益品无关的、不应得的收入和地位，这里面是否有任何问题？[1] 许多评价者担心，随着资本主义的兴起，文化走向高度商品化，这会让外在益品变得优先于内在益品。

　　同样重要的是，承认或外部赞同是来自谁：与新手或对实践 * 一无所知的人相比，那些出自在实践 * 中表现卓越的人的赞同更值得重视（O'Neill，1999）。我们想知道，我们的作为是否"真的"很特别，还是人家只是奉承或屈尊施与罢了：把金牌颁给那些对实践 * 成就甚微的人，这块金牌自然就会贬值。在缺乏相匹配的内在益品的情况下，却赢得外在益品，这无异于是一场空洞的胜利，这会使人沉浸在别人虚伪的，或真诚但错误的赞美中，明知自己并不配享奖赏，也不能实现拥有内在益品的满足感。这再次说明，相比外在益品，内在益品更为根本。我们想得到外在益品，但我们也想配得上它们。

　　要对他人的成就做出评价或承认，首先要有专业知识，这一简单但重要的观点在承认的社会理论中经常被忽视。由于特定的实践 * 在社会场域中具有在地化（localisation）的特点，以及由于它与特定惯习的联系，那些有资格对他人做出评价的人通常来自相似的社会群体。人们共同参与在地化的实践 *，从中形成的相互承认有助于在阶级和性别文化中建立团结（solidarity）。在其他情况下，当专家的社会位置较高，他们的评价就有可能带有屈尊俯就的意味。有时候，专家占据的位置可能较低：以足球运动为例，它拥有以工人阶级为主导的位置和知识基础，许多更接近中产阶级的球

115

---

[1] 社会场域的微观政治往往涉及通过攻击内在益品的品质，从而挑战与实践 * 相关的外在益品。因此，女性主义会挑战宣称具有男性特质和女性特质的品质或内在益品。

迷往往因为对这项运动相对无知，而成为传统球迷打趣和嘲弄的对象。然而，尽管有这些社会学方面的因素，但从承认成就的角度来看，重要的是评价者的专业知识，而不是其社会位置。

外在益品对内在益品的依赖性也有一个部分的例外，即金钱这样一种外在益品。获得金钱甚至不需要任何成就、卓越表现或认可，即使这些有时确实会带来报酬或现金馈赠。在资本主义经济中，人们在市场中的收益和损失之分配与稀缺和需求模式中的运气有关，而非与功绩和贡献有关。其次，金钱也很特殊，因为它不带任何色彩，具有流动性或可转让性，因此即便我们收到金钱作为对某些值得嘉许的行为的奖励或报酬，它也没有带有任何关于奖励对象的痕迹。这就是为什么比赛和颁奖通常不单单奖励金钱，还有不能变现的奖杯。奖杯的特殊性和不可转让性明确标志着它们所奖励的特定成就。任何人都可以获得金钱，但只有非常特殊的人才可以获得诺贝尔奖或奥林匹克奖牌。[1]

鉴于货币的重要性日渐增长，资本主义倾向于赚钱而不是创造使用价值（后者只是实现前者的一种手段），因此也难怪许多评论家担心，不管内在益品如何，外在益品都会被看重，且外观和印象管理变得比从事有价值的事情更重要。一些作者，比如亚当·斯密和托斯丹·凡勃伦（Thorstein Veblen）认为消费活动会完全被赢得羡慕、声望和地位的欲望所驱动，但他们有些过于悲观了。许多消费是被人们想获取内在益品的愿望推动的：想要成为厨师的人购

116

---

[1] "在目的王国中，一切东西要么有一种**价格**（*price*），要么有一种**尊严**（*dignity*）。有一种价格的东西，某种别的东西可以作为等价物取而代之；与此相反，超越一切价格、从而不容有等价物的东西，则具有一种尊严。"（I. Kant, *Groundwork of the Metaphysics of Morals*，转引自 Lewis White Beck [ed.]，*Kant Selections* [New York：Macmillan，1988]，p.277。）（译者注：此处中文译文来自《康德著作全集》第 4 卷，李秋零主编，中国人民大学出版社 2005 年版，第443 页。）

买烹饪设备，以烹调出更多样的菜肴；初为父母者投入金钱购买玩具，想让孩子用它们来丰富自己的经验（Sayer，2003）。

除了内在益品，麦金太尔意义上的实践通常也具有某些危害、"必要之恶"（necessary evils）或其他负面特点。并非所有的负面特点都是可以避免的。令人满意的工作也可能危及身体健康。众所周知，养育子女通常不仅涉及内在益品，父母还有可能对孩子发脾气，甚至失去自主性。与这种负面特点相关的内在益品，其质量通常取决于个人对某一特定活动的投入程度。以照顾活动为例，对照顾者来说，他做得越多，照顾活动的可欲性就越逐渐被自我牺牲（self-abnegation）和自主性的丧失等消极特征所抵消（Sevenhuijsen，1998）。在某些情况下，除非有其他人共同参与这些活动，否则该活动的内在益品可能会被否定。由于实践 * 中活动和关系有着典型的性别化模式，因此益品的分配就成为性别秩序批判的关注点之一。

我们可以从实践 * 的内部，或根据对社会生活的贡献程度，比较它们与其他实践 *，从而作出评价。尽管一般做法是以一些可能会获得广泛认可的实践 * 作为例子，但某些具有争议性的、令人反感的活动也可能符合麦金太尔所定义的实践 * 的正式标准。[1]（一个极端的例子是恋童癖：我们非常容易看出其不道德和不公正，以及恋童者为自身行为的正当性进行辩护的不妥之处。）因此，极为重要的是，使用"内在益品"这一术语，并不意味着对此类益品的具体案例所具有的价值提出任何特定的主张。此外，在比较不同的实践 * 时，外部效应以及个体和社会如何权衡各自的优先选择，都会起到作用。即使某个特定的实践 * 受到广泛重视，仍然存在这样一些问题，例如如何使它更广泛地适用于个体生活和社会生活。个

---

[1] 感谢尼克·克罗斯利（Nick Crossley）指出这一点。

人对实践＊的态度不仅受到内在益品评价的影响，还会受到参与其中的机会成本的影响，包括考虑到自己对他人的责任。他们可能会考虑自己相对于他人有资格享有的权利，或自私地最大化他们的自身利益。尽管这些议题很世俗化（mundane），但对个人政治（personal politics）而言非常重要，也会影响个体和社会福祉。正如亚里士多德所说，追求好生活不仅仅要把某种内在益品或内在益品的总量最大化，还涉及在不同实践＊与其他活动和关系之间，试图达到某种令人满意的平衡。近来人们非常关心工作狂、时间贫乏，以及许多社会政策都倾向于以男性养家模式的规范为目标等问题，很明显，我们很难在这几者之间找到平衡点。不仅获取特定益品的渠道与承担"必要之恶"的负担上存在不平等，而且个体和社会群体在实现平衡之可能性上也存在不平等。在这种情况下，限制工作时间过长的政策至关重要。

布尔迪厄在他对资本的定义中，只是偶尔区分这两类益品，尽管在他详细分析某些特定益品时已经暗含了这种区分（比如，在讨论教育资本时，他有时区分通过教育而习得的能力与偶然附着于这些能力的外部奖励［例如1984，p.88］）。社会场域斗争最重要的一个特征就是，它们不仅是为了获得支配地位，或为了在地位等级上获得相对位置，也关乎为了过自己想要的生活而斗争。不平等与支配有赖于控制那些获取内在益品和外在益品的渠道，因为要是没有内在益品，不仅象征性支配会变得脆弱不堪，而且竞争和斗争也会变得毫无意义。或者用韦伯的话来说，如果社会群体的斗争结果没有给予它们获取内在益品和使用价值的特权，那么将毫无意义。即使斗争主要是为了追求金钱这种外在益品，这反过来也是获得使用价值和内在益品的一种渠道，而其中有一些使用价值和内在益品则可能本身就是目的。

在审视了内在益品和外在益品的不同评价方式之后，现在我们可以探讨它们在整个社会场域中是如何分配的。

不平等与内在益品和外在益品的分配

对实践＊的参与往往会因阶级、性别、种族、年龄和其他社会划分而有很大差异。实践＊的社会学维度之所以重要，正是因为它们对行动者来说是内在益品和外在益品的重要来源。纯粹的资源不平等固然重要，但人们最重要的不平等，是那些极大影响到他们所追求的生活，所重视的事物、关系和实践＊的不平等。这些不平等会影响阿玛蒂亚·森（Amartya Sen）所谓的"可行能力"（capabilities）（Sen，1992，1999），即人们能参与他们有理由重视的各种生活方式的能力。因此，使用价值和内在益品具有重要意义。收入和财富上的不平等，只是粗略对应于获取内在益品渠道上的不平等，因为虽然许多内在益品确实需要花费，但其他内在益品更多地取决于时间和关系：在某种程度上，这些是人们通过自己的努力而创造的。在这个方面，民间有句俗话说得好："投入越多，收获越多。"（内在益品和外在益品**皆是**如此）然而，在获得其内在有这种关系运作着的活动和制度的渠道上，可能存在巨大的不平等。它们的分配可能与文化资本、社会资本和教育资本的分配有关。

某些类型的工作，无论是否有报酬，可以是内在益品或外部承认的来源，但许多工作既没有带来内在益品和外部承认，且可能极为单调乏味，完全不令人满意。并不是每一种工作都可以转变为实践＊，并带来满足感，当然，尽管是这样，这也不能表明我们有正当理由把一些人束缚在枯燥的工作中，而让另一些人享受有趣的工作。值得注意的是，研究表明这些不平等会影响个体的认知能力：从事有趣工作，人的能力就会得到增强，而做乏味工作，人的能力就会下降。这意味着工作品质也会影响个体在闲暇时间中的能力，从而在享用内在益品的能力方面又进一步扩大了不平等（Murphy，1993）。换句话说，这强调了按**品质**的劳动分工的重要性：即分配不同种类的工作（包括有偿和无偿），工作带来获取内在益品（如果有的话）的渠道，以及从内在益品引出的承认这一外在益品。某些作者认为，比起收入上的差异对个人幸福和福祉的影响，工作品质的差异带来的影响更大，但穷人除外，因为穷人优先考虑的当然是赚取更多收入。换言之，一旦收入达到一定水准之后，内在益品对我们的福祉影响最大。正如罗伯特·莱恩（Robert Lane）对市场的经验研究的主要评述所表明的，在富裕国家中，只有对最贫穷的五分之一人口来说，财富的增加才会与幸福感的增加有关（这也是亚当·斯密在《国富论》中推测出的结论［Smith, 1776：1976］）（Lane, 1991, 1998；另见 Murphy, 1993）。

不同群体对特定益品或实践*的品味、偏好和评价并非仅仅是宣传、支配性话语或历史事件影响的产物，而是与他们的惯习有关，正如布尔迪厄指出，这些惯习令他们倾向于从事某些实践*而非其他类型。实践*在阶级和性别方面的分化，既是社会不平等的主要原因，也是其主要结果。因此，内在益品在社会场域中的分配无论在量上还是在质上均有所差别。然而，虽然在价值观念上存在差别，但社会场域的斗争之所以激烈，恰恰是因为人们对益品和实践*的评价有高度重叠或共同之处，这些益品和实践*（a）不论人们的阶级或性别如何，都对他们的福祉很重要，（b）但分配却极为不均。试图淡化这些不平等的影响，将其仅仅视为生活方式上的差异——仿佛是人们自由选择了不平等，而且是值得庆贺的差异——这是保守主义最明显虚伪的修辞策略之一。

与此同时，《区分》一书中的经验结果表明，特定实践*与社会场域的某些部分之间，只有近似的对应关系（Bourdieu, 1984）。这是预料之中的。行动者可以通过沉浸在一个新的环境来改变自己的惯习。他们有时可能想要跨越与特定实践*相关联的社会界限。人们不是不知道，一个工人阶级少年会渴望成为一名医生，尽管她必须克服重重社会差距。布尔迪厄可能会说，这与她的地位一点也不矛盾，而且是完全可以预见的。来自贫困家庭的孩子怀有一些"不切实际"的志向，而这可能与他们的社会定位并不矛盾，因为与中产阶级孩子不同，他们的社会位置没有为他们指出明确的职业道路，因此他们要么是听天由命，屈从于前途黯淡的职业，要么固守"不切实际"的远大抱负。然而，不管是否不切实际，该名少年可能还是会不顾种种社会障碍，受她所追求的实践 * 的内在益品吸引；而且她可能对这些益品是什么有所了解，不管她是否可能低估了阶级障碍（与性别障碍），或未能承认这些障碍客观存在，她只是想挑战一番。与其他情况一样，用社会学化约论解释这种行为，就会忽略弱势群体有可能理解并希望挑战自身劣势的这一可能性，这种解释带有贬损人的意味，并让我们十分不适地近距离接触精英主义的嘲弄。就算她最后很有可能无法企及这一实践 *，但她的渴望本身非常重要，因为这表明了行动者自己对实践 * 及其内在益品的评价不能完全用社会学化约论去解释。恰恰是因为这类实践 * 包含能带来成就感、社会价值以及道德目的的益品，一些来自不太可能的出身背景的人就会想要追求这些实践 *。而这又为社会场域的微观政治斗争提供了基础。行动者对通常位于有别于自己所处位置的社会场域中的实践 * 的评价不一定是负面的；如果总是负面的评价，正如我们先前所见，垄断这些实践 * 的人的支配地位就会被削弱。

　　根据以上对内在益品和外在益品分配的探讨，可以得出三个重要意涵。首先，由于内在益品和外在益品之间存在不对称关系（外在益品适当地寄生在内在益品上，但反之则不然），而且具有不同的规范性意涵，内在益品的分配可以说比外在益品的分配更重要。

　　其次，由于内在益品的实现只是部分取决于收入和其他的外在益品，因此许多人虽然没有太多的经济资本或其他资本，但有足够的收入和时间去享受一些内在益品，他们可能就会很满足，这或许是正当的。布尔迪厄将内在益品和使用价值化约为以资本形式呈现的交换价值，这种处理的问题之一在于，它不单展现了一幅完全灰暗的图景，即工人阶级的文化毫无乐趣和成就感可言，而且在这样做的时候，它没有认识到人们为什么不会更激烈抵抗不平等的其中一个原因。正如安杰拉·麦克罗比（Angela McRobbie）在评论《世界的苦难》时所言，这类议题在文化研究中已经有大量研究（McRobbie，2002），我们完全可以承认这一点，而无须自以为是地对不平等进行开脱，也无须居高临下地理想化工人阶级的文化。

第三，它有助于我们批判"资本主义中的消费以虚荣和追求地位为基础"这一观点（亚当·斯密和休谟最先注意到这一点，后来凡勃伦又丰富了这一观点），因为许多消费都是以使用价值和实践*为目标，消费支持这些使用价值和实践*，人们也是为了这些事物本身而去追求它们。可以肯定的是，把交换价值视作衡量使用价值的良好标准，这符合生产者和销售者的利益，也符合那些虚荣之徒的利益，他们假装自己所拥有和消费的物品反映了自己的个人价值，就像亚当·斯密和卢梭这些早期评论家所担忧的那样。但社会场域中针对消费的斗争不只是为了交换价值，或不同类型资本的交换比率。正如朱迪思·利希滕贝格（Judith Lichtenberg，1998）指出，因为别人消费，自己也跟着消费，这不一定是为了展示比他人更高的优越感，而是为了避免羞耻感，并获得与他人一样的平等地位。根据凡勃伦，这看似属于地位之争，但从相对剥夺的理论来看，则有所不同。[1]

人们通常根据特定参照群体（reference groups）对益品和实践*进行评价，而这些群体或拥有或缺乏这些益品和实践*：相比缺少参照群体其他人所拥有的益品，缺少他们同样缺少的益品似乎没有那么令人困扰（Runciman，1966）。至于是**哪些**其他人或隐含

---

[1] 在实践中，正如风格法西斯主义（style fascism）所暗示的，事情可能更加的含糊不清，因为与同侪平等，可能是想显示自己高于非同侪的优越感。

或明显地参与到我们的评价，则可能会随着具体益品的不同而变
化。有些益品非常普遍，在许多文化中都很常见，有些只存在于
特定的亚文化或实践＊中。因此，在涉及对益品的评价上，存在与
之相关的参照群体的某种社会学和社会地理学。通过改变我们的视
野和参照群体，我们就随之改变对相对剥夺或相对优势的感受。被
排除的人可能一方面嫉妒条件优渥的人，另一方面又想和那些与自
己有更多共通点的人交往，以避免产生匮乏感，从而陷入某种撕裂
中。社会场域的斗争包含了这两者。虽然在现代性的维度上，存在
多重的、重叠的参照群体，但我们却有不同程度的自由来选择它
们——这本身就是不平等的来源。

　　正如布尔迪厄所强调，对于那些被排除在某些益品之外的人
来说，他们一般都会拒绝接受他们已经被拒绝给予的东西。但他没
有注意到的是，他们这样做不仅招来了支配者的蔑视，**也加强了他
们拒绝接受有价值的内在益品，而这些内在益品的价值是与支配者
是否碰巧重视它们无关的**。分配上的不平等比随之出现的象征性支
配更为重要。不平等意味着从属者客观上缺乏受尊重的基础。因
此，面对这种不平等，任何他们所得到的尊重要么缺乏根基，要么
受到社会和经济障碍的限制。不论如何，这注定是一种屈尊俯就的
尊重。

　　说某个群体客观上缺乏受尊重的根基，这种评论颇带怪异的
审判之意，而且不符合大众文化以及某些社会学相对主义和唯心主
义的要义，它们倾向于片面认为，所有判断都反映了判断者的社会
位置，与他们所判断的益品的品质毫无关系。面对是否要批判由阶
级造成的内在益品的分配不平等（这也意味着外在益品的分配不平
等），许多人已经做出决定：更可取的做法是给予平等的尊重，而
不是去面对这一事实：即获得内在益品渠道上的不平等令所谓的平
等尊重变得极为虚伪。这就好像指出阶级劣势和阶级优势这一做法
本身成了某种势利，而不是在承认阶级不平等中的不道德。（右派

时常拿这一点来嘲讽平等主义者。）这就好比在某些领域，我们更想给所有人一种虚假的平等承认，而不是建立一种更公平的分配制度，让人们能够真正地获得内在益品，从而保证人们获得真正的平等承认。与此同时，在功绩主义占主导地位的其他领域中，我们寻求更精细的方法，能够根据功绩对人们进行排序，同时不考虑他们在参与这类竞争时，获取所需要的资源在渠道上是不平等的。尽管虚假的平等尊重和功绩主义这两种意识形态表面上看是相互对立的，但两者都不愿直面在获取内在益品和支持它们所需的资源方面的不平等现象。

122 "高雅"和"善"

社会场域的特征不仅在于商品、内在益品和外在益品的分配不均，而且还在于对使用价值、实践 *、内在益品，以及对与它们相关的人进行评价时，会根据其社会位置，产生某些偏见。这些偏见涉及高估与支配者相关的事物，并低估与被支配者相关的事物，尽管这种偏见有时会反过来。这不仅适用于阶级和性别，也适用于其他的社会划分，如年龄和族群等。因此，相对心智技能（mental skills）和"男人的工作"而言，女性化的手工技能和工作获得了更低的评价。由此产生的效应好比是双刃剑：一方面，这似乎意味着，不同群体的能力在价值方面的不平等被夸大了，因为如果我们意识到这一点，我们就能看到事情并没有看起来这么糟，这是因为使用价值和内在益品的分配不平等，并不像反映承认的外在益品的分配不平等那么严重；另一方面，考虑到承认对人们极为重要，因此可以说，上述现象会造成错误承认的效应，从而使使用价值和内在益品的不平等分配所造成的后果更加恶化。

就阶级而言，我们可以借助审视"高雅"（the posh）一词的含义，进而阐明这种趋势的影响。[1]"高雅"是上流阶级地位的标志，它的出现形式包括高雅的口音、高档汽车、奢华的婚礼等。关键是要理解，"高雅"只是在偶然的条件下才与善（the good）相对应，但人们在使用这个词的时候，由于其意义经过了双重滑移（a double slippage）而掩盖了这一点：首先从它和上层/中产阶级的关联转向它与品质与价值的关联，其次是从它与品质和价值的关联又回到它与其所有者的关联，所以"高雅"不仅等同于高档产品，而且等同于以某种方式被认为是高人一等的人。两者都可以被称为"光环效应"（aura effects）。第一种意义滑移并不令人奇怪，因为比较昂贵的特殊商品通常优于廉价商品，而且只有富人才能负担得起。第二种意义滑移是从商品的优越品质到其所有者的优越性，这是资本主义消费文化的核心，并且被广告无休无止地加以利用。[2]尽管不少人可能对此保持怀疑，但仍会情不自禁地陷入这个错觉之中，而且同侪压力可能也会促使他们这么做。虽然亚当·斯密和休谟提出强烈的批评，认为这不过是一种虚荣（vanity），但重点是，如今已经很少有人指责虚荣了——似乎这种指责已经过时，而且也是不必要的"道德说教"。然而，在广告的推动下，大量消费活动的背后都受到想成为别人嫉妒对象这一欲望的影响。最近一些流行的问题也揭示了这个谎言，比如："你的衣品/汽车等展现了一个什么样的你？"这里，审美判断不只是"生活方式"的指标，而且还是个人价值的指标，包括能力、优先选择项和个性等方面，或者更简单来说，这里的审美判断是指在社会场

123

---

[1] 据说"高雅"（posh）这个词来自从英国往返印度的蒸汽船的时代，当时上层阶级在去程通常挑选"左舷"（Port）的舱位，在回程挑选"右舷"（Starboard）的舱位，保证往返都在阴凉处。"上等"（classy）是个很有意思的同义词。

[2] 实际上，通过（正确地）否定高雅的就一定是善的来拒绝这种滑移，仍然不能撼动阶级的等级之分，只是对其从象征性支配中获得的支持提出了挑战。富人或许会丧失部分他人的尊重，但他们仍然可以保有不成比例的财富。再次强调，在与阶级有关的地方，承认只会对分配产生次要的影响。

域中的位置——这被我们当作所有这些事物的指标。[1]

在使用"普通"（common）一词时，我们会发现同样的模糊性和意义滑移，就好像任何广泛分配的事物会自动地低人一等，甚至还被认定是粗俗的，而任何稀有的（排他性的）事物一定会自动地高人一等。许多关于阶级的委婉语，例如"谈吐得体"、"家世良好"或"家世艰苦"（rough），其功能都是通过表面中立的功绩判断来掩盖其地位。

在社会场域的言语和非言语互动中，充斥着微妙与不那么微妙的"阶级蔑视"（Reay，1998a）和"他者化"的现象，它们对口音、举止、外表、衣着和财产的标志极为敏感。虽然这些可能是由个人风格和审美品味的差异而引起的，但久而久之，它们便渗透进道德价值的判断之中，其中最为明显的是中产阶级对工人阶级女性外表的评论（Skeggs，1997）。将人描述为"普通的"或"粗俗的"（rough），便带有道德意涵。如果我们忽略社会场域竞争和斗争中的等级结构之本质，我们便有可能作出错误的解读，将底层人民为获得尊重（respect）和可敬（respectability）[2] 的斗争与受虚荣心所驱使为了优势的争夺混为一谈，或者将其简单地看作是"差异"或"生活方式"的表现。

当被支配者与上层阶级人士打交道时，感受到压力而试图以高雅的方式交谈，当他们超出自己的支付能力而举办一场婚礼，当他们不想自己外表看起来显得很"寒酸"，如此等等，他们的这些做法都是为了争取承认，这是可理解的，但注定无法赢得尊重，也不能证明"与他们一样好"。"身份的建构"不仅仅与生活方式的美学有关，而且还与道德价值和承认有关。上述斗争之所以注定失败，是因为在这场斗争中，底层人民不被允许获胜，而且，倘若根据一

[1] 然而，如前文所述，并非所有社会场域中的斗争都是受追求相对优势的动力所驱使的。

[2] 后文我将提到，追求尊重和可敬不是一回事。

个人的元音发音是否是平的、婚礼穿什么样的衣服、住得起什么地方等来评判个人的道德价值，无论如何都是非理性的。然而，这又是可以理解的，因为我们都需要得到承认——如果不是更优越，也要是平等的。

当然，"高雅"与"善"之间的偶然关系并不意味着任何高雅的事物不能同时是善好的事物；例如，社会理论是高雅的，但它也可以是善的（尽管值得追问的是，社会理论有时是否只是高雅而已！）。同样地，普通的事物其实可能确实是恶的。挑战"高雅"与"善"、"普通"与"恶"的混淆所涉及的象征性支配关系，并不是要否认这两者有被等同的可能性。就文化而言，对高雅文化和低俗文化之间等级的划分正在被减弱，并且文化杂食性（cultural omnivorousness）正在兴起，对这些现象的某种乐观主义解释是，这表明人们越来越愿意评价文化益品，而不管与阶级的联系如何，尽管这实际上只是拓宽了中产阶级可获得益品的范围，而无法减弱象征性支配和不平等。[1]后一种可能性提醒我们，就社会场域的斗争而言，行动者的意图通常不是主张或质疑象征性支配。这些斗争部分是关乎追求行动者重视的事物和生活方式，不管它们对不平等和象征性支配的再生产有何影响，尽管他们的行为无意间会证实、加重或削弱这些现象。布尔迪厄强调，支配会在无意间被再生产出来，但它也可能在无意间被削弱。

如前所述，仅仅因为支配者重视某些事物，人们就贬低和拒绝它们，这是不理性的，这不仅是出于后果主义（consequentialist）的理由，即这样做有可能是确认而非挑战自己被排除和受压制的处境，而且也因为这种反应绕开了那些事物是否具有真正价值的问题。在保罗·威利斯（Paul Willis）广受好评的《学做工：工人阶

124

---

[1] 沃德等人（Warde et al., 2003）对英国文化杂食性的经验研究表明，这种文化现象主要局限于特权阶级，而不是一种遍及所有人的趋势。另见 Skeggs, 2004。

级子弟为何继承父业》(*Learning to Labour: How Working Class Kids Get Working Class Jobs*) 一书中,"工人阶级小伙子"拒绝关于教育价值的主流准则,从而断送了自己的前途,这不只是因为他们招致支配者去拒绝他们,还因为他们错失了获得教育之内在益品的机会(Willis, 1977)。教育本身是有价值的,因为无论它是否能给我们带来交换价值,它都丰富了我们过一个欣欣向荣生活的能力。只有当支配者所看重的事物其使用价值或内在益品确实毫无价值或被高估时,我们不重视这些事物,这才是理性的。这个逻辑同样适用于拒绝那些与被支配者相关的事物。

125 　　然而,必须承认,即便我们想不偏不倚地对待益品,我们也很难避免产生这些关联,无论是与支配者或与被支配者的关联。例如,我非常享受听 4 号电台的古典音乐或政治讨论节目,但经常被节目中的高雅口音破坏心情,因为这样的口音与优越感、自大、傲慢、屈尊俯就关联在一起。正如布尔迪厄所证明的,这些特征不单是偶然地、约定俗成地与社会场域中的不同位置相关联,而是惯习形成过程中的效应,这些惯习反过来又反映了人们在社会场域中的位置。这意味着,当"善"被(错误地)等同于"高雅"的时候,它们就与远离生活必需性联系在一起。因此,历史学和古典学比工程学或地理学更受重视,并且在社会科学中,针对文化资本的理论著述比政策研究更为重要,而且,正如布尔迪厄所表明,在这些领域中,学生和学者的社会背景也存在相应的差异(Bourdieu, 1988)。

　　虽然(且由于)阶级和其他的不平等一直以来非常重要,但有些人可能希望摆脱身份地位的标记,并以他们认为能够逃离这些关联的方式去生活。对布尔迪厄来说,认为可以通过消费选择来摆脱我们的社会位置标记的想法完全是一个幻象——这是一个"飞向上层阶级的美梦,一场绝望抵抗社会场域引力的奋争"(Bourdieu, 1984, p.370)。当然,这类尝试失败的几率很高。这既是因为很难改变一个人的惯习，也是因为象征性支配涉及承认和错误承认的多边关系，而这种关系不大可能从单方面得到改变。甚至那些不想竞争的人，也会被视为竞争对手。尽管如此，从规范性的角度来看（可能存在于常民的动机中），摆脱人们因阶级和其他统治关系而扭曲的判断的影响，这一梦想仍然是平等主义的核心（Tawney，1952）。这可以说是一种把"善"与纯粹的"高雅"区分开来，并且不管这些扭曲而追求内在益品的欲望。

有关"高雅"和"善"的论证同样适用于性别，为了避免双重标准，我们需要把纯粹的男性特质或女性特质与"善"区分开来。正如"高雅"有时是"善"一样，某些传统上视为男性特质的或女性特质的行为也可能是善的。因此，当我们看重以特定方式被性别化的行为时，不一定是**因为**性别（确实，从规范性的角度来看也不应该如此）。因此医院重视护理人员的照顾行为，不是因为护理是女性特质的行为，而是因为护理是他们要提供的服务。同样地，会计行业之所以重视形式理性，不是因为它被定义为男性特质的行为，而是因为形式理性是他们的业务内容。

从规范性的角度来看，重要的问题不是 X 是否是"高雅的"、"善的"、"男性特质的"或"女性特质的"，而是不管这些联系如何，X 本身是否是善的。[1] 此外，以这种方式被判断为善的事物和行为若是被一个阶级或性别垄断的话，应该要重新分配或去性别化；而那些被判断为恶的事物和行为，若与特定阶级或性别相关，那就应该被终止，而不是被重新分配。平等主义者在阶级方面的希望一定是：不平等现象可以减少到这样一个地步，即行为的阶级分化已不再重要，而人们得到的判断不再受到这种扭曲的影响。要注意的是，不平等现象的大幅度减少，不一定会损害差异的范围；相

126

[1]相对主义和社会学化约论的进路认为，所有的信念不过是社会位置和社会经验的功能，因此这种进路永远都无法把握这些规范性议题的重要性。

反，它可能会让人们的自愿差异得到发展，而不会受到主流价值的约束作用——这些主流价值会通过排除和边缘化的方式来惩罚差异。因此，我们可以丰富和加强托尼（R. H. Tawney）的论证，即平等可以扩大而非缩小多样性和差异的范围，因为所有类别的益品将不再仅仅由于其社会学坐标而遭到贬值。

承诺与"高雅"和"善"

在第二章中，我们强调了行动者承诺（commitments）的规范性意涵，不论行动者承诺的对象是事业、实践＊还是其他人，抑或这些对象的各种组合。承诺比单纯的偏好更持久；人们为了承诺而倾注情绪，哪怕因为为了实现承诺而处于劣势，他们仍然会继续追求和捍卫它们（Archer，2000）。例如，父母对孩子的承诺就与他们对某件配饰或汽车品牌的偏好有着根本的不同，尽管这些可能是他们的强烈偏好。（孩子不是时尚配饰。）这种承诺的情绪品质证实了它在人类福祉中的分量。承诺看重的是事物本身，而不仅仅是为了个人满足（人们甚至可能准备为之献身），或为了外在益品或利润。承诺是个体品格（character）的构成性部分，因此，一个成年人要是缺乏承诺，则毫无品格可言（O'Neill，1999）。从这个意义

127 上说，承诺是我们生活的意义之所在。**因此，社会不平等对"个体形成和实现承诺的能力"的规范性意涵，要比"满足与使用价值有关的偏好的能力"的规范性意涵更为重要，尽管对承诺的追求也需要资源的支持。社会场域最重要的斗争是涉及承诺的斗争。**

从任何一种关于社会未来的道德—政治愿景来看，对儿童付出承诺具有显而易见的重要性。儿童是脆弱的，他们对成年人极为依赖，这一事实表明儿童是道德关怀和承诺的主要对象。同样地，人们对儿童的养育和教育往往有强烈的看法也就不足为奇了。育儿

实践和教育态度也因阶级而异，并且是人们之间的差异和冲突的重要场所，当然，它们对于阶级的代际传递（intergenerational transmission）和惯习的发展至关重要。父母很难不考虑中产阶级的育儿实践是否比工人阶级的育儿实践更好。实际上，他们对内在益品以及教育和育儿标准有着不同的态度。由于拥有大量经济资本和文化资本的人在主导"善"实践的定义，外在益品（名望、奖励和资格证书等）的分配就会倾向于那些群体（Bourdieu，1996a；Lynch & Lodge，2002），且颇具讽刺意味的是，在教育方面，抹掉"高雅"与"善"之间的差异尤为明显。教育的内在益品不是因位置而异，但显然它的外在益品是这样的。虽然有些人可能会重视儿童教育本身（这种观点现在可能被认为古怪天真，且无可救药地过时了），但教育越来越多地面向外在益品，因为内在益品日趋成为仅仅是获得外在益品的手段而已。在这种情况下，父母和孩子发现他们自己陷入了激烈的竞争之中。由于孩子不仅会受到父母的强烈影响，而且还会受到同龄人的影响，因此优势群体会不断施压，要求将他们自己的孩子与其他阶层的孩子隔离开来，以免他们的孩子受到不良影响。这种趋势强化了按照阶级制定居住区隔离（residential segregation），同时居住区隔离也强化了阶级隔离，在像英国这样的国家，采用的措施是择校政策。[1]与成年人相比，反对剥夺的论证用在儿童身上具有更大的效力。我们可能会认为只要其他成年人不伤害我们，他们的生活就与我们无关，但是如果我们认为他们没有好好抚养他们自己的孩子，我们可能会出于对孩子的考虑，忍不住提出批评或干涉。因此儿童的养育和教育实践生动地体现了社会场域斗争及其目的，而我将用它们来说明我在本章所做的各种区分的重要性。

　　安妮特·拉鲁（Annette Lareau，2003）、瓦莱丽·沃克丁和海

---

[1] 我将在第八章讨论人们对此的感受。

伦·卢西（Valerie Walkerdine & Helen Lucey，1989）的研究探讨了工人阶级和中产阶级在育儿方式上的差异，戴安娜·雷伊（Diane Reay）的研究则集中探讨让儿童完成学业的父母，这些研究结果不仅强调了不同阶级在育儿和对待教育的态度上的差异，即如何评价益品的差异，而且还强调了对某些相同益品的竞争（Reay，1998a；另见 Walkerdine et al.，2003；Thomson & Holland，2003）。沃克丁和卢西指出，在英国，中产阶级母亲会倾向于利用一切机会将与孩子在一起的时间变成课堂，这与工人阶级母亲的做法有很大的不同，后者与孩子保持较远距离，且不多干预孩子的活动。此外，后者在管教孩子方面更加专制，而前者则可能会给孩子详细解释行为规矩。在美国的情况也很类似，拉鲁将中产阶级的育儿方法描述为一种"协力培养"（concerted cultivation）的过程，在这个过程中，儿童被期待应该与成年人交流，与成年人进行辩论说理，并参加大量丰富多彩的课外活动，通常是音乐课和有组织的体育运动。这些父母对他们的孩子密切关注，这给了孩子一种感觉：他们有权利得到别人的关注，而其中最重要的是专业人士的关注，他们扮演着孩子所追求益品的守门人（gatekeepers）的角色。相比之下，工人阶级抚养孩子的方式则是"自然成长"（natural growth），让他们可以与其他孩子自由玩耍，但与成年人的互动却很少。工人阶级父母不认为自己必须干预孩子的活动，但他们会设定某些严格的、不容商量的限制，而他们的孩子通常会不加质疑地加以接受。因此，一方面，中产阶级的儿童不仅带着光鲜的履历进入成人世界，而且已经习惯成为一个权利主体（entitled subject），具有中产阶级守门人可接受的沟通技巧；另一方面，工人阶级的儿童可能不仅教育程度和学历较低，而且他们的惯习也不适应与这些守门人互动，看上去显得反应迟钝。拉鲁发现，来自最贫穷工人阶级家庭的儿童往往回避与他人的眼神接触，因为这种举动在他们的社群里被视为是一种威胁的表现。与之形成鲜明对比的是，中产阶级的儿童接受的教育则是要直视成年人，自信地与之握手，并平等地交谈。这些差异对他们未来在劳动力市场各自有什么样的表现具有不言自明的影响。

　　对工人阶级的儿童来说，他们由于身处支配性的环境而养成了强硬的性格，这预示着在他们的生活里几乎没有说理协商的空间。对那些试图往上层阶级流动的人来说，强硬的性格体现在自愿牺牲来自家人以及那些拒绝学业或未能完成学业的同侪的认可和支持，这种性格也可以说是某种资产。中产阶级的儿童不太可能需要这种强硬，不仅因为他们处于优势地位，还因为他们所追求的教育益品会增强而非削弱他们与同侪的联系。[1]正如西蒙·查尔斯沃斯（Simon Charlesworth）指出，工人阶级的年轻人一般认为中产阶级的学生不成熟、轻浮，体悟不到这个世界的艰辛，这也就不足为奇了（Charlesworth，2000）。

　　拉鲁指出，中产阶级和工人阶级的童年生活各有积极和消极的两个方面。中产阶级的儿童也许已经获得了在中产阶级职业中作为权利主体的工作能力，但是他们经常因为不断提升自我的活动而感到身心俱疲，而且一般来说他们不如工人阶级的儿童愉快，在不顺遂时会抱怨。工人阶级的儿童可以享受不受监督的、随心所欲的、富有创造性的互动和活动，他们也学会了如何与年龄较大的孩子相处，懂得处理冲突，并且更加尊重成年人（Lareau，2003，p.85）。工人阶级背景出身的沃克丁和卢西也看到类似的育儿方式的对比，并怀着强烈而混杂的感受——他们都想捍卫自己的成长背景，也因中产阶级轻蔑工人阶级的育儿方式而感到愤怒，[2]但同时也承认中

129

[1] 虽然这是一种相对舒适的立场，但最近"协力培养"理念的兴起，反映了甚至有可能强化了中产阶级工作日趋激烈的竞争和对失败的恐惧所引发的不确定性。对中产阶而言，育儿本身已经具有高度竞争性了。

[2]"……我们是出于愤慨而写作，我们愤慨的是工人阶级的育儿方式要么被系统地病理化，要么被系统地以高人一等的态度对待……"（Walkerdine & Lucey，1989，p.2）

产阶级的育儿方法有一些优势，同时对自己童年时代缺失这些事物而感到怨愤（Walkerdine & Lucey，1989）。这些混杂的感受其实很多人都有过，是对社会场域斗争结构的反应：它们涉及对益品的阶级分配和阶级评价的斗争（谁拥有或获得这些益品，以及它们的真正价值是什么？），它们也反映了"高雅"和"善"、"普通"与"恶"这些困难的区分。[1]这些感觉**不是**简单地因为惯习要它们肯定什么，它们就会肯定什么；它们是对规范性议题的协商，而这些议题对于儿童成为什么样的人，拥有什么样的生活品质至关重要。

在成为学者的过程中，沃克丁和卢西在向上流动中获得了某些后见之明（hindsight）的优势，但是在雷伊所研究的工人阶级母亲身上，也清楚看到类似的规范性关切和争论（Reay，1998b）。这些女性担忧的是如何才能帮助自己的孩子在以中产阶级价值观为主导的学校环境中做到最好。尽管她们感到了中产阶级的凝视（gaze），并对此十分愤慨，但她们希望自己的孩子在学业上取得成功，这不仅是为了让自己的孩子值得尊重或可敬，也是希望他们和别人一样从中受益。换句话说，她们同时关心教育的内在益品和外在益品。她们与老师的会面常常会让她们深感沮丧、备受压力，但通过阅读她们描述自己是如何为孩子的教育付出承诺，我认为其中的原因不仅在于屈尊俯就与尊重的关系，或教育资本、文化资本和经济资本之间的差异，还在于评价教育益品方面存在困难。

在这两种情形中，我认为这类议题之所以具有敏感性和痛苦，源于同时存在以下规范性要素：

（1）对他人获得不应得的优势产生得到证成的怨恨，并对被（或曾经被）剥夺优势感到愤怒。注意这里预设了优势是真实的，而不是虚幻的，是值得拥有的，而不是虚假的。这

---

[1] 例如，很多英国人认为，把孩子送去念公学（public school），这一做法虽然高雅，但其实远远谈不上是善的。

里批评的对象不是益品，而是支配阶级对益品的不当垄断。

（2）一种未得到充分证成（但也不令人惊讶）的诱惑：拒绝承认支配阶级垄断的益品，甚至包括一些真正值得拥有的益品。这可能导致自我排除，而这当然是维持不平等和支配关系最有效的手段。

（3）得到证成地怀疑某些价值、行为和益品实际上**不**值得拥有，而只是被处于支配地位的人需要或重视，因此人们有正当理由对必须服从或遵守这些感到怨恨；也就是说，某些规范之所以受到抵抗，是因为它们**只是**中产阶级的或高雅的规范，仅此而已。例如，口音高雅不过是高雅而已；人们没有充分的理由认为高雅的口音要优于地方口音。[1]与前一点相反，这里的怀疑主义涉及的是"益品"本身——因此，怀疑的不是对益品的垄断，而是对期待人人都得遵循这些规范表示质疑。

（4）虽然人们倾向于寻求最理想的事物，而不论这些事物与其阶级（或性别）联系如何，但他们仍能意识到，就策略而言，应该遵守那些提高个人在竞争中成功机会的规范，而这正是这些规范得到证成的唯一根据。相比之下，"忠于自己"可能会付出沉重的代价。这些规范不限于支配阶级的规范。在某些情况下，益品的工具性价值会根据它在象征性支配和物质支配的等级结构中的位置而有所差异。因此，由于性别压力和阶级压力是相互关联的，所以工人阶级男孩接受教育便比中产阶级男孩接受教育，更容易被视为是柔弱的表现。这些与阶级和性别有关的特征可能会被不加批判地直接接受，也可能在私底下或多或少地被秘密协商。以学业为重的工人阶级儿童，尤其是男孩，可能

131

---

[1]地方口音未必比高雅口音发音不清楚，虽然外人可能对此并不熟悉。

会试图向同龄人隐瞒他们对学业的兴趣。[1]他们在追求自己认为有价值的益品与追求男性特质和阶级身份认同之间面临着激烈的冲突（Reay，2002），也就是说，一边是他们认为是善的事物，另一边是能够给他们带来地位的事物，无论这是以性别还是以阶级身份认同为基础。[2]虽然教育比较少会被认为是不适合女性的，而更多被认为不适合男性，但追求教育益品的工人阶级女孩仍然会遭遇阶级和性别歧视带来阻力（Skeggs，1997）。在这两种情况下，我们都看到个体规范与其社会位置规范之间的紧张关系，而这是社会学化约论的分析所无法处理的。那些经历社会流动的人可能会发现自己变得像社会变色龙，根据与谁打交道而改变自己的口音和行为。虽然人们会出于因阶级和性别而异的规范本身而重视它们，但也有可能是出于策略上的考虑，将其视为占据社会场域不同位置的人所适用的策略。

（5）最重要的是，存在大量充满不确定性的地带，人们在其中难以知道哪些是最好的，这在内在益品和实践＊方面经常发生，而评价育儿和学校教育更是如此。此外，文化资本和社会资本的不平等分配意味着，对被支配者或被社会排斥的群体来说，他们面临的不确定性最大，无论如何，他们最难以获得教育益品。

（6）更一般来说，正如我们在前文［边码］第111—117页所述，存在一个更宽泛的问题，即与**其他**内在益品（如发展友谊和社交等内在益品）相比，如何评价接受教育

---

[1] 被自己的工人阶级同伴接纳为自己人，同时又能胜过他们，这是男子气概的最成功的策略之一，而且这不仅仅适用于年轻人或工人阶级。

[2] 请注意，"善"可能与"高雅"**碰巧符合**，或者所谓女性特质和男性特质也可能碰巧符合。

的实践 * 和内在益品。这些益品的相对价值因阶级而异，工人阶级更重视发展友谊和社交，而中产阶级则更重视教育。这一方面反映了工人阶级看不到教育前景，并且可能被视为（正如布尔迪厄毫无疑问会提出来）他们在拒绝已经拒绝给予他们的益品，并从必然性中制造出一种美德；另一方面，我们可能会质疑中产阶级对学历证书的争夺，质疑他们重视竞争力甚于社交能力，并捍卫工人阶级的选择。这里还有一个棘手的问题，即如何在理想与当下策略的要求之间取得平衡；许多中产阶级人士都希望学历竞争不要那么激烈，也希望他们的孩子发展很好的社交能力，而不只是获得学业上的成功，但出于对落入下层阶级的恐惧，他们无法退出教育竞争。同样地，这些都是关于如何生活的问题。

　　以这种方式分析这类判断，会产生这样一幅图景：一个阶级地位与他人相当的旁观者正在冷静地进行慎思，而这恰恰不是阶级社会的事实。不仅可能出现这样的问题，即个体正在考虑进入的社会境况的特征的价值可能会受到质疑（如上文所述），他们还可能担心自己是否具备相应的价值，或用委婉的说法，这是不是"适合自己的"。雷伊引用了一位工人阶级母亲谈到自己女儿的话："我确实觉得她去罗伊登女校（Royden Girls）念书很好。我知道它的声誉很高，但随后我又想，如果这个学校的其他女孩认为她资格不够，该怎么办？"（Reay，1998a，p.271；另见 1998b，p.62）。

　　"资格不够"这个词被压抑的意涵值得我们去思考，尤其是考虑到这样一个事实，即个人很难不顾别人对自己的看法而独自判断自己的价值。人们似乎很容易承认中产阶级会选择他们认为适合自己地位的场所和机构，但如果我们被提醒如下这个事实，就会感到非常震惊：工人阶级之所以感到自己无法尝试进入这些场所，不仅是因为他们会遭受歧视，还因为他们认为自己可能真的不够资格。

所有这一切都提醒我们，阶级的微观政治，即布尔迪厄所说的反对"软性支配形式"的斗争，其目的不仅是为了获得既有益品的渠道，还为了定义何为"善"；它们关乎人们想要成为什么样的人，想要并期待自己的生活变成什么样，而正如育儿实践的例子所表明，这样的生活包括为了形成和追求各自的承诺而进行的斗争，也包括为了获得实现承诺的渠道而进行的斗争。[1] 在这个过程中，它们同时也是为了建立自我价值而进行的斗争。

小结

以上对社会场域斗争的分析旨在探究，与行动者的规范性关切有关的不平等是如何构成的。通过将行动者视为评价性的存在者，并研究不平等和象征性支配结构与各种评价和益品之间的关系，我们便可以洞悉不平等对行动者的重要性。同时，我们对社会生活发展出一种规范性视角，它既是社会场域斗争本身的规范性内容的延续，又有所超越，从而提供了针对它们的批判性观点。与往常一样，评价涉及对既有判断的重新检视。

这里对社会场域针对益品的斗争之规范性维度采取了一种分析进路。毫无疑问，布尔迪厄提醒我们要注意学究式谬论的危险，即把与世界形成的沉思性、分析性的关系投射到行动者身上，而这样的行动者对他们生活于其中的实践多半只有一种未经审视的实践感。我认识到，在实践中，不平等和象征性支配主要集中在情绪经历上被体验，并且在其中反思相当有限。在某些情况下，如上一节所述，

---

[1] 在《世界的苦难》一书中，许多受访者强调的不是外表或物质财产，而是他们对其他人、对事业或实践的承诺，以及发现自己无力实现这些承诺时，对自我意义感缺失的失望。这和哲学中某些论证是一样的，因为这些论证认为持久的承诺和关系是品格养成的核心（O'Neill, 1999, pp.88ff.）。

行动者可能会感到嫉妒、骄傲、怨恨和愤怒，以及在极端情况下的惊恐等强烈而复杂的感受。我虽然承认学究式谬论的危险，但同时要指出，与布尔迪厄的主张相比，在常民行为中，例如情绪反应，其实有更多的理性辨识和判断。（矛盾的是，在《世界的苦难》记录的对行动者的描述中，这点非常明显。）[1]此外，正如我在第二章中所论证的那样，不应该把情绪与理性对立起来，情绪是对人们无法控制的环境的评价性判断，而这些环境可能影响他们的福祉和承诺。上述分析的目的在于认真对待情绪，并阐明其理性的内容。[2]

　　当然，常民行动者不会使用诸如"使用价值"和"交换价值"，"内在益品"和"外在益品"或"实践 *"之类的术语（尽管他们确实会用诸如"高雅"和"普通"之类的词语），但他们背后的概念隐含在他们的行事当中，包括他们如何挑战象征性支配。驱动社会场域斗争的不只是那些寻求吸引外在益品，并将自己资本的交换价值最大化的行动者，也不只是那些追求"高雅"、回避"普通"的行动者。这些还涉及行动者追求使用价值和内在益品，并为实现承诺本身而努力，无论它们是否影响自己与他者的相对地位。就他们寻求认可（approbation）的外在益品，并给予他人认可而言，他们不一定只设法超越他人的优势，他们还关心这些外在益品是否值得拥有。因此，社会场域的斗争只是部分涉及人们的地位（实际上是狭义的、与地位有所不同的阶级）是否应得、或是否有正当理由。对于象征性支配和不平等的抵抗，可能既涉及质疑支配者对益品的评价，也涉及为获得被支配者垄断的那些似乎确实具有价值的事物而进行的斗争。我一直在论证，这种双面斗争隐含在阶级和性别的日常微观政治中。如果只侧重这种策略其中一面，就会导致失败：例如，如果行动者问都不问就接受了支配阶级或支配

[1] 另一方面，如果我对常民行为确实做了过多解读，我仍然希望我的分析有些用处，能够让读者的范性观点参与对话。
[2] 比较布尔迪厄在《世界的苦难》中的分析（例如 pp.510ff.）。

性别的判断，那么他们就会低估与从属阶级或性别相关的益品（例如"女性工作"中所涉及的技能）；另一方面，如果他们拒绝相信支配者拥有的任何东西或所做的任何事情是有价值的，并且不加批判地确证（validate）与被支配群体相关的一切事物的价值，那么这将使支配者轻松地延续他们对许多有价值益品的垄断地位，而无须受到挑战，而只是收回了对他们的判断的肯定。在后一种情况下，支配者可以合理地得出以下结论："如果你不看重我们拥有的益品，那么你就不能抱怨不平等的存在。"（再强调一次，如果支配者没有垄断最好的益品，我们就难以看出他们何以处在支配地位。）用规范性性的词语来说，重要的评价性问题不是 X 是否是"高雅的"、"普通的"、"男性特质的"或"女性特质的"的，而是 X 是"善的"还是"恶的"。

除了对阶级和不平等采取描述性的方法之外，我们还采取了两个步骤：首先，我们将不平等和对益品的支配以及人们关心的事物联系在一起；其次，我们批判性地处理人们对这些事物的评价，承认合理化（rationalization）的可能性，承认人们会把交换价值和外在益品置于优先于使用价值和内在益品之上，以及允许他们的判断也可能受阶级关系的扭曲，例如把"普通"和"恶"混杂在一起。正如我们在第六章所见，这两个步骤也反映了伦理学有必要既立足于社会存在，又超越其当前形式。在采取第二个步骤时，我们已经超越了对常民规范性的描述，开始规定替代性选项，但是，正如我们所论证的那样，这些选项基本上只是发展了已经隐含在常民实践中被选择的倾向（selected tendencies）。

这些论证有悖于这一观点：判断事物的"善"和"恶"不能独立于性别或阶级之外，而是要与它们联系在一起。但承认我们的判断受到性别和阶级的影响是一回事，而承认这些影响具有某种权威（或者确实没有任何价值）则是另一回事。这种假设的危险在于，它把性别和阶级本质化（essentialize）了。性别和阶级的秉性不具有本质；它们不是来自自然因果性力量的差异，而是取决于偶然但强大的个体社会化的方式。[1] 它们也不必然是好的：即使那些秉性已经深深地根植于我们的惯习中，从而看起来像是 "本真的"（authentic），但只要我们愿意，我们也可以对它们进行批判性的评价并尝试推翻它们。当然，鉴于我们的惯习，我们很难不偏好某些事物，但惯习是可以被改变的，尽管需要很长一段时间。女性主义对女性特质的惯习和男性特质的惯习已经提出了批判，如前者的自我牺牲倾向与后者的支配秉性，并且在一定程度上塑造了男性和女性。惯习的阶级维度没有理由不会遭到类似的批判。例如，若一个人在特权阶层的背景中成长，由此表现出对安逸的偏好，乐于接受别人的服务和付出而不思回报，我将会论证，这对个人自身以及对他人都是不健康的。我们的秉性可以受到挑战，从而变得不仅仅反映我们在社会场域中的位置，甚至变得与之格格不入，尽管最终我们希望改变社会场域本身，使社会场域所形塑的惯习能够形成让所有人都能蓬勃发展的、更良善的社会秩序。

　　这种激进的判断方式不考虑阶级、性别或其他社会划分，似乎意味着是一个毫无根据的观点，或者更糟，它的普遍性可能偷偷地以某个特定的社会位置为基础。然而，我将要论证的是，这里 136 所蕴含的观点是以阶级和性别之间以及个体**之间的互动关系**为基础，当中的个人当然不只是阶级和性别的承担者，因此他们的行为不能纯粹从阶级和性别这些方面来判断。正如我在第二章中所论证，伦理情感和规范相比审美情感和规范，受社会在地化（socially localised）的影响较小，并且在某种程度上具有普遍化的趋势，这

---

[1] 正如第二章所述，社会建构受到其所使用的质料的因果性力量（causal powers）和阻碍力量（liabilities）的限制，这两股作用力也让社会建构得以可能。但在这个例子中，这些属性本身不会因为阶级，甚至因为性别而产生差异，即便性别与阶级不同，它是根据真实的或想象出来的生物差别而被社会建构的（Archer, 2000；New, 2004；Sayer, 2000a）。

些趋势部分源于社会关系的互惠特征，源于伦理情感和规范是对我们作为人类以及作为更具体的文化存在者的回应；部分源自个人受到善意和恶意对待的经验，而这些经验不能化约为阶级、性别或其他社会划分的效应，而是跨越了这些划分。一如前文，我邀请仍然持怀疑态度的人提出另一种规范性进路。

我承认，我这里的论证非常强烈地反对相对主义，不只相对主义者，还有一般反对相对主义的读者们大概都觉得这个观点过于激烈：他们可能想说，关于益品的判断总是与行动者的处境有关；或者，如果对于这些处境有不同的话语，那么对同一处境的判断可能会有所不同。这两种说法都是正确的，但是规范性论证是关于我们应该如何生活，关于分配、承认以及善的性质，这些论证无须局限于在不平等和差异的现有模式下，什么是最好的这类问题，还可以延伸到那些模式是否应该存在的问题。平等主义不仅涉及人们应该如何行动，还涉及他们行动时所处位置的正当性。此外，我所倡导的观点并没有提出一个关于善的单一愿景，而是让这个问题成为一个开放问题；我没有说哪些类型的使用价值、内在益品、实践 * 和承诺是善的——只是认为它们比交换价值、外在益品和偏好更重要。但对善的寻求是社会场域斗争和奋斗的一部分。

这些议题通过提出何种益品是重要的，由是何种不平等是最重要的，以及人们在寻求哪些特质或行为以获得承认等问题，从而使我们超越了分配政治和承认政治的范畴。尽管将分配政治和承认政治结合起来很重要，但这是不足够的，至少就它们一般的定义而言，因为它们并没有明确规定人们可以做什么以及他们如何生活，而是关注此类议题的某些前提，不论这些前提是物质资源还是他人的承认。[1] 承认和分配的范畴本身过于单薄，不能使我们深入理

---

[1] 按照阿玛蒂亚·森的说法，它们要处理的不是人们的可行能力的问题，而只是一些有助于提升可行能力的因素（Sen, 1992）。

解不平等、物质支配和象征性支配的意义。内在益品和外在益品与承诺的关系能够让我们更加了解人们在生活中究竟重视什么事物。

探索如内在益品和外在益品等概念的社会学意涵，不仅有助于阐明支配借以运作的结构，而且还有助于我们看清这样一个事实，即如果要更了解不平等、支配以及对抗方式，那么我们就需要讨论常民以及其他意义的"善"、"福祉"等概念。倘若我们没有阐明对后者的理解，我们就有可能不清楚我们批判现状的根基、批判的对象，以及应该在哪里实行变革政策。在女性主义中，人们已经认识到，要改变性别秩序，就需要决定应该制定什么样的规范和目标，比如，就业政策是针对男性养家模式的规范，还是针对女性照顾者的规范或是其他规范（Fraser，1997）。如果人们开始考虑第三种选择，我们很快就会陷入复杂的局面，例如，当人们对是否要生育孩子做出不同的选择时，以及对自己的照顾需求有所不同时，就涉及照顾他人之责任的分配。这些复杂性会影响人们能够做的选择和承担的责任，从而影响个体福祉和社会福祉。除非人们解决这些问题，否则就很难捍卫对现状的批判，更不用说提出现状需要有什么改变。虽然许多女性主义文献所根植的理论和哲学基础与这里所援引的有所不同，[1] 它们也着眼于处理与善的本质相关的议题（例如关怀伦理［ethics of care］、公共领域与私人领域、性特质、可行能力理论）(*Feminist Economics*，2003；Segal，1999），但在阶级方面，似乎没有对等的论述。"女人想要什么？"——总是意味着女人"应该"想要什么？——这个问题经常在大众媒体出现，但没有人预期答案是"像男人一样"。没有人会问"工人阶级想要什么？"即使真的问了，很多中产阶级的人可能会假定答案应该是"要像我们一样"。戴安娜·雷伊（Diane Reay）论证道，"……消除阶级不平等的方法，并不在于让工人阶级成为中产

---

[1] 参见努斯鲍姆提出的新亚里士多德女性主义（Nussbaum，1999）。

阶级，而是在于瓦解和分配那些伴随着中产阶级地位的经济资本、社会资本和文化资本"（Reay，1997b，p.23）。此外，我认为这种做法还包括通过把"善"和"恶"与"高雅"和"普通"区分开来，重新评估麦金太尔所定义的狭义实践和广义实践与益品是如何被重视的，以及它们是如何被分配的。为了试图减低或消除阶级差异，应该要设定什么样的规范和目标？社会主义失去动力的多个原因之一，可能就在于它不再考虑这些问题，以至于当它被新自由主义（neoliberalism）和"第三条道路"（The Third Way）取代时，"试图把中产阶级的生活方式扩展到其他人"这一可疑做法竟被默认为隐含的目标。

第六章

道德情感、不道德情感与阶级

引言

我们是评价性的存在者。我们的意识之流具有一种评价性的维度，不只涵盖了我们对人、事物、实践和行动有着自发的、未经审视的、难以言明的感受，也包括我们对这些事物深思熟虑后的评价（Archer，2003）。我们在第二章论证，我们应该认真对待情绪（emotions）或情感（sentiments），因为它们往往体现了人们对情境的高度敏感的评价，而这些情境关乎人们的福祉，也与他们所关切的事物密不可分（Nussbaum，2001）。因此当我在文中用到评价这个词时，将不仅仅局限于这个词通常使用的范围，还将包括上述整个范围。同样，这些反应的强度跨越甚广，从自在感或不自在感、偏好与反感之间最细微的差别，到强烈的认同和赞成、极度的厌恶和反对。它们是阶级主观体验的核心，本章的目的就是研究这些反应的规范性结构（normative structures）。

在处理诸如阶级、性别或"种族"等各种不平等形式时，人们习惯上会关注势利、精英主义、性别歧视、种族主义、蔑视、厌恶和"他者化"等现象，即不同程度的压迫性和不道德的情感与实践，或用老式的话来说，就是罪恶的情感和实践。鉴于社会科学强调对社会问题进行研究，这是可以理解的；确实，包括我在内的许多人都会质疑那些不讨论社会问题的所谓社会研究究竟有什么意义。然而，从理解阶级的主观体验的角度来看，这是片面的、难以令人满意的，因为这些研究未能公正地对待常民规范性的复杂性。这不仅是因为在蔑视和厌恶等反应之外，还存在相互尊重、仁慈、同情等情感，还由于如果我们忽视美德（virtues）和道德情感，而纯粹关注恶的部分，那么社会场域的斗争就毫无意义了，因为正是美德和道德情感让行动者倾向于维护社会秩序，并抵抗压迫性的关系。此外，在许多情况下，罪恶和美德不能分开得到理解，因为两者是相互关联的；例如，羞耻（shame）和羞辱（humiliation）与其对立面，即骄傲（pride）和尊重（respect），有着内在的关联。除此之外，从理应带有批判性的社会科学角度来看，任何对社会生活的批判（哪怕只是暗示性的）都预设了另一种更好的社会秩序是有可能的，也是可欲的。如果这种研究忽略了道德或德行（virtuous behaviour）的要素，那么它的批判对于常民实践来说就没有价值，也不能从中推动社会进步。

　　道德哲学与社会学和其他社会科学不同，它往往对美德和善更感兴趣，而非罪恶和道德低劣，并且把后者仅仅视为前者的缺失。[1] 道德哲学也倾向于探讨个人层面上的美德和情感，把它们从不平等的关系和结构中抽象出来，从而制作出一幅有些乐观主义的社会生活图景。正如玛格丽特·厄本·沃克（Margaret Urban Walker）评论道，"有个道德哲学家说过，'他人身上的人类形象会唤起我们投射、认同和同情等根深蒂固的模式'……有些情况是如此。但**更常见**的是，某些人身上的人类形象会激发别人产生冷漠、怀疑、恐惧、厌恶、蔑视、仇外，还不时会引发仇恨"（Walker，1998，p.177，强调为原文所加）。因此，社会学与道德哲学各自的缺点正好可以互补。我们需要在道德哲学的乐观主义（从不平等关系中抽象出道德情感）与社会学化约论的悲观主义（把所有对他人

---

[1] 参见 Alexander，2003。

的评价都简化为只剩下阶级蔑视、性别歧视、种族主义等反应的再
生产）之间，开拓一条道路。道德哲学确实在承认这些现象方面存
在薄弱之处，但是如果把问题反过来，忽视仁慈、同情等道德情
感，把阶级之间的关系看作是纯粹的相互蔑视，那就过于荒谬了。
通常，极端愤世嫉俗的（cynical）诠释不一定是最好的，而犬儒主
义（cynicism）不应该被误认为是怀疑主义（scepticism），因为我
们可以对犬儒主义存疑。

　　可以理解的是，社会学者总是特别关注行动者的道德判断和
道德区分如何根据他们的社会位置而发生变化，以及行动者如何使
用这些判断和区分来划分界限（Kefalas，2003；Lamont，1992，
2000；Southerton，2002a，2002b；Tilly，1998）。我们的社会
位置往往趋向稳定，并塑造着我们的经验，进而影响我们对他人及
其行为的评价。但是，我们同时处在不同的社会位置，这不仅是根
据阶级、性别和种族，而且还根据年龄和各种关系，如父母与依赖
者、教师与学生、医生与患者、生产者与消费者等来进行划分。一 141
个人可能发现自己在某些关系中处于从属地位，在另一些关系中却
处于支配地位，不过也有些人可能觉得自己总处于优势地位这一
方，因此他们的经验极度定型，缺乏多样性。每个人在生活中的某
段时间里主要经历某种情绪，但支配的情绪模式可能会因社会位置
的不同而发生变化（Bartky，1990）。

　　虽然包括情绪经验在内的各种经验存在这类社会分化（social
differentiation），但常民道德的分化不是简单地对应于不同的
社会群体的界限。行动者使用道德和其他评价性区分，不仅是为
了在自己与他人之间划界，也用来辨别各个阶级或其他社会划分之
间的或内部的行为，因为他们很难不注意到自己可能会受到任何
群体成员（包括他们自己的群体）的善待或恶意对待。与道德划
界（moral boundary-making）相比，这种划分方式从社会学角度
看来可能过于显而易见，或者没有那么有趣，但我想要论证，它阐

明了生活经验（lived experience）的规范性特征，以及人们对阶级的经验和反应。事实上，除非我们**也**承认道德行为和评价的范围**独立于**阶级等主要的社会划分而变化，否则我们就无法说明对这些划分的常民理解。这一事实的重要性可以从工人身上得到体现，他们往往更关心自己如何被对待（不管自己身处什么阶层），而不是关心阶层本身（Lamont，2000）。有些人出于政治立场，可能对这一事实感到遗憾，但同样有很多政治评论未能注意到这种道德关切，也忽视了它对人们福祉感受的重要性。许多政治沉默和抵抗都与这种体验相关。

行动者的评价（根据上文的定义）不仅仅是对他人的各种评论，也深刻地影响了行动者自己对他人所采取的行动。因此，在本章中，我将详细阐述道德情感和不道德情感，并分析它们的规范性结构。我也将对它们与阶级不平等的可能关系提出某些初步评论，主要是关于这些评价如何影响阶级经验，以及阶级如何反过来影响这些评价。聚焦于对自我和他人行为的规范性监测（normative monitoring），并以此作为行为和社会秩序的基础，这是亚当·斯密《道德情操论》（*The Theory of Moral Sentiments*，Smith，1759：1984）一书的首要关注点，他对此做了极为出色的分析，我将部分借鉴他的论述。首先，我将就与社会场域有关的评价问题做一些初步的一般性探讨。其次，以斯密的论述入手，我将概述一些对于理解阶级经验极为重要的道德情感或情绪，并特别强调在斯密的著述中隐含的一种情感——羞耻。接着，我会继续阐述一些更为负面的情感，涉及蔑视和"他者化"。最后则是对本章结论的概括。

142

初步探讨

正如斯密所言，人们对自我以及如何行动的判断，都是自我对他人作出想象和实际判断的折射。**哪些**他者可以作为判断的参照点，这个问题非常重要，当然人们会考虑多个处于不同社会位置的他者会如何判断他们的行为。正如布尔迪厄提醒我们，对自我和他者的判断都是在特定的社会关系中形成的，评价者、被评价者以及他们在社会场域中的位置之间的关系，通常都反映在评价之中，而许多这样的关系发生在处于同等位置的人们身上：它们并不局限于地位不平等的人之间。许多行动都牵涉不止一种社会关系，如果对A的友善行动就意味着对B的不体谅，道德二难由此产生，此时就必须权衡对双方的相对伤害。[1] 此外，布尔迪厄和斯密都没有充分认识到，行动者在形成道德判断的过程中，会借鉴用来思考这些问题的现成可用的方法，不仅包括道德规范和道德叙事，也包括种族主义、性别歧视和阶级等话语，这些话语要求人们根据他们自己的社会位置作出不同的行为。混合的，甚至是自相矛盾和混乱的评价非常常见，但如果我们认真对待它们，我们往往会发现它们实际上指出了相互矛盾的压力，包括那些如果我们不认真对待常民规范性，就不会被察觉到的压力。

　　行动者对自我、他者、行为和客体的评价涉及三种不同的性质，可是它们之间的界限是模糊的：

　　（1）审美性质：关于装饰、衣着和个人外表等方面。

　　（2）施事性质：关于能力和表现，如医生或教师的能力和表现。

　　（3）道德性质：关于道德品质或合宜性（propriety）。

　　重要的是，我们必须认识到这三种评价形式有可能存在重叠和滑移，而且需要从规范性的视角来看，它们之间的这种滑移是否合理。因此，一个人的外表常常被人视为能力和道德价值的参考指标。虽然这种滑移的理据非常薄弱，和风格西斯主义（style

----

[1] 参见斯马特和尼尔对于常民道德关于婚姻破裂以及类似二难困境的分析（Smart & Neale，1999）。

143　fascism）几乎没什么区别，但人们出于对这类判断的恐惧而规训自身的行为，例如，有些人的工作必须取得他人信赖，他们就不得不衣着体面。能力（2）和合宜性（3）或许能更合理地联系在一起：一个专业人士不能仅仅因为其行为碰巧是善意的而非恶意的，其能力上的欠缺就能够得到原谅，因为我们有理由认为，确保自己胜任工作是专业人士的道德职责所在。更一般而言，道德品质也是人们胜任大多数工作和任务的必要元素。这三种判断通常将与阶级、性别、"种族"、性特质和年龄等有关的判断混杂在一起——**但即使没有这些社会划分，人们仍然需要这些判断，而人们也确实做出了判断**。这些判断可能会因这些社会分化而被彻底改变，但它们不能被完全化约为社会分化。对于社会生活所必需的持续的自我监测和相互监测，它们是必要的，不论社会分化以何种类型出现。

道德情感与阶级

我现在要确定一些关键的道德情感和情绪，分析其鲜明的特征，并进一步解释它们与阶级差异之间一些比较典型的关系。这里的阐释着重对情感和情绪进行抽象的、批判性的哲学分析，而不那么关注对实践中的常民情感的描述。当然，这些都是"模糊的概念"，在实践中，一种情感可能会逐渐转变为另一种情感——例如，仁慈变为同情，羞辱变为怨恨和愤怒。有时它们会被他者的对立情感（opposite sentiment）所激发，比如被别人的轻蔑引起羞耻，或被别人的愤怒引起恐惧。同样，这些情感和相关的情绪在很多社会场景（social settings）中都有可能被激发，而不只发生在支配关系中，也不只是为了回应像阶级或其他类型的支配关系。

我们在第二章中已经提到，斯密认为审美判断大多会根据社会位置的不同发生很大变化，而道德判断却较少受到社会位置的影响，但斯密也明确指出了阶级差异有可能会扭曲道德情感：在某种程度上，道德情感可跨越阶级划分和其他类型的社会划分，但它们也有可能透过这些划分而被改变。斯密首先把道德情感从社会阶级（或他所称的社会"秩序"）中抽象出来，然后加以分析，这意味着道德情感是建立在人类社会化的共同特征之上，并含有或多或少的普遍性特征。只有这样，斯密才能继续阐述社会不平等现象是如何影响道德判断的。因此，他的方法是先承认社会学意义上的变量和影响，但避免了社会学化约论。这不是说斯密由此就能避免从狭隘的基础上进行普遍化概括，从而低估了文化差异的陷阱；对 18 世纪的英国，我们也不可能有更多的期待。但斯密和其他哲学家也提供了一些方法来理解跨越不同的文化、性别、阶级、"种族"等差异的同感（fellow-feelings）和道德情感，这也帮助我们理解为什么不只存在文化沙文主义、性别歧视、阶级蔑视和种族主义等，而且还有它们的对立面，例如来自白人反种族主义者或中产阶级平等主义者的反对力量，尽管这些反对者所在的社会群体能够从［这些歧视］中获益。

　　人们所拥有的这些情感的程度取决于他们所处的环境和经验；不仅伦理秉性和道德规范会影响实践，道德实践本身也会推动它们发展。此外，我们必须认识到，把伦理秉性归因于人们，作为他们"人性"的一部分，这"不完全只是一种经验主张。这在一定程度也是一种愿望"[1]（Glover，2001，p.25）。这不只适用于伦理归因，而且适用于道德规范在日常生活中的作用；正是因为它们是规范——无论是外部规范还是内部（内化）规范——所以它们都是关于"应然"（what ought to be）而非"实然"（what is）的问题。正如人类学家正确指出，规范和实际实践之间可能存在实质性的不

——————————————

[1] 这表明实证性（the positive）与规范性（the normative）的简化二分法在伦理学方面有其弱点。（参见第九章。）

同，有时人们通过默认的共谋维持这些不同。虽然想象情况并非如此或许过于天真，但至少有些规范会被人们真诚信任和认真遵守，它们也的确构成行动者承诺的核心，即便按照这些规范而行动的努力有时会被压倒性的偶然因素所阻碍。

同情或同感

按照亚当·斯密对"同情"（sympathy）一词的专属用法，它并不局限于怜悯（commiseration）的情感，而是指被他人任何一种情绪和处境所激发的任何一种同感（Smith，1759：1984，I.i.i.5，p.10），这里的"他人"是指"和我们一样的存在者"（Griswold，1999，pp.55，85）。因此，它可以包含感受他人的快乐、满足或愤怒和悲伤。[1] 它不是一种主体间用来传递和理解各种情感的情绪工具（Griswold，1999，p.79）。它让行动者能够发展道德想象力（moral imaginations）。它的范围非常之广，从自发分享他人的情绪，到更冷静、更超然，并更深思熟虑地理解他者境遇的意义。[2] 从这个意义来说，表达或承认同感也会产生重要的心理效应和社会效应，例如增加快乐或缓解悲伤。然而，旁观者对他人的理解是可错的[3]（斯密认为这可能是种"错觉"），斯密花了很长的篇幅来说

[1] 虽然斯密采用这个用法，但有必要指出，他有时也会用"同情"一词更日常的意涵。

[2] 鉴于社会科学哲学和社会本体论的最新发展，我们或许想进一步扩充"同感"（fellow-feeling）的概念，使之包括诠释学（hermeneutic）的维度，在这一维度中，行动者的意义框架是重叠的，虽然不把"同感"化约为纯粹语言学的模式非常重要，但斯密的解释中显然包括了前语言或非语言形式（pre-or non-linguistic）的交流。

[3] 尽管斯密在分析人们如何判断行为时借助了一个"公正的旁观者"（impartial spectator）的虚构形象，但他认为"公正／不偏不倚"与其说是一项成就，不如说是一个目标。他也认为正是普通人，而不是作为道德哲学家或其他权威的人士，同样会想象出这样的一个形象。

明，即使旁观者没有做出错误理解，旁观者的反应也不**等同**于他人本身的反应，因为他们之间必定存在一个无法弥合的鸿沟，尽管这一鸿沟因人而异。[1]同样，行动者对自身境遇的反应也有可能是可错的（例如，他们可能会错误地感到满足或生气）。同感不代表赞同；一个人可能知道别人在感到生气或高兴，却觉得这种情感毫无道理（Griswold，1999，p.55，n.34）。出于这些理由，并以这种特殊的方式来理解，同情或同感并不一定伴随或保证统一性（unity）。同情或同感也不一定是道德的；一个人可能会对贪婪者的快乐感同身受，或对别人的不幸遭遇反而幸灾乐祸。另外，许多人也提过，同感往往随着地理和社交距离的增加而急剧减少，不过这种情况也不是**必然的**，有不少重要的例外。[2]

主体间这种相互理解和感同身受的能力，以及随之而来的情感本身的"感染性"（contagious）特点，在斯密看来极为重要，因为它给每个人提供了评价他人行为的方法，透过这个方法，他们也进而评价自身的行为。人们不是基于某个阿基米德支点，而是在他们所经历的社会关系中进行评价活动的，尽管他们可能试图概括和评量[3]这些经验。理解的范围包括从前话语或非话语的反应（pre- or non-discursive response），到话语的、诠释学的关系。

我意识到，从当代的视角看，这些主张容易受到怀疑：难以解释这种现象是如何发展的；它把话语的作用视为理所当然，将其

146

---

[1]斯密细致入微地叙述了在同感能力与行动者感知他人时不可避免的自我中心特征之间的张力。

[2]这些例外情况可能是对共同人性的回应，尽管当代社会学通常不愿承认这一点。虽然我确信社会学家和其他人一样，具有跨文化的同感，但它也可以被解释为是一种习得的、指向特定文化的能力。如果是后者，我们应该搞清楚习得的这种能力是否是善的。如果跨文化同感这一能力并不存在，那么作为经验和愿望之物的伦理学就会让我们去追求我们所欠缺的事物。

[3]我在这里使用的动词"评量"（moderate），可类比为大学考试主考官的评卷工作。

化约为本身不受任何影响的一种中性的媒介；个体拥有同感能力的程度因人而异；某些社会秩序形式相比于其他形式更能激发同感的产生。[1]然而，无论这个解释多么牵强或不全面，我们也不能否认它的存在，否则我们就是否定了自己的能力，也会使日常生活的社会性本质变得无法理解。正如格里斯沃尔德所说，"我们不能相互要求对方任何东西……除非我们在某种程度上将彼此视作与我们自己拥有相同经验的主体"[2]（Griswold，1999，p.84）。怀疑论者需要自问，如果在任何文化中，社会行动者都完全缺乏同感：在此基础上，人类社会还有可能存在吗？讽刺的是，新古典经济学最根本的缺陷之一就在于，它错误地喜欢将斯密视为其鼻祖，使用了一个"理性经济人"（rational economic man）的模型，这样的人既没有同感的需要，也没有同感的观念，因此在社会性上是极端无能或自我隔绝的（van Staveren，2001）。

仁慈与慷慨

尽管斯密对仁慈（benevolence）与慷慨（generosity）这两种道德情感有大量论述，但这两种情感却很少得到社会学的认可，这一点可以理解，因为社会学强调社会生活中比较不良的特征，但难以理解的是，社会学有一种科学主义倾向，即清除社会行为的

---

[1] 重申一下，格洛弗（Glover）指出，有关道德情感和美德的观点部分是经验的，部分则是以期望为依据。严重缺乏同感的情况确实存在，但是这会像自闭症一样被视为一个问题。科林·特恩布尔（Colin Turnbull）在研究非洲中部的伊克人（Ik）时发现了一个有名的现象，他们在失去土地之后，其同理心这一道德情感也一并失去了，但他们仍然继续需要斯密意义上的"同情"这一非道德意义的情感，因为它是社会生活的先决条件（Turnbull，1972）。社会学家面临的困难部分在于，对这一现象的解释可能会把我们恰当地带入心理学的过程。

[2] 我不认为这里需要任何关于主体之间的统一性（连贯性）或"一致性"的夸张概念；这个主张只是假定了主体某种程度的相似性。它也没有假定同感一定是不会出错的。

感受性（affective）和规范性的层面，或将这些感受性和规范性层面化约为利益。在主流经济学中，理性选择理论（rational choice theory）也只能把仁慈与慷慨这两种道德情感视为反常。但在我们的日常生活中，它们当然对我们的福祉感和快乐感极为重要，因此受到高度重视，而当这些情感缺失，我们也一定会注意到。仁慈与慷慨被恰当地视为社会美德，既不可以被化约为自我利益，也不是与自我利益对立。它们对我们的阶级经验产生很大影响，尽管在通常情况下，它们是在为阶级辩解，而非遣责阶级。

同理心 * 与怜悯

147

如前所述，为了理解诸如同理心（compassion）和同情这样的情感，我们必须避免把情绪和理性对立起来，并认识到情绪是关于某件事的，并具有认知内容（cognitive content）。玛莎·努斯鲍姆（Martha Nussbaum）主张，同理心的情绪涉及某种针对他人苦难的推理（Nussbaum, 1996, 2001）。它包含了"相信痛苦是严重的这一信念"[1]，这个信念认为"痛苦不是由行动者自己的罪行引起的……并且认为怜悯者有可能遭受与受难者类似的痛苦"[2]（Nussbaum, 1996, p.31）。同理心涉及道德想象，并预设了人类之欣欣向荣发展的前提，以及预设了与人们会受到无法控制的社会

---

* 斯密的《道德情操论》中对 compassion 的使用不是很严谨，中译有同情、同情心、怜恤、怜悯等多种译法。这里吸收了努斯鲍姆的观点，认为 compassion 也有认知性，故译为"同理心"。为了区别，下文 empathy 译为"共情"。——译者注
[1] 如前所述，信念和"设想"可能是一种感受，而不是行动者反复慎思的东西。
[2] 这些可能性也许纯粹出于假设，但却十分生动；怜悯者可能确信不幸永远不会降临到自己身上，但会相信如果自己处在这种情况下，或许在另一个社会里，她就会容易受到伤害。乐施会（Oxfam）等慈善机构正是建立在这样的信念之上。

和自然事件的伤害。正如努斯鲍姆等人提到，第三个要素，即有关怜悯者对自己可能经历相似苦难的想象，也暗示了她与受难者的差异和分离（separateness）。怜悯者的信念当然不一定正确，被怜悯者对自身境遇的信念也有可能是错的（例如，他们可能合理化自己的痛苦）。同理心不仅让同情者有理由想要消除被支配者的苦难，而且还会让他们产生怨恨，继而想要根除造成苦难的原因（Griswold，1999，p.98）。[1] 因此，它会引发社会批判，而不只是带来个人主义的反应。

不过，同理心也存在一些问题：同理心以观察者自己对受苦者处境的理解为基础，这种理解通常非常有限，所以它可能会侮辱受苦者的尊严；同理心更多的是抚平同情者的良心不安，而不是减轻同情对象的痛苦。正如斯密所指出的一样，怜悯很容易转变为蔑视（1759：1984，III.3.18，p.144）。[2] 如果怜悯者对由可预见的、可避免的社会进程所造成的痛苦表达出同理心，但没有对其原因给予相同的关切，或者说如果怜悯者与造成痛苦的原因有关联，那么这种同理心很可能被认为是羞辱性的、不受欢迎的，甚至是伪善的。根据努斯鲍姆的论述，也许正是由于这些理由，从维多利亚时代起，"可怜"（pity）一词就与屈尊俯就（condescension）和优越感（superiority）联系在了一起。

148

在此，怜悯者和被怜悯者的相对社会位置至关重要。在社会场域中，同情的关系若发生在地位相似的人之间，就不会带有屈尊的意味。有时候人们对社会位置较高的人所受到的痛苦感到同情，例如在"戴安娜症候群"（Diana syndrome）中，人们表达的同理心显然没有包含屈尊的感觉。但同理心多见于"向下"的情况，它

---

[1] 只有在其他条件相同的情况下，这些主张才会被提出来，因为这种情感可能会被其他考虑推翻。

[2] 关于从同理心到（羞辱的）蔑视和厌恶的转变，另见 Nussbaum，2001。最容易理解的一个实例，就是对待体弱多病的年老者的态度。

指向社会位置较低的人所受的痛苦，而这种痛苦是他们社会位置的产物，而不是偶然的不幸，因此，怜悯很可能被视为傲慢和羞辱；的确，怜悯者一旦意识到了这一点，可能就不再公开表达他们的同理心了。此外，如果怜悯者的相对好运气与被支配者的痛苦有关，这时怜悯者表达的同理心就不只含有屈尊了，还非常伪善。在所有不平等关系的主轴（性别、种族和阶级）中，这大概就是支配者对被支配者表达同理心的真实情形了。如果怜悯者在这种情况下意识到自己导致了被怜悯者的痛苦，同理心可能伴随着内疚感（guilt）。这种痛苦是社会结构（它不可被化约为人际关系）的产物，这一点已被承认，在这个意义上，它就有可能夹杂着更多对这种结构的政治愤怒。

嫉妒与怨恨

　　"我完全看不起对平等的渴望，在我看来，这仅仅是把嫉妒理想化了。"（Oliver Wendell Holmes，Jr，转引自Hayek，1960，p.85）

嫉妒（envy）经常被认为是一种不道德的情感，而不是道德情感——例如，斯密认为它是"一种强烈令人反感的、可憎的激情"[1]（Smith，1759：1984，p.243），但我想要论证，嫉妒在某些情况下可能是得到证成的。哈耶克（Hayek）和其他反平等主义者（anti-egalitarians）认为，对嫉妒的抨击是他们反对平等主义的一个压倒性的论证。他们的论证意味着平等主义根本不是建立在正义（justice）和公平（fairness）的崇高标准上，而是源于一种低级的、

---

[1]同时，斯密写道，有必要对"侮辱和不正义"表示"适当的愤慨"（Smith，1759：1984，p.243）。

卑劣的动机。支配者之所以谴责平等主义，是因为这让他们意识到嫉妒者都是可恶的，而作为被嫉妒者的他们则是高贵的，当然事实可能恰恰相反。（有趣的是，与斯密和休谟不同，哈耶克并不批评那些想成为被嫉妒者的人。）这种对嫉妒的抨击无法解释为什么会有中产阶级平等主义者。对于平等主义者来说，这种嘲讽显示了支配者狭隘自满、缺乏道德远见，这些人从不公平、不正义的制度中获益，他们的嘲讽实际上就是对被该制度剥夺或被阻塞的人的蔑视。有些人相信资产阶级占有了工人创造的财富，对他们来说，这种嘲讽就好比小偷把失窃者的控诉视为嫉妒而不予理睬。还有些人相信经济不平等源于一系列机制，他们认为这些机制并不回应人的需求、努力或功绩，对他们来说，这种对嫉妒的谴责也无异于廉价的中伤。

尽管如此，平等主义者仍然可能会对关于嫉妒的这种谴责感到不安，因为它似乎会让人陷入进退两难（double bind）的局面：[1]否认这一谴责似乎不合情理，因为如果富人和权贵的生活方式没什么值得羡慕的，那为什么还要重新分配他们所拥有的东西呢？另一方面，承认嫉妒似乎会招人摒弃，因为人们普遍认为嫉妒源于卑劣的动机。为了克服这一困境，我们需要重新考虑嫉妒的含义。

嫉妒有时是怨恨的，有时则不然。在前一种情况下，它既可以使嫉妒者设法夺取他们本身被剥夺的东西，也可以去毁灭这些东西。在后一种情况下（罗尔斯称之为"良性的嫉妒"[benign envy]），嫉妒可能反映了嫉妒者对自己缺乏某物感到遗憾，而不会产生对被嫉妒者的憎恨，他们甚至还会钦佩被嫉妒者（Rawls，1971，p.532）。有些人靠着运气或努力和技能在公平竞争中（"在一个公平的竞技场"）获胜，那么对他们的嫉妒就不应该夹带着怨

---

[1] 当然，在一个崇尚财富和权力，为了刺激消费而培养嫉妒风气的社会中，进退两难本身就是虚伪的（Baker，1987，p.142）。

恨。这种嫉妒还可能包含了对被嫉妒者有资格拥有优势的大方认可。在某些情况下，人们也会承认被嫉妒者的技能和禀赋也可以造福他人，但如果这些技能是通过不劳而获或凭借名不副实的优势获得的，那么这种赞赏就会打折扣。有些行动者或许不想自己的嫉妒中混夹着怨恨，因为怨恨的感受会减弱他们的幸福感，他们更喜欢大方的、毫无怨言的嫉妒，由此感到满足。对于那些被剥削或被排斥的人来说，即使嫉妒得到充分的证成，但接受怨恨比怨恨本身更令人痛苦。当嫉妒者宽宏大量地表达出嫉妒，他们会赢得被嫉妒者的认可，并且好像保有了道德制高点。[1]通过这种方式，被支配者继续维持善意（goodwill），他们的这种尝试巩固了支配秩序。在这种情况下，嫉妒与平等主义的关联微乎其微，嫉妒不过表明了被支配者对支配者的阶级遵从。

　　亚里士多德所使用的"嫉妒"一词带有贬义，嫉妒的人会对其他所有人的好运气而感到痛苦（1980，p.43），他在解释"不应得的运气"时也提到了"义愤"（righteous indignation）（同上）。同样地，朗西曼（Runciman，1966，p.11）区分了"嫉妒感和不正义感"（另见 Baker，1987，pp.141—142）。我认为"不正义感"相当于卡罗琳·斯蒂德曼（Carolyn Steedman）所说的"合理的嫉妒"（proper envy）："……通过允许嫉妒进入政治理解，财富被剥夺的人们以合理斗争的方式获得他们应得的财产，这就有可能不会被视为卑劣而盲目地贪求市场上的物品，而应将其视为改变令人陷入欲望得不到满足之世界的努力"（Steedman，1985，p.123）。我认为这个主张是正确的。这种与平等主义相关的嫉妒，与物质财富的占有并无多大关系，而更为关注对所有人都有价值的事物被系统性地排除。

[1] 斯密考虑到了这些可能性，但他认为这种"宽宏大量"是虚伪的，容易转变为羞耻（Smith，1759：1984，p.244）。这似乎也涉及进退两难的情况——嫉妒是"令人厌恶的"，但通过这种方法避免嫉妒注定是失败的。

150

正义

行动者的正义感和公平感可能是选择性的，但不论这种情感有什么样的瑕疵，否认它的存在却有点怪异。对斯密来说，正义感源于人们对他人遭受伤害的怨恨，而这种怨恨是由想象中的他者或公正的旁观者来判断的。[1] 因此，正义感源于同感的能力（capacity for fellow-feeling），即对受害者之痛苦的想象。这激发了避免伤害的"消极美德"（negative virtue），并使旁观者对他人造成的伤害感到愤怒。斯密还援引了另一种"正义"感——这一情感经常在道德和政治哲学中被忽视，但对行动者评价自身境遇和他人至关重要：它要求对人、事物或环境的某些特殊性质"给予公正的对待"。它与康德或功利主义（utilitarianism）提出的抽象正义原则大为不同。[2] 这种情感意味着，道德上要求我们在与他人打交道时，应该密切关注这些特殊性质，以便给予恰当的反应：例如，从需要、应得的事物和处境的角度来评价他人以及对待他人（Griswold，1999，p.233）。当我们感觉到自己或他人受到不公正的待遇，这不一定只是因为我们或他人受到了不平等对待，而是因为这种对待方式没有考虑到与当下情境有关的具体特性。因此，这种正义观不一定蕴含一视同仁。它可能意味着要避免因对不平等者（例如，老年人和年轻人、健全者和残疾人）一视同仁而带来的伤害。另一种可能性是，在阶级和地位差异被自然化的社会里，正如在斯密的时代就是如此，按照这种正义观，我们应该根据人的差异而对待他们。这种正义观与常民的道德想象连结在一起，而道德想

---

[1] 再次提醒，"公正的旁观者"这一虚构的形象并不是绝对正确的，他们也不必然独立于社会场域之外，如果他们真的是这样，他们恰恰就会缺乏作为公正的旁观者所需要的道德想象。

[2] 许多评论者指出，这些抽象原则要具有说服力，其前提是行动者已经具备了道德想象和道德情感。

象本身是在日常社会互动和反思性监测（reflexive monitoring）
中发展起来的，通过这种连结，斯密的正义观比起那些更倾向于规
范伦理学的正义概念，与常民的正义感更为契合。

　　同时，还有其他正义感将正义与平等联系在一起，无论是对待
方式还是结果上的平等，或是通过无条件承认而给予平等。在日常
实践中，这些正义观的不同逻辑不一定造成问题。常民道德情感来
自有知觉的行动者之间以有效的话语作为中介进行的日常互动，这
些行动者对痛苦通常有着高度的敏感性，且有能力追求欣欣向荣的
生活。[1]通常文化会造成差异，此处在对伤害和易受伤害特征的
具体定义中，正义感也会存在文化差异，这些差异可对支配关系做
出辩解，但这并不意味着某种正义感和公平无足轻重，或只是人的
空想，或只存在于西方自由主义社会里。行动者混杂的、常常不一
致的评价和动机中总是体现着某种形式的正义感。正如我们将看
到，斯密"自下而上"（bottom up）的道德分析有一个优点，那就
是他清楚意识到常民道德的不完美之处，并希望在日常实践中，而
非在为了追求完美逻辑而制定的抽象原则中，探求正义感的来源。

宽容……与相互冷漠

　　尊重他人及其自主性也是一种常见的道德情感。就其本身而
言，这种自由主义式的情感强调了我们对自主性的需要，而由此牺
牲我们对他人的依赖，以及我们作为社会性存在者对社会联系的需
求。自由主义的理想意味着一个凄凉、厌世且孤独的社会，在这样
的社会中，个体被默认为不受依赖者妨碍的成年男性，为了尊重每
个人的自主性，人们相互回避（Baier，1994）。它不要求人们欣赏

152

---

[1] 敏感性和可行能力因人而异，例如婴孩和成人、病人和健康人之间的差异，但
　　这些差异大多在可接受的界限内。

他人的品质，不要求对他人的福祉做出积极贡献，不要求享受社会美德，唯一要求的是避免伤害他人及其财产。在日常行为中，人们通常不会故意限制与自己不同阶级的他者的自由，而是会"尊重"——在这个概念最小的、消极的意义上——他者的自主性。[1]因此，尊重他人的自主性和权利，以及宽容他人的生活方式，涵盖了对个体神圣性的感受到相互冷漠或蔑视。[2]正如诺曼·格拉斯所言，在现代社会中，这个有缺陷的自由主义理想往往会沦为"相互冷漠的契约"（contract of mutual indifference）（Geras，1998）。

羞耻……

羞耻（shame）被形容为最具有社会性的情绪，因为它常常被当作社会整合（social integration）的一个重要机制，让个人能遵循外部的评价和规范（Barbalet，2001；Scheff，1990）。虽然斯密没有在论及道德情感时对它进行过特别的阐述，但偶尔也会提及这一情感，[3]而且当他强调人们如何透过他人的立场来看待自己，从而监测自己的行为时，当中已经暗含了这一情感。同时，羞耻也是一种特别私人的、反思性的情绪，因为它主要是自我对自我所作的评价。[4]当个人或群体无法按照自己的价值观或承诺而生活，特别是当这些价值观和承诺涉及自己和他人的关系，以

---

[1] 然而，人们可能非故意地仅仅让少数人对资源（如生活空间、土地和其他生产资料等）拥有私有财产权，因而限制无产者的自由（Cohen，1995）。

[2] 斯密既承认尊重个体神圣性的道德情感是正义的核心，也承认"孤独的恐怖"（1759：1984，II.ii.2.3，p.84）。

[3] 例如1759：1984，pp.84—85。

[4] 羞耻通常是由与他人相关的一些体验（或想象或真实）引起的，但主要与自我相关："羞耻是最具有反思性的情感，因为羞耻的主体和客体之间的现象学区别（phenomenological distinction）已然消失了。"（Tomkins，见 Sedgewick & Frank，1995，p.136）

及同样被他人看重的益品，他们就会认为自己是有缺陷的，从而导致羞耻这一复杂情绪的产生。它通常是对真实的或想象中的他人（尤其是那些其价值观受到尊重的人）的蔑视、嘲笑或回避的回应（Williams，1993）。虽然这些消极评价可以用语言表达，但它们也可以通过表情和举止有意地或无意地表示出来，而这就是受辱者通常受到的对待。可耻的（或卑鄙的）行为会招致蔑视，包括自我轻视。它的起因可能是不作为（inaction）或作为，某种匮乏或是做错事。尤其是当羞耻来自匮乏而不是具体的行为时，羞耻可能是一种存在于意识阈限（the threshold of awareness）之下的难以言说的感觉——一种很难"捕捉"的感觉，但它仍然可以摧毁一个人的生活，不论是通过个人感受，还是自己给他人的印象以及随之而来的他人对自己的反应。如我们将看到，这种"低层次的羞耻"（low-level shame）会逐渐转变成低自尊（low self-esteem），这在处于从属地位的群体中十分常见。它与因具体行为产生的更为强烈的（有时是猛烈的）羞耻有一些不同的特征。极端的羞耻是一种极度强烈的情绪，包含无休止的反省和自我谴责，有时会把人折磨到自杀或暴力攻击他人的地步（Gilligan，2000）。羞耻的力量证明得到他人的承认十分重要。人们感到羞耻是由于看到自身的不足，在他人的凝视中感到畏缩。由于羞耻的严重性（它成为不幸和失败的指标），并且由于我们会以自己的羞耻为耻这一事实，因此那些感受过羞耻的人通常只会委婉地承认自己的这种情感，因为公开承认羞耻令人感到羞辱（humiliating）（Scheff，1990）。

　　与所有的情绪一样，羞耻是**关于**某物的：它有指涉对象。它可能是由于未能获得受人重视的外表，例如容貌或衣着（审美羞耻［aesthetic shame］），或未能按照预期标准完成某项任务（施事性羞耻［performative shame］），或更重要的是，未能以人们认为恰当的方式行事，以及没有以可接受的方式生活（道德羞耻［moral shame］）。它也可能是将他人对自己身份的蔑视内化的产物。所有这些类型的羞耻在阶级不平等的语境中都极为常见。与其他情绪一样，羞耻也是一种会出错的反应，因为它可能是不合理的或是错误的。[1]有人可能有着被人嫌弃的身材，或者买不起时髦的衣服，他们本身没有过错，没有做过任何可耻的事，但仍会感到羞耻。同样，如果相对的蔑视感与任何被鄙视者需要对其合理负责的可耻或卑劣行为无关，那么这种蔑视感就是缺乏根据的。阶级蔑视就是这种情形。因此，像对待其他道德情感一样，我们可以承认羞耻的存在，却无须认可每一次羞耻都是适当的。甚至我们可能认为有些羞耻感是一种错误判断或是**不**道德的，例如，我父亲那个年代的已婚男性会因妻子外出工作而感到羞耻，因为这样一来就说明他们无法"养活"自己的妻子。

154   羞耻也可能源于与他人的不快比较，他人在竞争我们所重视的益品（如教育成就或道德行为等）时，表现得比我们好（Tomkins，见 Sedgwick & Frank，1995，p.161）。这种羞耻的来源就与阶级的关系而言尤为重要。正如布尔迪厄对阶级社会教育体系的广泛研究所指出的，在这种教育体系中，羞辱失败者是一种结构性地造成的结果（structurally generated effect），尽管人们会觉得这种失败是一种个人的失败（如 Bourdieu，1996a）。相信社会基本上是由精英统治的那些人最容易被羞耻的情感所伤害。性别意识形态（gender ideology）主要对男性和女性设定了不同的标准，但阶级意识形态（class ideology）却为不同的阶级制定了既相似又不同的标准；工人阶级被想象也被期望能够与其他阶级平等竞争，但人们知道他们注定会失败。

当我们重视的东西与他人相同，由此我们与他人有了共同之处，

---

[1] 这点对羞耻而言较为不明显，而骄傲作为其对立面，则在许多情况下被描述为"错误的"。

那么此时，羞耻也可能产生于感同身受（vicarious sources），其途径是共情或同感（Tomkins，见 Sedgwick & Frank，1995，p.159）。我们可能分享自己群体中其他成员所感受的羞耻，或者承担即使他们没有、但我们认为他们应该感受到的羞耻。我们作为许多群体的成员，可以感受到自己认同的任何一个群体的羞耻感："我可能会对任何人或动物受到的侮辱或苦难感到羞耻，因为我感觉自己认同人类或动物世界，并对这些生命充满敬畏。"（Tomkins，见 Sedgwick & Frank，1995，p.160）[1] 鉴于我们属于若干不同的群体，我们是否对另一个人的行为感到蔑视和羞耻，取决于我们在考虑哪一个群体。英国中产阶级的成员可能会鄙视工人阶级的足球流氓行为，这与他们的阶级有关，但因为同为英国人，他们也会感到羞耻。

　　羞耻常常与内疚（guilt）有关，它们在流行用语中的区别有时是模糊的和不稳定的（Bartky，1990），但大致而言，羞耻主要是指向内在的，无须将其与伤害他人关联起来，而内疚更多地和（真实的或想象的）错误对待他人有关。虽然两者都会引起人们对他人真实的或想象的感受的回应，但以羞耻回应的他人感受一般是蔑视、嘲笑或回避，而以内疚回应的他人感受一般被认为是愤怒、伤害或愤慨（Williams，1993）。此外，虽然羞耻涉及审美、施事能力以及道德等议题，但只有当人因为意识到与他人有关的道德缺陷时，才会产生内疚。这两种情绪常常是结合在一起的；一个人可能会因为没有信守对别人的承诺而感到内疚，同时也会因为在这方面让自己失望而感到羞耻。所谓的"中产阶级内疚"（middle class guilt）似乎同时包含了羞耻和内疚，因为它既隐含了对自己属于一个不公平、不平等社会的遗憾，也意味着对自身具体行为的遗憾，

155

---

[1] 许多素食主义者提到，他们对那些被饲养以供人类食用的动物所受到的痛苦而感到羞耻，这是他们追求素食主义的原因之一。

即牺牲工人阶级的利益以促使中产阶级优势的再生产。[1] 然而，羞耻与内疚也可能是不同的；一个不识字的成年人或许会因此而感到羞耻，但不会感到内疚。

　　羞耻虽然在某些方面与自尊和骄傲是相对的，但它们也互有关联。体验到羞耻就是感到自己能力不足、缺乏价值，或许还会觉得自己缺乏尊严、不够正直。[2] 自尊源于人们感觉自己过着有价值的生活，并相信自己有能力做自己认为有价值的事情。虽然自尊是一种非常私人的情感，但它也是一种深刻的社会性情绪：如果没有人赞许我们的行为，我们也不可能坚信自己的生活方式和所作所为都是有价值的（Rawls，1971，pp.440—441），他人的认可对福祉至关重要，特别是来自我们尊重的人的认可。罗姆·哈雷（Rom Harré）认为，行动者为了获得尊重，会不断寻找让他们有可能被他人蔑视和由此而感到羞耻的风险的情景，这意味着除非我们冒这种风险，否则我们将难以获得尊重或自尊（Harré，1979）。羞耻和自尊就是这样联系在一起的。有些人从来不冒遭他人蔑视的风险，不管在什么情况，他们从不把自己的信念置于"危险之中"，那么他们就很可能被视为缺乏坚持信念的勇气，或者根本就没有信念或承诺，因此也就缺乏品格。这种策略之所以失败，是因为它也招致了蔑视。人也可能会对自己没有任何信念而感到羞耻。面对使人屈服的压力仍然保持正直，这是尊重和自尊的一个主要来源，但其背后也有对失败后可能带来的蔑视和羞耻的恐惧。因此，在米

---

[1] 中产阶级的内疚感和羞耻感通常非常有限，并夹杂着大量的自我辩解。这些情感往往只有最微小的痕迹，因为阶级如果不是被自然化的话，也被正常化了，而且在任何情况下，造成阶级不平等的责任都在于社会力量，而社会力量是无法被化约为个体行动的。

[2] "如果悲伤是痛苦的结果，羞耻就是受侮辱、失败、犯罪和疏离引发的感觉……恐惧和悲伤令人受伤，它们是外部事物穿透了光滑的自我表面后而造成的创伤；但是羞耻感却是一种内心的折磨，一种灵魂的痼疾。"（Tomkins，见 Sedgwick & Frank，1995，p.133。）

歇尔·拉蒙采访的美国工人阶级男性中，自尊主要来源于他们的自律、努力工作、供养和守护家庭、在不安全的环境中依然保持自身价值观等能力（Lamont，2000）。他们可以昂首挺胸，把自己界定为在道德上比管理者更优越，他们认为管理者缺乏正直的品格，不能正确地评价人，还总在掩饰自己对金钱、权力和地位的贪欲。[1]

　　一方面，有些羞耻的形式发生在高度自我评价的人身上，她在某些情况下对自己没有达到自己的标准感到失望。在这些情况下，只要他人真实的或想象的评价符合自己的观点，那么她就会接受。相反，当她觉得被别人轻视，而这个人又是她不尊敬的，且和她意见相左，那么她就不会感到羞耻，因为她并不觉得自己做了什么令人羞愧之事。正如心理学家西尔万·汤姆金斯（Sylvan Tomkins）所说，在这种情况下，羞耻的负面感觉取决于对特定行为、理想或原则的正面评价（Sedgwick & Frank，1995，pp.136ff.）。正是因为他们一直致力于遵循某些标准，所以如果他们未能达到这些标准，他们就会感到羞耻。在这些情况下，"羞耻不需要以自尊的降低为基本前提"（Nussbaum，2001，p.196）。[2] 只有在我们对自己有一定的期望时，我们才会感到羞耻。这是羞耻感的一个核心特征。社会学的论述经常忽略羞耻的这一核心特征，而倾向于强调外在的社会影响，把羞耻仅仅看作是因外部反对而引发的产物（如Scheff，1990）。如果一个有高度自尊心的人，被一个其价值观她并不尊重的人蔑视，那么她可能会感到难过和愤怒，但未必会感到羞耻。最严重的、最有可能让人感到羞耻的蔑视，往往来自那些价

156

---

[1] 另见 Kefalas，2003。管理者们可能不会因为工人的这种蔑视而感到羞耻，因为他们觉得工人没有资格评价自己的品格，而且他们的自尊另有来源，尤其是他们的成就。　.

[2] 但我与汤姆金斯和努斯鲍姆持不同意见，我认为这并不适用于处于从属地位的群体中的成员的低层次羞耻感。

值观和判断都受到自己尊重的人。因此，双方价值的共性越强，其中一方感到羞耻的可能性就越大。

另一方面，有些羞耻的形式发生在自视甚低的人身上，他们没有自信反驳那些毫无理由的蔑视，或者即使他们不同意别人的批评或蔑视，仍然会对此感到羞耻。自视甚低不是由单一事件造成的，而是一种因经年累月受到他人微妙或不微妙的轻视对待所养成的惯习。这一点在性别化和阶级化的行为中非常明显，在这些行为中，处于从属地位的人不被倾听、动辄被打断、不被认真对待、被人以高人一等的态度对待，或以一种对其社会劣势不敏感的方式看待。这种不尊重不一定是通过言语表达的，而有可能表现在细微的举止中，也体现在内在益品和外在益品以及物质财富的分配不平等上。

桑德拉·李·巴特基（Sandra Lee Bartky）描述了她教授中年女性学生的经历，尽管女性学生在参与课程的学生中占多数，而且她们也知道自己的总体表现比男性学生优异，但她们仍觉得自己能力不足。她们感受到的羞耻不是一种情绪或信念，而主要是"一种适应社会环境的普遍的情感调适……一种揭露自我和自身处境的深刻模式"（Bartky，1990，p.85）。[1] 她们无力反抗这种次等地位，这是她们在自我评价上缺乏足够信心的产物。当羞辱者的社会位置比被羞辱者高时，羞辱者的观点就可能会具有社会权威（Calhoun，2003）。因此，羞耻的力量不成比例地大量集中在支配者身上。[2] 切希尔·卡尔霍恩（Cheshire Calhoun）引用莱赫蒂宁（Lehtinen）的话说："相比男性，女性更不可能反抗羞辱者对自己的判断，因为她们已经内化了过低的自我评价。"（Calhoun，2003，p.10）低层次的羞耻作为从属阶级地位的产物，情况是与性别化的行为类似的，区别在于，我们在第四章中谈到，处于次等

---

[1] 巴特基认为只有女性身上才会发生这种情况，但我认为男性也会有这种感觉，尽管不太常见。

[2] 这是另一个有关"善"与"高雅"可疑地结合在一起的例子。

地位的人要面对他人屈尊俯就的姿态和偏低的期望，这在一定程度上是身份中立过程的产物。低层次的羞耻可能没有暂时性羞耻（episodic shame）那么强烈，但它更持久，在阶级和性别的再生产中可能更具有社会学意义上的重要性。

卡尔霍恩认为，即便人们不同意某些评价，也会感到羞耻，这最有可能发生在以下几种情况中：他们有些在乎给予他们负面判断的人，他们不得不定期与这些人合作，他们是少数群体或是沉默的大多数。我们是"道德的社会实践"（social practices of morality）的参与者，例如工作场所的实践，对我们来说，这很可能是"城市中唯一的道德游戏"，虽然我们可能觉得，一些共同参与者有时错误地对我们做出负面的判断，但他们的观点还是有一定的分量，并给我们带来羞耻——尤其当他们是**重要的**共同参与者，而且我们尊重他们的其他观点。有些人自视甚高到一定的程度，以至于他们对共同参与者的所有负面判断都置若罔闻，即便这些判断有时是错误的，我们也会对他们很怀疑，认为他们没有认真对待道德的社会实践（Calhoun，2003）。道德不只是认识论的问题，还是存在者之社会性品格（social character of being）的产物。

低层次的羞耻通常无法用言语表达，它会**导致**退缩和沉默，让人觉得自己没有发言权，从而缺乏表达自身处境的实践，至少当其他阶级的人在场时是这样的（Charlesworth，2000）。这反过来又可能被他人当作性格木讷或智力低下的证据。因此，最贫穷的人不仅处在物质被剥夺的处境，而且也被剥夺了言说的机会，由此被剥夺了作为主体的权力。低层次的羞耻有深刻的具身化的特质，这一特质非常明显地体现在如下事实上：它也倾向于特别抵制表现出自身缺乏资格（warrant），因此，当被支配群体中的成员向上发展时，却通常觉得自己还不够优秀，感觉自己总有一天会被人"揭穿"。通过与其他受苦者分享经验，可以减少这种羞耻感，从而将其带入话语意识（discursive consciousness），获得自尊以及反驳他

158

人蔑视的信心。因此，正如詹姆斯·斯科特（James Scott）在对奴隶社会的研究中所说的，被压迫者往往会发展出自己的"隐蔽脚本"（hidden transcript），以捍卫他们的道德价值，必要时它可以公开并作为反抗的理据（Scott，1990）。消除低层次羞耻需要经年累月的反复实践，锤炼新的行为模式，使其深入到身体和心灵，并获得在他人看来能提供自尊和尊重的实践*和益品的渠道。

现在我们可以总结这些对蔑视的不同反应，就像在上一章总结有关学校教育的"高雅"和"善"的判断。

（1）感到羞耻，因为我们承认自己的行为确实有缺点（合理的羞耻）；

（2）不感到羞耻，因为正确地相信他人的蔑视是错误的（合理拒绝他人的蔑视）；

（3）不感到羞耻，因为错误地以为他人的判断是不合理的（无耻、自大）；

（4）感到羞耻，因为错误地接受他人不合理的判断（错误的羞耻）；

（5）感到羞耻，尽管不同意他人的负面评价（不合理的、但有压迫性的羞耻）。

第（4）种和第（5）种反应在从属阶层中最常见。虽然我们在分析中可以将这些不同的反应区分开来，但在实践中，我们可能很难决定是否应该感到羞耻：首先，这是因为许多关于有条件承认和道德问题的判断往往极为困难；其次，由于道德实践的社会性特质，反对大多数人的道德实践困难重重；第三，以低层次的羞耻为例，它是深度具身化的、不受分析的影响。

羞耻反应是社会秩序生产的一个重要机制，没有羞耻感的社会秩序是难以想象的，因为人们通过羞耻感把各种期望、规范和理想内化，并通过它们规训和惩罚自己。话语或许给了人们脚本，但是人们可以根据其与自身福祉的相关程度，决定关注话语的哪些部分、忽略哪些部分；人们不只是靠话语决定自己行事的。（再提醒一下，话语不能唯意志论地建构任何东西：即使它们可以试着定义福祉，但也有可能失败，并且行动者会援引这些话语内部的冲突以及与其他话语的冲突，来抵制这套话语。）在显著的文化多样性下，人类感到羞耻的普遍能力成为他们被各种话语和规范捕获（ensnared）的机制之一，不管人们的差异如何。但"被捕获"这一比喻也过于消极，因为人类需要获得他人的承认，这让我们从自己的文化所提供和定义的众多可能性中寻找一种合乎道德的行为方式，而这一追求总是冒着失败和羞耻的风险。所有这些并不是否认权力在与羞耻相关的社会环境中普遍存在，但是权力概念本身——不管是毛细血管式的权力形式，还是大动脉式的权力形式——都无法解释羞耻反应内化的规范性力量和选择性。因此，羞耻是象征性支配的必要条件，尽管布尔迪厄没有直接承认，也很少有人承认这一点；事实上，如果没有这些情绪，我们很难理解象征性支配。

　　然而，如果仅仅把羞耻看作是一种导致社会服从（social conformity）的情绪，这就流于肤浅，因为这并没有正确解释羞耻的规范性结构，因而也无法解释它产生的一切效应。人们力图避免羞耻的欲望，可能会推动他们**抵抗**，而不是服从。例如，那些强烈反对种族主义的人，可能会在某些情况下发表反对种族主义的言论，从而承受某些风险。如果我们没有规范性承诺（normative commitments），我们就很难明白我们为什么要抵抗，何以感到羞耻，因为我们尽可以"随波逐流"，接受当时当地的任何现实压力。然而，当反种族主义者在别人发表种族主义言论时保持沉默，那他就有可能因为自己的服从和没有抵抗而感到羞耻。因此，羞耻感既可以导致服从，也可以导致反抗，但如果我们仅仅把它化约为惧怕外部反对的产物，我们就无法理解这一点。

　　哪些行为值得骄傲，哪些行为恰当地引发羞耻，这些问题在规范性上是至关重要的，并可能在人的内心对话中表现得非常明

显。鉴于现代性的价值体系的多元性以及对自我规划的重视，这些
问题尤其可能出现在现代性中。价值和尊重有许多不同的来源，例
如家庭生活、职业成就、养育子女、男性特质和女性特质，其中很
多来源是不能完全相互兼容的。尽管如此，相比规范较为多元的社
会，不平等社会拥有更多被广泛接受的共享的或霸权式的规范，因
此就更容易制造羞耻感，因为许多人被剥夺了按照这些规范生活的
资源。因此，当工人阶级父母越是想积极培养他们的孩子，他们就
越认同关于教育和功绩主义的价值观，一旦学校体系拒绝他们的孩
子，他们就越容易感到羞耻。[1]

当人们面对令人羞耻的客观条件时，也就是说，当他们别无选
择，只能以他们无法接受的方式去生活，他们可能会重新考虑导致
羞耻的评价，进而贬低之前被重视的东西，并重视之前被鄙视的东
西。工人阶级如果拒绝接受他们已经被拒绝给予的东西，就可以避
免伴随着匮乏而来的羞耻感，的确这也可能是他们拒绝那些事物的
一个动机。相反，想要得到尊重和承认可以说是工人阶级的一种羞
耻反应，这取决于他们对匮乏之物的正面感受。人们有时可能对这
类事情有着矛盾的情绪。处于从属地位的群体为了自尊的斗争很可
能导致自相矛盾的秉性和意见。他们可能会试图从自己的地位、从
自己承担责任之坚韧不拔的精神中来锻造自己的美德，但同时他们
也会因为不得不承担这些重负而感到羞耻。这些反应既是反抗，也
是服从。在一项针对西坎布里亚郡（West Cumbria）工人阶级的研
究中有一个例子，西坎布里亚是英格兰西北部一个与世隔绝的、经
常被遗忘的地区，该地区失业率居高不下，经济上高度依赖臭名昭
著的塞拉菲尔德（Sellafield）核电综合体。人们对后者的态度和秉
性包括抵制、顺从和合理化，他们既批评该产业的保密性和主导地

---

[1] 这一点在黛安娜·雷伊所做的研究中得到了证实，她的研究涉及工人阶级和中
产阶级母亲让自己的孩子受教育的经历（我们在上一章讨论过，Reay，1998a），
以及工人阶级出身的学者的经历（Reay，1997a）。

位，也针对外界对该产业的批评做出防御性的辩解。他们都想知道更多关于核废料危害的信息，但又不愿意知道。他们都很庆幸自己能够坚强地生活在如此接近危险的地方，但又对此感到羞耻和愤怒，因为他们竟然允许自己的家园成为其他地区和国家核废料的接收地（Wynne et al., 1993）。[1]

这种混合了羞耻、辩解和自大的状态是人们不得不在自己不能选择的环境中寻求自尊的典型情况。在具体情况中，我们通常面临彼此竞争的压力和价值体系，虽然在日常生活中，我们不一定要解决由此产生的各种紧张关系，但它们很可能造成情绪矛盾。在嫉妒和拒绝主流价值观与无法拥有相关益品之间，从属阶层尤其感到自己被撕裂，从而在接受和拒绝羞耻之间挣扎。这种羞耻感有时是在行动者无法控制的情况下产生的，这对理解阶级经验至关重要。当行动者对不平等现象有个人主义的解释时，他们的羞耻感就更为强烈。因此，在杰伊·麦克劳德（Jay Macleod）的研究中，相信美国梦（即个人必须为自己的命运负责）的黑人工人阶级青年比那些反对美国梦的白人同辈更容易感到羞耻（Macleod, 1995）。同样，在拉蒙的研究中，法国男性工人比美国男性工人更不容易感到羞耻，因为他们对阶级的理解更为结构性和政治化（Lamont, 2000）。

……与羞辱

与羞耻密切相关的是羞辱（humiliation）的产生和体验。造成羞辱的途径不仅包括把缺陷归于某个人或群体，还有把这一劣等缺陷公之于众，其最极端的形式是要受辱者通过贬低自己来证实这

---

[1] 感谢布罗尼斯拉夫·塞尔申斯基（Bronislaw Szerszynski）提醒我注意到这一研究。

一点（Glover，2001）。羞辱的范围包括一些特定的行为，比如老师在同学面前诋毁一个孩子（这可能是因为孩子的社会阶级、"种族"、性别、身材或性特质，或者其他与这些无关的原因），也包括用温和的、含蓄的形式，比如代替可以很好表达自己的人说话。贫富差距悬殊，加上广告商倾向于诱使消费者把消费当作衡量自身价值的标准，这些事实都造成了对穷人的羞辱。[1]这可以被称为"结构性羞辱"（structural humiliation）。对羞辱的恐惧激发被支配者掩盖自己的贫穷或其他形式的匮乏，并隐藏任何显示他们地位低下的迹象。对受辱的恐惧也会导致过度的炫耀性消费（以个人的负担为代价），用以掩盖自身的匮乏。（有趣的是，资本主义文化的批评者往往更关注炫耀性消费，而不是与之相关的掩饰匮乏的行为，他们把炫耀性消费视为肆意挥霍的证据。）

羞辱也可能是仁慈行为引起的。例如，基于经济状况调查（means-testing）的精准再分配是出于好意的，但它的羞辱性会招致怨恨或得不到回应，因为它把受惠者的匮乏公之于众。[2]尤其在基于经济状况调查，分配的是特定益品而不是金钱时，这种情况就尤为明显，这种做法意味着不尊重受惠者自主性，因为这是在干涉他们的决定，而其他人却可以私下做决定。在这种情况下，尽管慈善是出于好意，但它也可能会给人带来羞辱（Wolff，2003）。支配阶级的成员有可能（尽管很少）意识到以羞辱和贬低穷人的方式进行再分配的危险。正如被支配者对支配者的慷慨大方（"如果是他们应得的，那就乐见其成吧。"）会使不平等合法化和永久化，同样地，支配群体的某些成员具有避免羞辱穷人的道德欲望，这可能会阻止他们对不平等采取行动（Anderson，1999；Wolff，2003）。

162

---

[1] 托尼指出，"财富和经济实力的巨大对比必然导致道德羞辱"（Tawney，1931，p.41）。

[2] 当然，我们也可以说这是一种监控和管理穷人的方式。

由经济状况调查产生的羞辱说明了阶级的结构性本质。平等主义者反对单纯的慈善（charity）的老式论证所诉诸的理由，可以帮助我们理解象征性支配。即使有人争辩说，穷人的贫困不是因为自己的过错而造成的，所以他们可以主张获得利益而无须感到羞辱，但经济不平等的结构性本质经久不衰，而且其与文化、教育及其他形式的资本不平等之间有密切联系，这些都使得这种争辩很难被接受。如果以经济情况调查为基础的再分配是针对一次性罕见灾难的补偿，情况会有所不同，但在结构性不平等的背景下，该补偿政策的例外性和权宜性（palliative）势必会破坏它在潜在受惠者心目中的正当性。当被支配者确信他们的劣势不是来自个人的缺陷，而是来自分配和承认的不正义时，那么再分配就更有可能被理解为巩固既得权益，而不是弥补被支配者的匮乏。

对斯密来说，这些和其他道德情感以道德心理学、我们的脆弱性以及我们对他人的生理、心理和情绪依赖为基础："人类社会的所有成员，都处在一种需要互相帮助的状况之中，同时也面临相互之间的伤害。"（Smith，1759：1984，II.ii.2.4.，p.85）* 这里的"帮助"（assistance）可能来自行动者的正义感、感恩和仁慈，或者来自功利感、明智（prudence）和开明的自利（enlightened self-interest），特别是在市场关系方面（同上，p.86；另见Smith，1776：1976）。使道德普遍化的要素并非源自某个抽象的原则，而是像斯密说的一样，隐含在社会互动心理学中。人们需要"获得应得回报的愉快意识"，这促使行动者至少公平地善待某些人。如果行动者可以在自己群体内部获得这样的承认，那么他们对别人的承认的需要就会少一些，但并不是不需要。对应得承认的欲望往往被更反社会性的秉性和动机所推翻（斯密清楚地意识到这

---

* 译文来自亚当·斯密：《道德情操论》，蒋自强等译，商务印书馆2003年版，第105页。——译者注

一点），这些秉性和动机经常被累积性的不平等和不正义及与其相关的正当性话语所激发，但这和上述观点并不矛盾。力量无法施展出来，或施展的力量受到其他人的压制，这是如社会系统这样的开放系统的常态（Bhaskar，1979；Collier，1994；Sayer，1992，2000a）。我们现在来讨论这些抵消或压制的倾向。

不道德情感与阶级

阶级蔑视（class contempt）[1]（Reay，1998b）和其他类型的"他者化"一样，其范围包括发自内心的反感、厌恶和嘲笑，对他人视而不见、充耳不闻的倾向，还有最细微的厌恶形式。最温和的阶级蔑视可能仅仅是与别人在一起时感到的些许不适，这可能被归为一种无法融入之感（a sense of not belonging），而不是对他人的敌意。就算是最温和的阶级蔑视，在某些情况下（如求职面试），也会对人们的生活机会产生重大影响。它对口音、语言、外表、态度、举止、价值、行为、财产和生活风格作出反应。这些阶级差异的各种关联在文学作品中，在每一部肥皂剧中都得到了细致入微的展现，在喜剧中也遭到了讽刺。[2]因此，阶级蔑视包括但不限于自我优越感，不管是处在社会地位的"高处"还是处在"低处"，人们都可以感受到这种情感。就像种族主义、性别歧视、年龄歧视或恐同症一样，阶级蔑视也缺乏合理的道德基础。然而，令人震惊的是，尽管性别歧视，尤其是种族主义言论在官方话语中已经被视为禁忌，但阶级蔑视的言论却还没有消失，因此，比如《泰

---

[1] 我偏好使用雷伊的"阶级蔑视"，而不是用布迪厄的"阶级种族主义"，因为后者显然会带来不必要的负担。

[2] 的确，在戏剧或电影中，如果一个演员的表演不符合他们所扮演的角色的阶级，那么他会被认为是一个很糟糕的演员，这体现了阶级行为的普遍性和重要性。

晤士报高等教育增刊》（*Times Higher Educational Supplement*）可以不加批判地报道工业和高等教育理事会（the Council for Industry and Higher Education）的首席执行官所说的一番话，他称呼来自较低社会群体的学生为"下层民众"（the unwashed），并声称他们需要发展他们的社交技能（*THES*，17.5.2002）。[1]

某些人可能仅仅因为阶级或性别等因素就遭到贬损或享有特权。这个人是谁？他们的背景是什么？任何一个人只要显得与其地位不相符都可能被怀疑：这个属于工人阶级的人怎么会这么时髦？这个带有工人阶级口音的人怎么可能是政治学教授？这位女性水管工能行吗？诸如此类的质疑还有很多。这些例子说明了例如阶级、性别或种族的符号是如何引发价值评价的。对能力的质疑，以及有时甚至对与其地位不符的人的合宜性的质疑，都揭示了人们对处于各种地位的人有不同的期望与评价；比如说人们不会期望工人阶级的人有能力从事脑力工作，或妇女有能力成为水管工。阶级蔑视的典型表现是从审美上的谴责不合理地转移到施事性的、道德上的谴责。它也包括对自我和同一阶级的人的赞同，将所有恶劣的和不道德的东西投射到另一个阶级上，这反过来又把一切优点都归于自己的阶级（Skeggs，2004）。这一点在以下事实中有明显体现：黑人工人阶级总被视为可疑的罪犯，近来贫穷的白人工人阶级也总被列为罪犯，而中产阶级的犯罪却受到纵容。此外，在许多情况下，工人阶级女性尤其被视为厌恶的对象，因为她们有"夸张的虚假外表"，这一点"直接意味着没有道德价值"（Skeggs，2004，pp.99ff.）。这既增强了中上层阶级牢不可破的优越感，也增强了小资产阶级的不那么稳固的优越感。

就像许多情绪一样，轻蔑也可以不经意地通过脸部表情流露出来——上唇上扬后的嗤笑。正如汤姆金斯指出的，这是身体对

---

[1] 关于其他许多例子的讨论，参见 Skeggs，2004。

所反感或所厌恶的对象的一种退缩反映（Tomkins，见 Sedgwick & Frank，1995）。通常来说，这种表情在上层阶级中更不易察觉，因为他们会避免强烈的面部表情和情绪表现。他们处于支配地位，不需要较为强烈的信号来表达，因为这样做只会表明他们在乎。因此，他们只需微微眉头一皱，不必表现出咄咄逼人的嘲讽。即使别人厌恶他们，他们也没有必要怨恨别人，但对于受支配群体的人来说，怨恨可能是一种更强烈的情绪。众所周知，玛格丽特·撒切尔夫人（Margaret Thatcher）在采访中被问及她觉得不愉快的事和人，尤其是关于她觉得地位低下的人时，她的脸部表情非常明显地体现了阶级蔑视。她在回答之前往往会停顿片刻，以表示这个问题本身的性质和提问者的无能，然后她用嘴倒吸一口气，这时她的上唇被脸颊微微向后牵动。她的嘴部动作表明她正在忍受一种令人不悦的品味，当她挺直身子准备说话时，她会半闭上眼睛，先向下看，然后再抬起眼。接着她会将头偏向一边，摆出一副居高临下的神情，仿佛在和一个不听话的孩子说话，此时她的嘴部动作又一次表现了她的反感，她一边做吞咽的动作，一边斟酌着要说些什么，有时还会瞪着提问者，戏剧般地发出暴怒的遣责。她如此明显地流露出的阶级蔑视和优越感，这会在她的听众中引起钦佩还是厌恶，要视听众的阶级属性而定。[1]

　　毫无疑问，阶级蔑视无处不在，但它当然不是评价自我和他人的唯一基础，因为这种评价也是根据特定的行为和品格而得出来的。从正面的和规范性的视角来看，非常重要的一点是，并非所有对其他阶级行为的蔑视都是阶级蔑视，当人们看到与自己属于相同

---

[1] 当然，撒切尔夫人的一个突出的特点是她对**工人阶级**集权主义（*working class authoritarianism*）集团有一定的吸引力，也对那些希望与他们认为地位低下的人保持距离的人有吸引力。这告诉我们，虽然支配、屈尊和尊重是典型的阶级间关系，但它们也存在于其他情况下，包括属于同一社会阶级的成员们之间的关系。

阶级的成员有类似行为时，也可能同样会产生蔑视。[1]这同样适用于性别；并非所有反对不同性别者的行为，都是出于性别歧视，因为当人们发现与自己同性别的人做出相同行为时，他们也会予以反对。所谓的阶级蔑视，我们指的是由于人们的阶级地位而不是他们的行为，而对他们及其行为表示蔑视，另外有一种情况，我们对他人的行为表示蔑视，仅仅是因为其行为与某个特定阶级相关联，这与行为是"高雅的"还是"普通的"有关，而与该行为的善恶无关。

与性别歧视、种族主义、年龄歧视和恐同症等一样，阶级蔑视形成了人们作出审美判断、施事性判断（performative judgement）和道德判断的背景。阶级蔑视可以修正这些评价，在其中引入双重标准，以至于人们会对不同群体内的成员相同的外表、成就或行为做出不同的评价；在男性身上可以被接受的东西，在女性身上却不容许出现，或者白人可以免除的，黑人却不被允许免除，等等。[2]亚当·斯密承认这种情况与阶级的关系："钦佩或近于崇拜富人和大人物，轻视或至少是怠慢穷人和小人物的这种秉性，……是……我们道德情操败坏的一个重要而又最普遍的原因。"（Smith，1759：1984，I.iii.2.III，p.61）[3]*斯密关注日常生活中的关系，而不是发展一套完善的伦理学的规范性哲学，这使得

166

[1] 区分对他人的谴责和对特定行为的谴责十分重要，这个区分有时在常民思想中也很明显。参见下文第八章。

[2] 在这些差异形式中，决定什么是公正和正当的判断的，往往**不是**忽视差异和试图强加单一标准的问题；因此，年轻人和老年人之间的差异可能并不都是错误归因，但是判断需要考虑到这些差异。换言之，关于应得和不应得承认的争论必定与平等和差异的争论有关，女性主义对这点特别进行了探讨（例如 Phillips，1997）。

[3] 熟悉斯密的人会发现，这一引文中被省略的部分对理解斯密来说非常重要。然而，若要深入研究这一点，就会偏离主题，并且无助于发展我的主张。

* 译文来自亚当·斯密：《道德情操论》，蒋自强等译，商务印书馆 2003 年版，第 72 页。——译者注

他承认这种"败坏"是社会生活的一个普遍特征。它们对社会划分的主观体验至关重要,它们不仅扭曲了道德情感,而且扭曲了对非道德性质的评价。但是,行动者也可能认识到这种变化和扭曲是不合理的,尤其当他们自身处在会受到负面评价的位置时,他们会作出反应——要么推翻特权和这种堕落,要么拒绝特权。

同时,对他人的判断并不完全是一种无视他人实际在做什么的他者化的形式,尽管其中确实包含这种成分。只要我们还需要依赖他人,那么在证成情况下,我们不可能完全无条件地给予或拒绝给予承认。我们还需要判断他们的行为,包括他们是如何对待我们和他人的;换句话说,我们的承认是有条件的。这就有可能使我们的偏见与他们的行为相矛盾;也就是人们的审美、道德和施事性判断有时会与他们与阶级、性别和其他划分有关的偏见发生冲突。因此,阶级蔑视与其他道德性较高的情感,如同情和慷慨,是共存的,并且能够压制这些情感,也反过来受到这些情感制约;的确,这是挑战阶级蔑视的主要来源,对于性别歧视、种族主义、恐同症也是如此。有些人纯粹基于如"种族"、性别或阶级、年龄、性特质或某种缺陷等不相干的指标,就拒绝承认上述冲突,以及无论他人做了什么都不愿意给予承认,他们这样做也就相当于让自己无法获得对自己有益的关系或帮助。相反,那些无条件给予被偏好的群体承认,并因此不相信他们会辜负期望的人,会因此让自己陷入容易受骗的风险中。

进步的剧作家和小说家在处理阶级、性别或"种族"等社会划分时,常用的方法是把他们笔下角色的道德偏见与道德他者(moral others)对立起来。因此,白人至上主义者、庸俗市侩者或性别歧视者,会被黑人、工人阶级男性或女性的卓越道德表现所羞辱和贬低。如此刻画道德他者的特征可能本身就是一种屈尊俯就,一不小心就会加深刻板印象(例如,他者虽然道德高尚,但**头脑简单**),而知识分子通过批评这类作品,可以强化自己的文化资本,但这类作品的确说明了道德行为和这种社会划分之间的关系在本质上是偶然的。此外，如果情况并非如此，我们就很难理解何以我们应该认为阶级、"种族"或性别之类的等级划分是有问题的。

上述这些评价和区分方式都暗含着有条件承认（不论是否被扭曲），除此之外，人们可能也有这样一种道德感受，即所有人都享有作为人而受到尊重的权利，这就是无条件承认，虽然在实践中，这种包容性的人类道德共同体观念（理想）很明显通常没有被付诸行动，许多"他者"在不同程度上被排除在外。在米歇尔·拉蒙采访的法国和美国的黑人及白人工人阶级男性中，少数表达反种族主义态度的人，所诉诸的就是这种普遍的人性。

小结

这里探讨的道德不是以宗教或与我们情感联系非常稀薄的伦理学理论为基础的形式化规范或教义，而是以根植于社会心理、作为评价性判断的情绪反应为基础，它是由自主性、依赖性以及对益品和承认的需要这三者的辩证关系所塑造。我已经强调道德和不道德情感是如何与阶级联系在一起的，但是，正如我们在开头指出的，**所有**社会关系都有一个道德层面，这些关系包括父母和孩子、男性和女性、同事、朋友、邻居、陌生人、商人、不同文化的人，以及其他各种关系。道德和不道德情感都有可能发生在所有这些关系中。行动者主要通过生活于这些关系中而获得道德教育。因此，当行动者在某种关系中受到蔑视或承受其他原因的痛苦，他们就有可能想象道德情感对其他处在相似或不同关系中的人的影响，其中包括阶级关系。

对待不平等他者（unequal others）的秉性和情感通常是复杂的、不一致的，混合了不同强度的阶级蔑视（和／或性别歧视、种族中心主义等）以及同情和慷慨。有时，同理心的道德情感可能会转变为屈尊俯就的怜悯和厌恶。对阶级他者的感受不一定只是对其阶级的反应，也有可能与其他一些不受阶级影响的特征有关，比如身材和美貌，因此情况就更为复杂了。对自我和他者的常民评价往往会以各种方式被误导——它们可能是"道德说教的"、伪善的，或者有时是不道德的和不公正的，并且它们也有可能忽视社会条件，总是简单地把问题归咎于个体。然而，我们不能忽视这些情感和评价，无论它们是默会的还是经过深思熟虑的，因为：（a）它们对个体非常重要；（b）无论我们是否同意常民评价，它们都有助于我们社会现实的再生产；（c）它们都有助于我们了解阶级关系；（d）它们再现了与道德和社会理论对立的规范性立场，如果理论不想止于学术界的听众，那么就必须对此作出回应。

　　许多当代社会学者大概会质疑我对道德情感的关注。如果确实如此，我想请他们的反思，请他们自问能否离开这些情感或秉性而生活——不去认识友善、同理心、羞耻、内疚、仇恨、厌恶等情感之间的区别，不持续地监测自己和他人的行为，以及他们是否可以不用去区分应得的和不应得的承认（例如在批改论文时）。如果其他解释不能承认这些不同的道德情感，由此与我们自己的实践相矛盾，那么就正如我在一开始所主张的，我们应该拒绝这些解释。如果我们忽视道德情感，我们很可能会把阶级分析化约为对偏见和敌意片面的、灰暗的解释，这不仅会让我们忽视整个图景的大部分内容，而且也让我们除了理解对权力的追求之外，根本无法理解反抗的其他根源。

第七章

对阶级的反应Ⅰ：平等主义、尊重（可敬）、阶级自豪感与道德划界

引言

正如我们在论述社会场域的微观政治斗争时所见，人们对待阶级他者的方式混杂着对优势的追求、恭敬、抵抗和对益品本身的追求。但人们也受到自身道德情感与规范的影响，而这些道德情感与规范只是部分地受到阶级和其他社会划分的扭曲。它们可以在阶级层级（class hierarchy）中起作用（不一定是故意为之），也可以与之无关。然而，即便不是为了争夺高于他人的优势而进行斗争的行动，甚至是那些谋求平等主义的行为，也有可能被阶级力量的场域所扭曲，从而导致阶级层级的再生产。

在本章中，我聚焦于人们对阶级的四种反应：平等主义倾向（egalitarian tendencies），对尊重与可敬（respectability）的追求，阶级自豪感（class pride）以及道德划界（moral boundary drawing）。它们之间既有重叠，也存在冲突。对平等的追求可与对可敬的追求结合在一起。阶级自豪感主张并坚持自身就具有"对可敬的追求"所寻求的东西，它常与道德划界相伴相生。特别是下层阶级，他们可能从一种反应转换为另一种反应。在结构性阶级不平等这一语境下，这些反应都可能引起他人的屈尊俯就。我们可以毫不费力地从意图的角度来描述这些反应，但它们也可能全部深埋在意识之下，

作为秉性、惯习的一部分。

虽然这些问题都涉及阶级的主观体验，但它们其实是对客观的社会结构、资本分配、层级与差异、话语与文化价值的反应。尽管它们与其他不平等的轴线（尤其是性别）交织在一起，但仍然反映了阶级的独特性。正如我们在第四章所见，根据布尔迪厄所采用的和常民话语的广义用法，阶级的决定因素既包括身份敏感机制（如对行动者的文化资本和地位有反应的机制），也包括身份中立机制（如消费者的购买决定对工人具有间接影响）。后者是经济阶级（即狭义、抽象意义上的阶级）主要的但非唯一的决定因素。虽然在日常意义上关于阶级的话语、态度与行为的变化，如对所谓"下层阶级"减少尊敬或增加蔑视，可以使人们的生活产生一些变化，但与市场过程关联在一起的身份中立机制，无论如何都有可能再生产或转化阶级。相比之下，虽然父权制根深蒂固，但个人和机构可以通过适当的方式改变自身行为，从而在日常生活的微观政治中逐渐瓦解父权制。这是因为父权制与狭义的、经济意义上的阶级不同，它首要的决定因素是文化。如果男性和女性无视性别规范，性别差异就会逐渐消失，但即使阶级之间没有象征性支配和敌意，甚至常民也缺乏阶级意识，其在经济阶级中的位置也可以被再生产，尽管那些受到阶级观念影响的行为，也常常偶然影响到在经济阶级中的位置。承认这一点并不等于否认与广义阶级有关的象征性支配的存在，也不是说象征性支配和阶级的主观体验并不重要，只是说它们不是狭义的经济阶级存在的必要条件。偶然的关系（a contingent relation）不一定无关要紧——若它真的微不足道，我一定不会把它作为本书的重要主题。它对我们的生活质量和我们所关心的事物至关重要。我们对阶级的主观体验感兴趣，这意味着我们强调产生阶级差异的、对身份敏感的机制，但我们也能强烈地感受到身份中立机制带来的影响，其中最明显的是利润、失业率和利率的变化。后者发生**在**人们身上，是人们亲身经历的体验，而对于身份敏感的过程（如阶级蔑视），个人既可以感受到，也可以去实施。

提醒几句： 在描述阶级化行为时，我指的都是趋势，并且我做的是概括化的工作，而这些概括化不能适用于所有情况。行为受诸多事物的影响，甚至连最广泛的阶级概念——或者阶级加上性别与族群——也无法涵盖所有这些影响。此外，常民反思性也作用于行动者对这些影响的反应。用布尔迪厄的话来说，作为处于特定位置、具有特定的资本数量与资本组成，并在社会场域中有特定轨迹的个人，其行为、观点与惯习受到诸如家庭动力学（family dynamics）、个性与文化形式等过程的影响，而这些过程本身在一定程度上独立于这些事物。

寻求平等或平凡

171

平等主义的情感在不平等的社会中相当普遍。贡纳尔·默达尔（Gunnar Myrdal）在《美国的困境》（*The American Dilemma*）和迈克尔·比利希（Michael Billig）等人在《意识形态困境》（*Ideological Dilemmas*）都指出，几乎没有人会否认，在某种程度上人人应该平等（Myrdal，1962；Billig et al.，1988）。然而，虽然这种情感很普遍，但往往很微弱，而且人们根据这种情感而发出的行为往往不一致。企图挑战或忽视不平等的行为能否真正成功，取决于不平等的种类，以及该行动所针对的人对这些行为的接受程度。这些行为对阶级的影响可能要远远小于它们对性别、"种族"、性特质等其他社会划分的影响。

迈克·萨维奇（Mike Savage）、路易丝·巴格诺尔（Louise Bagnall）和布莱恩·朗赫斯特（Brian Longhurst）对曼彻斯特地区人们对阶级的态度做过研究（Savage et al.，2001a），而众多受访者的观点有一个显著的特点，那就是他们渴望**平凡**（*ordinary*）。这其中有很多原因，但有一个原因可能与平等主义有关。这意味着他们拒绝自命不凡（pretension）和屈尊俯就——他们希望消除阻碍自己与他人交往的地位障碍——这样他们既不会因为别人对自己的恭敬与怨恨而感到尴尬，也不会因为对他人毕恭毕敬而感到低人一等。不只是屈尊俯就，遵从同样会阻碍并扭曲人际交往与相互承认。一个人总是对别人毕恭毕敬，就算对方给予他平等的地位，他也会拒绝——这么做其实是在让对方无法从恰当的承认和社交中获得满足。[1]

同时，这些受访者又希望自己与众不同，但可想而知，他们并不想在等级制度内获得。批判平等主义的人常犯这样一个错误：他们觉得平等主义者想抑制个性，让所有人都变得一模一样。平等主义的倡导者在回应这个观点时，通常指出，道德地位的平等承认与分配平等的一个重要证成是，它们让所有人都有平等的机会发展各种差异，并能够恰当评价人们的能力、美德与恶行，而不被与道德无关的差异（如阶级、性别、种族、性特质或年龄）所扭曲。只有当我们消除无关道德的差异（如阶级差异），我们才能按自己是其所是那样得到评价——我们都是个性有别、与众不同的个体。这就是为什么——与萨维奇（Savage，2000，p.156）的观点不同——人们希望"同时在平凡与独特之间'跳动'"，这是完全可以理解的。正如托尼（R. H. Tawney）所言，为了就各自是什么样的人来尊重彼此，我们就必须停止按照所获得的事物来尊重对方。

无论这种观点意味着什么，否认阶级位置、平等对待阶级他者的尝试都可能以失败告终。阶级不仅仅构成了一种差异化模式，也构成了一种等级关系，那么很明显的是，阶级混合（class-

[1] 正如我们在第三章所见，当一个人表达对别人的恭敬时过于夸张，这种恭敬就变得带有讽刺和屈尊的意味了。

mixing）本身就是不平等的，因为向下流动比向上流动容易。经济阶级的结构特征由如下事实得到说明：过去 30 年间的"恭敬（以及屈尊俯就？）的衰落"可能表明了象征性支配的衰落，但这并不意味着阶级的经济不平等也随之减少；而是的确让后者变得更容易被人接受了。正如沃德等人所言，日益增加的文化杂食现象主要局限于精英阶层，这"可能在大众普遍参与流行文化的幌子下，让社会和文化的不平等日益恶化"（Warde et al.，2003；另见 Skeggs，2004）。尽管如此，某些个体，尤其是那些拥有丰厚经济、文化与社会资本的人，他们设想通过忽视阶级差异、平等对待他人，阶级差异本身就可以被抵消，就好像阶级纯粹是错误承认的产物一样，这个观点并不罕见。[1] 正如我们在第三章所见，经济分配中明显的不平等本身就意味着不平等的承认，或者让对平等承认的尝试变得肤浅和虚幻。这种幻觉由一种庸俗的文化主义所引发，这种文化主义假定"文化通行无阻"，并对阶级做出全部解释。当然，虽然这不过是一种幻觉，但并不能减少"试图平等对待阶级他者"的道德意义，只是狭义经济意义上的阶级主要是一个分配问题，其中许多起决定作用的过程都与身份无关。它的证成或证成的欠缺与承认有关，但其因果关系的决定因素只在某种程度上或只是偶然与之相关。这表示与性别议题相比，人们更难在阶级方面"为平等而战"。这一事实塑造了羞耻、内疚与自豪混杂在一起的情感，这些情感往往与阶级有关。阶级差异的固有性质让中产阶级平等主义者陷入了两难境地：一方面，试图忽视有人几乎没有经济或文化资本这一事实显得过于冷漠；另一方面，承认他们缺少这种资本似乎显得自己高人一等，并强化了不平等（"戳到痛处"），而非挑战不平等。这也可以说是平

---

[1] 这种观点在中产阶级学生中尤为常见。它常常伴随着另一个信念，即他们可以"与所有人和睦相处"。

等机会政策（equal opportunities policies）无法解决阶级问题的原因。

除了这一结构性的限制，还有其他因素阻碍人们试图对阶级他者采取平等主义行为，这些因素较为接近那些针对性别、"种族"采取平等主义行动所面临的障碍。平等主义的公开行动可能会被它们所针对的人拒绝，因为这些人认为自己的位置具有正当性，因此无需受到挑战。女性经过社会化、担任了传统的性别角色后，她们既不愿让男性做家务，也不愿从事传统与男性相关的工作；与此类似，工人阶级也可能不愿摆脱传统角色，哪怕有机会也不愿向上流动。这种保守主义是可以理解的，因为工人阶级文化是其支持的源泉，抛弃这种文化会冒很大风险，向上流动的人们便对此有亲身感受。许多人都指出，向上流动涉及向外流动，并且看起来就像背叛了自身阶级的价值（Lawler，1999）。

就算这种保守的心态并不存在，平等主义的行为也可能令人起疑。确实是这样：对于那些拥有大量资本的人来说，即使别人觉得他们高人一等，他们自己也不一定会这样想，当然那些所持有的资本少于别人的人也可能会表现得十分势利。平等主义者可能希望，在理想状态下，其他阶级只需要"直接、客观地对待他们"，并根据他们的行为而不是他们社会位置来评价他们，但由于阶级具有嵌入性（embedded）的特点，也由于阶级分化而导致行为之间有微妙的差异，平等主义者的这种想法过于天真了。即使人们反对阶级不平等与其他形式的不平等，但人们仍然会以他人从何而来作为评价的根据。此外，对于那些试图忽视阶级界限的人，他们越是意识到别人对他们的怀疑，就越难避免一种自我意识，这种自我意识揭示出他们确实"格格不入"，并且"试图变成不像自己的人"。与下层阶级打交道的人根本不用"付出代价"，也永远无法真正了解被支配者的处境。因此，工人阶级可能既怨恨那些未能了解他们处境的中产阶级局外人，**也**怨恨那些了解他们的处境并宣称理解工人的人（Griswold，1999，p.98；参见 Williamson，2003）。
正如桑内特（Sennett，2003）所言，与自己不认识的人保持距离，
并表示自己不理解他们，这比错误地表现自己的共情（empathy）
与相似性更能表示敬意，因为这意味着承认差异。然而，保持距
离的尊敬并不能推翻客观的不平等，尽管它可能影响人们的主观
体验。

　　与下层阶级打交道意味着拒绝自身的优势和象征性暴力，但这
种做法也引出了一个明显的问题："这对他们有什么好处？"局外
人可能只是出于自身利益而希望获得一个不同的社会位置，以便获
得其他阶级的内在益品，成为社会变色龙以便获取一切社会世界中
最好的东西（Skeggs，2004；Warde et al.，2003）。这可能是上
流文化和低俗文化之间差异缩小的一个因素。正如种族主义者可能
喜欢印度食物，但瞧不起那些制作食物的人，与之相似，中产阶级
的人可能喜欢足球，但对工人阶级球迷、足球运动员和"足球运动
员的妻子"却有不同程度的蔑视。当他们获得工人阶级的益品与实
践 * 时，却不太可能被工人阶级接受，正如我们在之前的例子中所
见，工人阶级会嘲笑中产阶级球迷。在极罕见的情况下，工人阶级
可以从中产阶级那里获得一些象征性利益，还能拒绝给予拥有特权
者想要的东西，并从中获得快乐，而在通常情况下，工人阶级会拒
绝接受特权者不愿给予他们的东西。

　　然而，虽然从社会场域的斗争来看，人们会以各种方式拒绝
阶级混合，这是完全可以理解的，但如果那些试图跨越阶级划分的
人其动机不是出于自私，那么这种负面反应本身就是反平等主义
的，这实际上就等于说："要尊重阶级制度！"[1] 与阶级有关的文化

174

---

[1] 在有关性别的方面也有类似情况：一个男性要是试图成为非性别歧视者，并且
　　做具有女性特质的事情，他就会受到质疑：他是不是只想获得某些利益（例如，
　　与女性主义者发生关系）？还是说不论是否有利可图，他都想成为一个平等主义
　　者，以一种非性别歧视的方式行事？

与道德分化（moral differentiation）可以用来监督任何跨越阶级的行为，包括那些想要成为平等主义者的人的行为；有时这被视为一种抵抗行为，但也会带来保守的影响。例如，在贝弗利·斯凯格斯对这种跨越阶级的行为表现出敌意时，就会有危险（Skeggs，2004）。具有讽刺意味的是，平等主义者可能遭遇更多来自被支配阶级（而不是支配阶级）的阶级阻力，支配阶级只是无视他们，并且尊重阶级差异。许多人仍然期望他人按照符合自己位置的方式行事，只要他们尊重他人即可。"做自己"似乎比"改变自己"更崇高，更容易赢得他人的尊敬。专业人士会被特别允许，甚至被期待与众不同。然而，本真性（authenticity）所隐含的伦理是可疑的，因为它使社会等级自然化了。同样地，正如布尔迪厄所说，工人阶级可能更敌视那些和他们属于同一阶级，但试图成为中产阶级、"不做自己"的人，而不是那些以他们熟悉的中产阶级方式行事的中产阶级成员（Bourdieu，1984）。

屈尊俯就通常被简单地归结为一种个人行为，这种行为可能会也可能不会被表现出来。有可能出现这种情况：一个实际上与他人平等的人，在与他人交往时却表现出一种屈尊俯就的态度，幻想自己比他人优越。但屈尊俯就常常涉及不平等的关系。这种形式的屈尊通常是模棱两可的。地位较高的人如果在对待地位较低的人时表露出某种优越感或嫌恶感，但也表现得像对他们的卑微地位作出了让步（"我算是非常得体了，肯与他们交谈"），那么他们通常被认为是在屈尊俯就，由此也让人们注意到了这一点。[1]他们的言辞可能与他们的行为举止格格不入，反之亦然。地位较低的人可能会觉得这些言辞有冒犯之意，或模棱两可、令人不快，尽管他们也会带着敬意表示感激。这不只是在说，即便屈尊俯就不是说话者的

---

[1]值得注意的是，在早期文献中，比如19世纪或更早，即在平等主义兴起之前，人们认为屈尊俯就不含有贬义。

本意，但由于对话者充满怀疑，他仍会感受到屈尊俯就的存在，而且更在于，在不平等的结构性关系中，屈尊俯就本来就是不可避免的。另一方面，平等对待被支配者，必定与这种客观的不平等关系相抵牾。因此，试图以平等的方式与阶级较低的人打交道，也注定会显得屈尊俯就、居高临下。（平等主义者若试图与阶级较高的人交往，却不表现出恭敬的态度，这在阶级地位较高的人看来是无礼的表现。对平等主义者来说，第二种反应当然没有第一种反应那么令人烦恼，因为支配者应该要受到平等主义的挑战，而不是安抚。）因此，阶级关系中的屈尊俯就不仅仅是一种个体行为，而且是阶级关系的**结构性**特征，源自客观的资本差异，尤其是文化资本与语言资本、生活条件与经验方面的差异。

然而，正直、温厚与友善等品质有时会使处于不同阶级位置的人发展出良好的关系。这个补充限定非常重要，因为这些品质恰恰被**不同**阶级的人们所重视，尽管重视的程度或形式不一定相同。再次强调，虽然我们应该意识到阶级蔑视的存在和阶级惯习的差异，但我们不应该低估人们想要公平对待他人、重视他人品质的欲望。但是，这些关系总是会受到一些限制，而同一阶级的平等者的友谊却不会出现这些限制。[1] 例如，他们在中性的领域能够更容易进行互动，因为他们在经济、社会与文化资本上的客观不平等在这些领域不容易暴露出来，而在家庭或工作场所中，这些不平等会变得极为明显，遇到尴尬的场合也更多。

因此，关于阶级关系和阶级互动的感受结构（structures of feeling）——大多数是在不知不觉中发生的——与这些关系的客观性质和结构关联在一起，成为分配机制的（部分）产物，而这一再使得平等主义在人际交往的层面上受挫。平等主义者在阶级问题

176

----

[1] 纠缠于这些障碍似乎会显得有些刻薄或过于关注阶级（更何况整本书都在钻研阶级问题了！），但问题在于阶级不平等本身，而不在于对阶级不平等的承认。

上的两难处境在于，尽管他们可能认为阶级是不道德的，但他们与
阶级他者的互动方式，其实不过搅浑了阶级微观政治的一池水。这
甚至可能会通过减少象征性支配来缓和阶级紧张关系，并通过促成
我们所有人都平等享有资源、平等生活的幻觉来抵制经济不平等面
临的抵抗，从而缓解阶级间的紧张关系。正如南希·弗雷泽所说，
工人阶级最不需要的就是对他们差异的承认（Fraser，1999；另见
Coole，1996），当然，也有特定工人阶级的人们可能**希望**自己的差
异获得承认，而局外人可能也会真的认为工人阶级文化的特定益品
有其价值。阶级间关系和承认的复杂性源于这样一个事实：在日常
生活的微观政治层面上，所有阶级的成员都希望并需要获得承认，
尽管这并不一定包括对其阶级身份的承认。

可敬与尊重

  ……我开始十分切实地感受到，变得可敬与获得尊重并不
是一回事。听过艾瑞莎（Aretha）的歌的人都知道这一点。尊
重是指别人看待你、对待你的方式，就仿佛你非常重要那样。
（bell hooks，2000，p.20）[1]

对可敬（respectability）与尊重（respect）的追求都要求对尊
严（dignity）的承认，或许还要求对能力与合宜行为（propriety）
的尊重，但这两者的含义截然不同，其意义和出现方式也因个体或
群体在社会场域中的位置而异。被支配者追求可敬，但往往无法企
及。中产阶级能够部分地实现这一愿望，但也不是时时都能如愿。
支配者却觉得这是理所当然的。人们追求可敬多少带点顺从和毕恭

---

[1] 感谢莫琳·麦克尼尔（Maureen McNeil）让我注意到这段引文。

毕敬的意味；而主张或要求得到尊重则更为坚定（当然也有居中的立场）。由于尊重和可敬在权利主张（assertion）和恭敬方面有所不同，它们往往被性别化（分别带有男性特质和女性特质）。受支配群体对尊重的要求更偏向平等主义，他们要求人们根据他们是其所是那样给予承认，而且无需表现出恭敬[1]（Glover，2001，p.23）。毫不意外的是，这种要求往往来自边缘化但政治化的群体，如种族主义者或少数族群。[2] 在这类情况下，这种要求通常意味着他人尊重文化差异，而不仅仅是根据主流规范来给予尊重。对那些被边缘化而愤恨不平的年轻人来说，他们由于阶级、种族或性别原因没有途径可以获得尊重，那么就有可能采取威胁或颠倒善恶的方式来寻求尊重（Macleod，1995）。对于被边缘化的、贫穷的年轻白人来说，可能是因为他们无法获得让他们与大多数人地位平等的承认和益品，也无法获得另一种文化的标准和益品，才做出这种反应。因此，虽然对可敬的欲望会让人服从层级制度和主流价值观，但从属阶级对"尊重"的需求却并非如此。可敬包含不冒犯人，"保持低调"（Southerton，2000b，p.196），远离麻烦、性行为节制，还包括尊重中上层阶级并得到他们的接纳，从而避免他们在道德和审美上的非难。因此，对那些极为重视上述要求的人，他们可能会因自我抑制而付出沉重的代价。可敬迎合主流价值观，这让它往往伴随着对地位较低的人的势利姿态，因此，人们可以从社会上层获得对可敬的正面肯定，也可以从社会下层那些不可敬的人身上获得与之相对的反面肯定。

　　在贝弗利·斯凯格斯对年轻工人阶级女性的研究中，后者关

---

[1] 然而，如果假定**所有**承认都应该是无条件的，那这种要求就是有问题的。

[2] 尤其是在青少年文化中，这类不带恭敬的对尊重的要求，可能会被主流文化中受压迫者和不那么受压迫的人接受和效仿。虽然被边缘化的少数族群可能会要求对其文化身份的承认，但对于以白人为主的工人阶级，这种做法有可能肯定他们的从属地位并使之正当化。

心的主要问题之一是人们是否承认她们是**值得**可敬（respect*able*）的，尽管她们往往被拒绝这种承认，这不仅是因为她们的阶级，也因为她们的性别和性特质。这给她们带来了巨大的痛苦（Skeggs，1997）。然而，问题并不在于她们无法获得可敬，而在于她们想要的首先是可敬，而不是尊重。正如斯凯格斯所指出，恩格斯把可敬的理想称为"最令人反感的东西"和"渗透在工人骨子里的错误意识"（转引自 Skeggs，1997，p.3）。与此同时，对尊重的要求更具挑战性，当然，追求尊重不一定比追求可敬更容易成功——事实上，支配者很有可能把对尊重的要求斥为无礼、强硬、荒谬且不应得的，从而予以抗拒。

无论这种分析有何优点，它都包含了一种激进的化约论，因为它只是把"高雅"、"善"、"普通"、"恶"都颠倒混合在一起，以至于可敬变成恶的，对尊重的要求则自动变得有效。正如我们在第五章中所见，事情没有那么简单，原因很明显：我们不能假定主流价值必然不值得尊重，认为它们仅仅是象征性支配的产品和手段。主流价值——尤其是道德价值——不一定能被化约为支配者的价值。它们可能包含关于合宜的道德价值，这些价值可能是善的，而非只是高雅的。由于承认涉及某种有条件的要素（conditional element），对尊重（或可敬）的要求如果无法体现值得尊重的品质，就会被嗤之以鼻，招致拒绝。对可敬与尊重的追求，以及拒绝承认或认可这两者，通常不仅涉及高雅和善、普通和恶的混淆，而且涉及从审美评价向道德评价的转变，以至于从衣着和口音等表面现象就能体现出合宜或不合宜。与此同时，想要自己的诚实和高尚道德得到他人承认的欲望，与想要在其他方面**有所不同**的欲望之间，或多或少有着隐含的区别。日常的社交几乎不能明确区分这些不同，而且大多数人的相互分类和评价都是在一瞥之间完成的——常常是带有阶级蔑视的一瞥。然而，对于是否加入或拒绝为了可敬而斗争这一问题，工人阶级和底层中产阶级的人怀有复杂的矛盾心理，这反映了这些规范性议题的复杂之处，而这些复杂之处又源于不平等与追求承认之间的紧张关系。

在某种程度上，这些都是老生常谈了，但如果我们没有探讨规范性问题，就很容易忽略这些问题。在一个高度不平等、不道德、新自由主义和文化多元的社会中，权力本身要求得到尊重，而不论其正当性为何；[1] 在这个社会中，什么卖得好比什么是善的或什么是正确的更为重要，而且对文化他者的评价可能是无知的、种族中心主义的，因此在这样的社会里，对承认或尊重（可敬）的要求与人们所具有的品质相分离，这并不奇怪。多元文化主义提出了这个难题，即是否承认其文化不被大多数人所知悉或理解的人。虽然这不是对人性之无条件承认的问题，但它对有条件承认来说是个问题，因为对他人做出有根据的、非种族中心主义的判断十分困难。[2] 出于这些原因，要求尊重和给予尊重在某种程度上已经脱离了它们在施事性和道德上的联系，这就不足为怪了，因此，人们在要求尊重时，并不清楚它是否与值得这种承认的品质和行为有关。在这样的情况下，外表和印象管理可能更重要。

当人们与阶级"优越者"相遇时，最能明显看到他们害怕被拒绝给予可敬和承认。例如，对于英国底层中产阶级和工人阶级的年长女性来说，看病是一项重大的社会考验，其引发的焦虑可能超过疾病本身带来的焦虑。为了证明自己是可敬的——不仅在道德上，还包括在社会位置上——她们特别留意自己的外表、举止和言谈，以避免受到负面的审美和道德评价。医生——尤其是男医生[3]——可能被视为她们社群里的重要人物，也许是这些妇女遇

179

----

[1] 这当然是支配的一个典型特征，但我们从边缘化的年轻男性所采取的暴力威胁行径中也可以看到这一点，他们必须通过坚持权力来体现自己的男性特质。

[2] 另见格里斯沃尔德关于在得不到理解的情况下，要求外界承认和尊重的论述（Griswold, 1999, pp.91ff.）。

[3] 要记住的是，这一代的许多女性仍然赞同父权制，因此不一定喜欢找女性医生看病。

到的唯一专业的上层中产阶级成员；事实上，随着人们上教堂的频率减少，牧师的社会位置下降，医生可能就成为在当地居民中地位最高的、且与大量社会成员频繁打交道的人。

这些女性希望医生不仅要认真对待自己的症状，而且要承认她们是可敬的，这是某种形式的**高贵人物的责任**（*noblesse oblige*），尽管这一责任不是无条件的，而是取决于病人的可敬和恭敬程度。鉴于医疗检查的性质、跨性别和跨阶级的交往性质，加上许多这一辈、这个阶级的女性提起自己的身体都会很尴尬，她们必须通过隐喻和委婉语表达，在这种情况下，这种对可敬的承认特别关键。尊重更有可能通过精心调整的距离，而不是不拘礼仪来得到传达，因此，医生以自己的庄重举止，肯定而不是否定了自己崇高的社会位置。对患者来说，如果承认明显是来自社会地位更高的人，那么这样的承认就更有价值。患者还可能期望医生表现出专业才能，甚至摆摆架子，这样他就不会只被视为一个冷冰冰的专业知识代理人或传播者，而且是一个出色的行家。因此，患者期待医生能表现得更加个性化，以便患者知道他有自己的性格，比如说，他可不是一个寻常的医生，而是史密斯医生——一个社群里的重要人物，一个给予他人承认，并让人对此感到自豪的人。当然，这增强了他的社会资本。就算他有一点粗鲁和傲慢，他只需表现出一点个人魅力和幽默，患者就会为其辩解，因为他的粗鲁和傲慢不过证明了他的能力和地位。（年轻医生如果试图和患者表现得亲切和平等一点，患者可能会觉得他们缺乏能力和地位，不那么值得尊敬——这不仅是因为他们的行为，而且因为他们不处在拥有尊重的地位，**因此**他们无法将尊重**传递给**患者。）如果医生确实以专业和尊重对待患者，后者会觉得自己的社会位置得到了提升，并自豪地和朋友、家人分享这次就诊经历。然而，如果医生不能倾听患者诉说病情，并以尊重的态度对待他们，患者可能会感到双重委屈：不仅因为医生没有做好本职工作，而且会觉得自己没有通过社会考验。[1]

因此，患者不仅希望医生医术高明，而且要举止得体，适当地表现出性别化、阶级化的行为，而不是偏离这些规范。只有这样，医生的行为才能确认被自然化的社会秩序所具有的正当性。权力关系不仅源于医患双方在医学知识上的不对等，而且还源于与阶级和性别有关的象征性支配。（哈罗德·希普曼［Harold Shipman］医生是一名连环杀人犯，在 20 多年的时间里杀害了 200 多名年迈的病人［其中大部分是女性］，还逃脱了惩罚，毫无疑问，这要归于他的专业自信和庄重[2]给他带来的尊敬，以及医生在这类社群里受到的高度的崇敬。）

对于许多这类年长的小资产阶级女性来说，追求可敬的斗争往往伴随着强烈的隐遁主义（privatism），以及从不受调整的社会互动中退出。这两者在 20 世纪中叶变得特别相互强化，当时她们刚成年，随着上层工人阶级和下层中产阶级的有限经济保障增加、私人住房增多，她们就有了经济保障以实现隐遁主义。这时也是全职家庭主妇规范的上升期。尊重意味着保持一定的距离，保证对方的自主性，这样她们就不会受到侵扰。因此，一个人如果不需要他人，可以被认为是（不一定正确）自立（self-reliance）和自尊（self-respect）的体现。"他们总是独来独往"，这句话在邻里之间有时仍然被认为是对这种可敬行为的尊重。相比之下，热情开放和热衷交际带来威胁感，因为：（a）这缩短了彼此之间的距离，因此会带来自己不被"太熟悉"的人尊重，或者感觉到不被他们尊重

---

[1] 如果医生是黑人，患者是白人，或相反，情况就更加复杂了，对阶级、性别和能力的敬意与源自种族主义的厌恶感，这两者之间的冲突由此产生。当然，关于这种互动还有很多值得探讨的，特别是涉及性别关系的部分。

[2] 这种对庄重和自信本身的重视，不管它背后是否有真正的能力或价值支持（换句话说，不仅允许自己被"欺骗"，而且因自己容易受骗而庆幸），仍然是日常生活——特别是强化中产阶级支配地位的组织生活——微观政治中最常见的问题之一。

的风险；（b）这让寻求尊重的人暴露在变化无常的社会关系中，并会因此感到尴尬，无论是被不值得尊敬的人"拖累"，还是将自己的不妥当之处暴露在支配者面前。此外，长期处于孤立状态会让人丧失信心和社交技能，从而更难摆脱孤独状态。拒绝与他人交往是一种自我压抑，这不是自私的，但"极度独立"很容易导致厌世倾向。现在，当她们年老的时候，她们的孤独仍然坚忍而有尊严，但是她们的焦虑会加剧，因为她们害怕随着自己年龄增长、身体衰退，以及对护理者愈加依赖，她们将不再受人尊敬，对可敬的担心对她们来说是压倒一切的。对这些人来说，为了尊严和可敬的斗争是通过阶级、性别和年龄因素建构起来的，这部分是根据她们成长于其中的早年文化形构（cultural formation）而建构的，它对她们造成了可见的和不可见的伤害。

阶级自豪感

　　工人阶级的自豪感有不同的表现形式。一般来说，这种自豪感在男性间比在女性间更为普遍，因为虽然他们属于下层阶级，但他们在性别方面仍占据支配地位，由此拥有一定程度的自尊，而他们可能会误以为其来源是阶级，但是，鉴于他们在劳动力市场上地位日趋降低，以及女性主义正在兴起，这种情况大概有所改变。在美国白人工人阶级中，阶级自豪感是个性主义的；在美国黑人工人阶级中，它与种族问题有关，更有团结性，也更政治化；在法国白人工人阶级男性中，它与劳工主义（labourism）及其制度有关，更为政治化（Lamont，2000）。工人阶级的自豪感随大规模集体工人、劳工主义制度及其工业基础一同衰落，而个体化（individualisation）则在兴起——因此，以联合为基础的阶级意识转变成以分化为基础的阶级意识。[1]这与功绩主义修辞的兴起相伴而生，这种修辞把阶级差异视为个人竞争的公平过程中产生的功绩差异。

　　作为工人阶级的自豪感与作为中产阶级或上层阶级的自豪感，这两者有着截然不同的规范性基础。前者是有其理据的，因为工人阶级成员没有相对于他人来说的不应有的优势，所以占据了道德高地。相对富裕阶层，他们的功绩和内在益品不是来源于出身或遗产继承这类偶然事件，而是在更艰难的情况下取得，的确，由于他们处于不利地位，遭到社会排斥，通过劳动为中产阶级服务，他们甚至可以声称别人对自己有所亏欠。当然，这也就是为什么那些出生于中产阶级或上层阶级的人，如果认为这是值得骄傲的事情，那就是产生了虚假的意识，因为这是意外的结果，而不是他们通过努力得来的。当中产阶级以自立和合宜等所谓的美德为荣时（这种情感在右翼报纸上十分常见），他们通常会忽视自己享有的特权环境，以及自己对工人阶级的支配关系与依赖，而正是他们对工人阶级的支配关系和依赖使他们更容易获得上述美德。这些美德主要是他们的阶级位置带来的红利，而不是他们可以居功拥有的品质。工人阶级也有他们自己的骄傲：他们不会因为没有经济需求的压力就自命不凡、矫揉造作，他们有着自我约束、勤奋工作的美德，而这些美德正可用以应对经济需求的压力，拉蒙所研究的工人阶级男性就是这样的（Lamont，2000）。[2]与特定阶级相关的文化益品也可能存在，让这些益品的持有者因此而感到自豪。更激进的则是这个或真实或想象出来的问题："你真以为你高我们一等吗？"这

182

---

[1] 与组织严密的工人（如矿工）相比，在零散化的、组织程度较低的职业（如厨房杂工）中，阶级自豪感总是比较低。去工业化可能会摧毁阶级自豪感。南威尔士（South Wales）山谷曾经拥有英国最强大的劳工组织和最引以为傲的工人阶级文化，现在却成了英国的海洛因之都。

[2] 正如拉蒙的著作《男性工人的尊严》（*The Dignity of Working Men*）的书名所示，将工人阶级和道德优越性变得浪漫化会带来危险。

个问题挑战了这类人：他们认为他们的合宜行为和价值是其具身化的象征性资本（embodied symbolic capital）的一部分，而不是必须证明的事物。一个人若是对支配者具有道德优越性（moral superiority）这一假设提出这样的挑战，意味着他已经获得了自尊，而且不再需要追求可敬。不过，以作为工人阶级而具有自豪感，也有可能是有问题的，因为这种自豪感促使人们接受阶级的存在，而不是对其提出质疑。

道德界限与偏见

布尔迪厄清楚揭示了，人们倾向于通过文化分化和区分的过程来体验阶级（Bourdieu，1984）。然而，正如拉蒙指出，布尔迪厄"极大低估了道德界限的重要性，同时夸大了文化和社会经济界限的重要性"（Lamont，1992，p.5）。如戴尔·萨瑟顿（Dale Southerton）对英国一个新城镇中的阶级认同所做的研究发现，人们经常混合使用审美、施事性和道德标准来界定自己的身份，借此与他人区分开来，或形成对立关系（Southerton，1999，2002a & 2002b；另见 Kefalas，2003）。在道德划界对人们至关重要的地方，为了保持一致性，人们往往会自我压抑和监控，从而确认他们的自我形象。对萨瑟顿采访的中产阶级来说，一尘不染的花园和精心打理的房子清楚地表明了他们的道德优越感。工人阶级居民认为中产阶级自命不凡，在使用诸如"暴发户"（new money）之类的词时，工人阶级把对社会位置的概括与个人特征结合在一起。这样一来，他们便挑战了其他阶级关于善的估算价值。因此，工人阶级对物质中心主义的批评，"让受访者与富人保持距离，同时又不直接将自己置于货币的层级体系中"（Southerton，1999，p.168）。工人阶级对踏实谦逊（down-to-earthness）的重视，对自命不凡的怨恨，可能会被怀疑是一种竞争行为和一种补偿策略，通过这种行为和策略，缺乏经济资本和文化资本的人可以获得某种优势。同时，这种态度的道德依据十分有力，因为它相当于确认要给予他人无条件承认，并拒绝为了外在益品本身而去追求外在益品。[1]

　　然而，道德划界中所涉及的"他者化"会导致奇怪的结果，比如踏实谦逊与世界主义（cosmopolitanism）之间的对立。因此，在工人阶级社群中，对世界主义的追求及其表现，会被解读为在试图维护自己的文化与道德优越性。工人阶级之所以贬低世界主义，不是简单因为他们无法负担得起，或者因为他们必定目光狭隘而仇外，而是因为世界主义与势利和自命不凡联系在一起；世界主义者在接近其他文化的过程中，就被视为与平凡和普通的事物拉开了距离。拉蒙指出，从工人阶级的角度来看，"与真诚或诚实相比，文化高雅（cultural sophistication）……［可能被］视为肤浅的特质"（Lamont，1992，p.125）。在美国，人们对这种观点提出了这个正当化辩护，根据这一解释，理智主义（intellectualism）及世界主义与诸如友善、慷慨、避免冲突和文化平等主义等美德相悖。这种对知识分子的敌意不是武断的。知识分子的职责就是批判，而他们批判的目标包括常识性的理解和实践。他们倾向于获得一种惯习，即使在其他人期望开放与友善（即超越分歧和差异的接纳）的情况下，也能保持这种批判态度；也因此，人们很可能觉得他们冷酷、挑剔、不合群，而且无法理解交际的本质（这通常是真的！）。此外，他们的阶级位置允许他们对世界采取一种沉思的而非

---

[1] 即使在最细微的社会交往中，也能证实这些道德态度的存在。在英国乡村地区，人们普遍（包括陌生人）用诸如"早上好"或"天气真好"之类的问候语来问候路人。如果他们的地位在表面上或实际上有所不同，问候语就可能以毕恭毕敬或屈尊俯就的方式发出。然而，特别在双方都是陌生人的情况下，拥有资本较少的人可能会先发起问候，这有着主张或诉诸道德平等的作用，以邀请的方式或是让对方陷入内疚的方式，让其不得不慷慨地、无条件地承认自己的平等地位。

184　实践的态度，允许他们偏好多余的事物。所有这些特征加上他们所获得的技能，都可以转化为他们的优势，这超过了他们常常受到的敌意。[1]

　　从客观阶级结构的观点来看，这些因阶级分化而形成的道德秉性和态度是可以理解的。正如我们在屈尊俯就的例子中所见，阶级不平等赋予象征性支配一种结构性特征。在一个完全不平等的社会中，颂扬如绘画或歌剧等某些实践，必然就是颂扬某些人在文化和经济上的优势，以及他们在审美、施事性或道德价值上的优越感。这些效果与参与者的意图并无多大关系。如果一个社会是平等的，那么在这个社会中，不同社会群体在面对经济必需性的压力上没有显著的差异，实践*及其内在益品在整个社会中得到平等分配或随机分配，那么对这些实践*的追求与颂扬就和象征性支配无关。

　　道德划界的核心是一种关键的矛盾性，这一点很容易被忽视：虽然它为我们提供了拒绝和贬低他人的理由，**但同时它也将我们自己的群体所宣称拥有的优点视为普遍有效的**，却又拒绝相信其他人可以拥有这样的优点。虽然在美学问题上，许多人乐于接受多元化，但在许多道德问题上，他们却不太可能这样做。我们重视踏实谦逊，这不仅意味着它只对我们自己的群体是善好的事物（尽管我们可能觉得只有自己的群体才有这种品质），而是说**每个人**都应该重视踏实谦逊。世界主义也是如此。如果人们不认为这些判断是普遍有效的，他们就没有理由轻视那些不符合这些判断的群体。因此，虽然中产阶级重视世界主义，有可能纯粹是因为他们想要通过追求文化资本而占据优势，但这种看法仍然过于愤世嫉俗了。正如社会学者重视外国食物和节日，这不仅或必然是为了获得文化资本，而且还因为他们认为这些事物本身就有价值，不论它们与其他

---

[1] 布尔迪厄使用了"智性种族主义"（racism of intelligence）一词（Bourdieu, 1993），他在《帕斯卡尔式的沉思》（Pascalian Meditations）一书中坦率地指出，"我不喜欢自己身体内的那个知识分子"（Bourdieu, 2000, p.7）。

事物相比有什么样的相对优势，同样地，中产阶级的其他成员也可以为了它们本身而给予重视。

　　道德划界也可能被证伪（falsification），这恰恰是因为其他社群的成员或许能够展现出他们看似缺乏的品质，或是因为划界者自己所在社群的成员可能达不到他们所宣称拥有垄断的标准。然而，这样的证据可能会遭到抵制。为了说明这点，我们可以援引玛丽亚·凯法拉斯（Maria Kefalas）对芝加哥西南部"环城公路"（Beltway）上的上层工人阶级 / 下层中产阶级的白人居民的研究。这些人缺乏经济保障，老是担心陷入贫困。他们以自律、秩序、诚实、爱国、勤奋和对家庭、庭院、社群的自豪感为基础，建构了一种道德身份认同。这些价值通过同侪压力而得到强化，并清晰地铭刻在他们的郊区生活结构中。他们把自己界定为与内城（inner city）的黑人和贫穷白人形成鲜明对比的群体，认为他们身处的那个危险世界充斥着失序、怠惰、散漫、不受约束，涂鸦、污秽、毒品和帮派。环城公路的居民越是对沦落到另一个世界感到焦虑，他们就越热衷于建构这种想象中的道德地理（moral geography）和肯定自身身份，的确，他们的生活方式就是在抵御滑入另一个世界的可能性。黑人和贫穷白人不断威胁着他们的生活和资产价值。根据阶级和种族的道德划界帮助他们创造了一个道德上简明清楚的、令人安心的世界，这使得"……[环城公路] 居民很难接受未婚先孕的**白人**少女、**白人**无家可归者、**白人**吸毒者、**白人**帮派分子、**白人**单身母亲和贫穷**白人**的存在"（Kefalas，2003，p.155）。

　　在两名当地少女被谋杀后，这一恶性案件让环城公路社群深切意识到道德对比的虚幻性。当人们发现杀害她们的凶手不是来自其他地区的黑人或贫穷的白人帮派分子，而是两名加入环城公路帮派的本地白人少年，这极大增加了他们的创痛。两个凶手的父亲分别是警察和消防员，这两个职业一直以来都是典型"可敬的"上层工人阶级职业。当地居民很难接受这一事实，也很难接受环城公

185

路竟然有帮派存在，于是他们极力拒绝这种对他们自我认同（self-identity）的威胁，例如，他们暗示这些男孩不是社群里正常的或合适的成员。居民们"否认"这一事实，但他们的否认没有可信性，只是证实了他们道德区分的虚幻性，以及驱使他们建构过于简单化的世界观的不安全感。

小结

所有这些对阶级不平等的反应——平等主义行为、对尊重与可敬的追求、阶级自豪感和道德划界——都有一个明确的道德维度。它们都反映了对承认的普遍需要，尽管这种承认在很大程度上是通过阶级内部其他类型的社会关系（如家庭和朋友）来得到满足的。不同阶级之间的社会空间分隔（socio-spatial segregation）使阶级社会的生活变得可以忍受，这不仅是因为它隐藏了物质不平等和象征性暴力，还因为它促进了因阶级而异的内在益品的共享，并为平等者之间的价值承认提供了空间。

这四种反应各以不同的方式抵制阶级不平等，但由于这些不平等具有持久性、结构性和具身化的特征，这些反应都遭到了挫败，或再次强化阶级的存在。即使个人试图与不同阶级的成员进行平等交往，这些平等主义行为也可能收效甚微，并可能被当作无礼和／或屈尊的行为而遭到拒绝。在分配明显不平等的情况下，寻求尊重的要求很有可能会失败；对尊重与可敬的追求本身就意味着这些要求缺乏正当理由。阶级自豪感不仅是阶级适应的一个来源，也是对阶级的防御，而且可以起到保守的作用，以强化不平等和阶级划分。道德划界为自尊提供了一个来源，但却固化了阶级划分。不过，因为它诉诸普遍的标准，因此可以让自身接受挑战，而这些标准可能是被污名化的他者实际上或许可以达到，也可能是划界者自己团体中的一些成员无法达到的，正如环城公路杀人犯的例子所示那样。

因此，这些反应不仅是对不平等和社会划分的反应，同时，其中所涉及的所有道德情感和评价都具有一种普遍化的趋势，[1]这种趋势就像"跃过阶级头顶"一样，诉诸至少在某种程度上独立于阶级的标准。虽然这一趋势在平等主义行为中最为明显，但它也存在于其他反应中。对尊重的追求同时诉诸对某些品质的无条件承认和有条件承认，这些品质因阶级和其他不平等而分配不均，但也不完全对应于这些不平等。对尊重的要求也诉诸对阶级不正义的承认，以及诉诸人们为了抵抗这种不正义而具有的坚毅品格。虽然对可敬的追求带有恭敬的特性，但它也援引了合宜行为的标准，而在（不论正确或错误）想象中这种标准是普遍的，或至少是常见的。在某些情况，支配者可能不得不承认这些标准已经得到了满足。

人们对阶级的道德反应就是以上述形式出现的，这些反应既抵抗阶级，也受阶级所形塑和挫败。在下一章，我们将不再讨论这些反应和态度，而是转向论述行动者对自己与他人行为所做的更深思熟虑的评价，以及他们对阶级本身的看法。

---

[1] 与斯密一样，我们认为这种普遍化不是源于哲学原则，而是源于日常人际交往中的同感和承认。

第八章

对阶级的反应 II：解释、证成与困窘

〜〜〜〜〜〜〜〜〜〜

引言

在这一章中，我们将检视人们如何解释和评价与阶级相关的行为，以及人们关于阶级本身的看法。我们曾开宗明义地指出，比起对自身情况的实证性理解（positive understanding），规范性评价（normative evaluation）可能更为重要。然而，这些规范性评价也是人们境况的组成部分，虽然它们也时常令人怀疑，但它们通常可以揭示一些评价者自身及其所处语境的信息，因此实证性和规范性这两个洞见都值得我们深入探究。常民在试图理解和评价本阶级及其他阶级成员的行为时存在许多偏差与障碍，但这些偏差与障碍本身就颇具启发意义。此类反思可以视为常民社会学和常民哲学：的确，他们遇到的一些问题与社会学和哲学中的问题并没有很大不同，这些问题包括决定论与自由意志、解释与证成，以及权衡社会性原因与个人责任之间的关系。根深蒂固的不平等与对自我辩护的需要很有可能会扭曲判断，除了这些因素之外，关于责备和赞许以及责任归因等问题本身就具有**固有**的困难，由它们带来的深刻的形而上学议题也是许多哲学争论的主题（Williams，2003，2004a）。常民的阶级观本身也是复杂的，通常涉及在阶级结构内部对阶级和地位的规范性判断，以推翻关于阶级**是什么**的实证性评价。尤其是人们对阶级的态度具有困窘、防御、否认和躲避等特点，这表明阶

级在道德上是可疑的。这些判断和反应可能具有施事性，也可能
具有因果性效力（causally efficacious）：但正如往常一样，这些判
断和反应的强度、方式和效果，皆取决于它们要处理的现象的属
性——如社会的、心理的和物质的属性。如果我们借鉴社会学和道
德哲学之洞见对这些评价性反应进行分析的话，我们就能更好地理
解阶级的可见伤害和隐蔽伤害。

188　　　　我首先将分析常民行动者是如何解释以及如何证成反社会行
为（anti-social behaviour）的，并举例说明尽管他们的反应中
有拒绝和否认的成分，但他们所处理的解释问题本身就具有内在的
困难。接着我要探讨行动者在对阶级他者进行判断时，对阶级他者
身份的反应与对其行为的反应之间有时具有细微的区别。再次强
调，虽然这些反应包含防御和自我辩护的成分，但这些困难也是评
价对象本身所固有的。最后，我将审视人们普遍回避谈论阶级和感
到困窘的理由，我认为这些理由是阶级本身和人们生活于其中的客
观社会关系的产物，也是人们借以解释社会关系的话语的产物。

解释和证成：反社会行为

在日常生活中，人们不仅会对自己和他人的行为做出评价，有
时也会想方设法对其做出解释，尤其是他们发现该行为令人反感的
时候。这些解释是常民解释阶级的重要元素。虽然行动者也许只是
在提出谴责，但他们经常忍不住要**解释**人们为什么会这样、为什么
要做出那些特定的行为；的确，这些解释是他们形成更深思熟虑的
评价的必要组成部分。实际上，他们有时候会像民间社会学家或者
心理学家那样思考。布尔迪厄一定会反对这种说法，因为这种说法
把学者式沉思生活的那种独特的情境投射到了其研究对象的身上。
此前我已明确表示，我们必须承认日常生活中非反思性的实践行动

的范围，也要承认自觉监测和深思熟虑的作用，但同样颇具讽刺意味的是，对于把后者边缘化的人来说，最强有力的回答是在《世界的苦难》一书的访谈中，在其中，我们可以看到大量常民深思熟虑的例子，且经常以民间社会学的方式加以清晰阐述（Bourdieu et al.，1999）。受访者不仅会谴责他人，为自己的行为证成，而且还尝试解释那些他们谴责的实践。有时，由于他们意识到，要为这些行为负责的人不得不在艰难的环境中生活，所以也会对他们深表同情，并考虑为他们辩解。

　　普通人的世界观有一个典型的特点，那就是他们对性格和行为的解释都会过于个体主义，也就是说，他们把事件和环境的责任都归于个体身上——无论是好的还是坏的——但这些事件和环境是更广泛的社会力量所造成的不同程度的后果。无论是关于解释还是个人责任的归因，都存在棘手的哲学议题，这些议题同时出现在常民话语和学术解释中，而且给两者都带来了难题。[1]因此在讨论常民解释时，我有必要暂时离题，评述其中涉及的一些哲学问题。简而言之，人们普遍担忧，为某些令人无法接受的行为（比如暴力）寻找社会性解释，这种做法其实在为其找借口或进行正当性辩护。这种担忧使得行动者不愿进一步寻求这种解释，所以他们就将个体内在的恶作为解释行为的最终原因。

　　为了说明这个问题，我们可以以《世界的苦难》中的这篇访谈录为例，帕特里克·尚巴涅（Patrick Champagne）对四位在破旧的公共租住楼工作和生活的工人进行了采访，在那里，入室盗窃、暴力和其他反社会行为司空见惯，少年犯问题更是层出不穷（Bourdieu et al.，1999，pp.106—122）。[2]其中有三名受访者

[1]不仅如此，还存在自由意志的问题。要进一步了解关于责任的讨论（与我们讨论的背景相似），参见 Midgley，1984；Williams，2003，2004；以及 Smiley，1992。

[2]参见他对另一位租客的采访，同上，pp.83ff.。

是公寓楼的管理员,他们都是中年的男性工人阶级,第四名是女性,她拥有一些教育资本和文化资本,在住宅项目办事处工作,嫁给了其中一名管理员。受访者一边讲述和抱怨着公寓楼的问题和年轻人的反社会行为,一边也提出一些解释。比如,他们非常清楚公寓楼状况堪忧,发展机会渺茫,对于年轻人来说尤其如此,但令他们沮丧和难以理解的是,人们前脚刚翻修好公寓楼,年轻人后脚就开始涂鸦搞破坏。他们很想知道年轻人的这种行为是否因为他们被社会排斥所致。不过,他们随后就推翻了这种解释,因为被社会排斥不足以构成**证成**这种行为的理由,而且他们自己,即受访者本人,在年轻时必须忍受更穷困的日子,但他们并没有以这种方式泄愤。很自然,他们寻求解释的努力就到此为止了。

在大众对话和辩论中有一种不当推论(non-sequitur),即无法被证成的理由都不能拿来作为解释,这种推论经常被视为一个压倒性的论证,任何人都无法继续争辩下去。社会科学家试图用社会条件来解释反社会行为,但他们经常会受到政治家和记者的驳斥,理由是这些社会条件不能成为此种行为的正当理由或借口,并暗指研究者们偏偏都在这样做。若有人试图用"压迫"作为理由来解释自杀式爆炸或一般意义上的恐怖主义行为,这种解释也遭到同样的反应。[1]"社会是罪魁祸首"这种司空见惯的简化论调常常遭到右翼媒体的冷嘲热讽。[2]

---

[1] 当然,用这些情况来解释也许过于简单。人们多次指出,奥萨马·本·拉登(Osama Bin Laden)出身于特权阶层。因此,我们必须承认其他影响也发挥作用,特别是话语的作用、人们对受压迫者可能具有的同情,以及未受压迫的个人有可能利用真正受压迫者夺取权力。

[2] 正如加拉斯·威廉斯(Garrath Williams)所言,拒绝承担所有责任,并将反社会行为完全归咎于成长环境和社会状况,这是侮辱人的,因为它不承认行动者有能力承担责任——行动者受到**责备**,至少说明是**值得**责备的:"责备实际上**是我们承认一个人的方式之一,承认她是所有人类中的一员,她能够终其一生具有与其他人建立并维持关系的能力**"(Williams, 2004a, 强调为原文所加)。

面对这种阻碍，我们回到刚才的例子，即认为公共租住楼的年轻人天性就是反社会的。换言之，这好像把所有人当作"无因之因"（uncaused causes）。如果我们同意这一点，那么，正如英国前首相约翰·梅杰（John Major）所言，对于愚蠢至极的看法，我们应该"多一分谴责，少一分理解"[1]。根据这种推理方式——姑且这么说吧，根本就不存在解释，我们只需要有恶必惩、以暴制暴。这种推理方式暗示了一种荒谬的想法，即局部聚集的恶只是偶然无缘无故地在某个时间发生。另外一种可能的（或者附加的）看法是，我们还能够在"作恶者"（evil-doers）身上找出一个种族标志，那么就可以用种族主义的话语来支持自己想要的"解释"。

　　然而，社会性解释常常遇到的这种障碍，当然不是简单的政治上的否认或人们"否认"的结果。从某种程度上来说，这是对有关理由、原因和自由意志等哲学难题做出的可以理解的但又是错误的反应。[2]虽然这种错误在常民思维中很常见，但在社会科学中也并不罕见，尤其是把行动者化约为傻瓜的决定论方法——即行动者是"被导致的"（或是"被建构的"）的存在者，而他们本身只不过在传递外在力量。[3]

　　要对一个令人难以接受的行为做出解释，同时又要避免做出正当性辩护，这显然是很困难的，然而不仅在许多熟悉的情况下，人们默许这种行为，而且在有些情况下人们还认为它们是完全恰当的。官方在调查灾难发生的原因时，比如，孩子受虐致死，尽管社

191

---

[1] 这句话是针对两岁小孩詹姆斯·巴尔杰（James Bulger）被谋杀案而说的，罪犯是两个十岁的男孩。

[2] 当然，所谓某个信念是"可理解但却是错误的"，其前提就是：我们解释某件事情，但不一定要认同它。

[3] 正如玛丽·米奇利（Mary Midgley）所言，这种决定论，或者说"社团主义"（corporatism），倾向于塑造其对立面，即不合群的个体（asocial individual），其责任范围被严重膨胀。"应然"这个词本身至少预先假定了一些自主性和责任能力（Midgley，1984）。

会服务专业人士对此案能够有所了解，但其主要目的不在于证成导致这个惨剧的行为，而在于解释这些行为。除非造成惨剧的原因确定是完全无法预测的，否则它就必须被归因于某些令人无法接受的程序、组织形式、性格缺陷和个人决定。当被告接受官方调查对其行为所做的描述时，他们会有各种反应，如以外部环境因素、生病来减轻责任，或者他们会承认自己的行为是不可原谅的，因为他们没有尽到应尽的照顾职责。

如果我们认为责任的履行是合情合理的，换言之，如果我们所判定的行动与我们对某个人在那种情况下合理的预期（这些人拥有在那种情况下他们可能拥有的特定的生活之制约条件和机会，并且基于良善理由去行动）是一致的，那么解释确实可以起到证成的作用，反之亦然。如果有例外的从轻处罚的情节，我们通常认为不可接受和无法证成的行为有时也是可以原谅的。例如一个女性常年忍受家暴，痛不欲生，有一天她终于忍无可忍杀掉了自己的丈夫，法官在审判和量刑时会适当予以减刑。这种解释是充分的，这种行为虽然不被赞同，却可以被原谅。当然，人们会出于一些不好的理由做出一些事情，否定这一点无异于说常民的知识和推理永远都不可能出错。如果我们将一个行为归咎于一个不好的理由，这当然有助于解释该行为，但是显然无法证成它。

这里重要的一点是，我们要认识到，对行为的解释不一定是决定论的，因为这意味着否认了行动者有任何自主性和责任。原因只是产生变化，或者更确切地说，多个原因共同产生某个变化。凡事皆事出有因，而且原因多种多样。这不一定意味着对自由意志的否定，因为理由和选择也可以是原因，不管这些理由和选择是好的还是坏的（Bhaskar, 1979; Collier, 1994; Outhwaite, 1987; Sayer, 1992）。世界也是开放的，因为事物之间的许多关系是外在的或偶然的，因此因果力量是否起作用以及产生何种影响，取决于其相关的语境。因此，行动者可以有意干预事件的过程并加以改变。思考、推理以及作出判断和决定的能力是一种涌现性属性，其发展取决于行动者内在的生物和心理能力与社会、话语和物质过程之间的长期相互作用过程，在这一过程中，其中一些能力本身发生了转化。即便社会是个人存在的先决条件，个人的因素（the personal）也不能化约为社会性的因素（the social）(Archer，2000，2003)。人们被决定，是指他们被构成性和限制性因素所约束和赋能，同时他们也从这些作用力中获得某些涌现性的能力，这些能力也能通过介入这个世界而反过来影响这些作用力。因此，如果我们用我们想要的决定性因素替换我们不想要的决定性因素，那么我们会变得更有力量（Bhaskar，1979；Collier，1994)。[1]

　　即使是最信奉决定论的社会科学家也会在日常交际中放弃自己的决定论立场。当别人冤枉他们，他们不会像接受天气变化那样简单地接受，而是会要求别人做出解释、证成和道歉。"对不起，但我不对自己的行为负责。"以这句话回应上述要求，显然是令人无法接受的。如果这个世界上每个人只不过是外部力量的连接，没有任何涌现性属性，那么就不会有任何责备、赞扬或道歉的必要性了。和最坚定的相对论者一样，即便是最坚定支持决定论的社会科学家在日常生活中也会批评、指责、感谢和赞扬他人，自己也会做出道歉，并期待他人道歉，这无异于承认了决定论是不可能的。[2]

192

―――――――

[1] 要是脱离一切因果性决定因素（将自由的概念理解为"脱轨"），就意味着我们不可能做成任何事情，因为没有任何事物（甚至包括人）具有任何决定性的属性（determinate properties）和力量，使他们可以被操纵或操纵其他任何东西。我们只有在这样的一个世界里才能理解自由和责任，在其中，任何变化是有原因的，原因不是事件之间的恒常连接，而是在开放系统里被各种力量所激发，而开放系统是不能被化约为固定规律性的系统的，也正是在开放系统里，行动者才具有涌现性能力，使他们能够监测和介入这些开放系统的发展，同时也监视行动者自身的监测活动。

[2] 反过来说，主张一切事物都是偶然发生的，也不见得比较好，因为我们在这样一个世界里，就像在一个被完全决定的（即预先被决定的）世界里一样，每个人都是没有任何力量的（Williams，2004b)。

　　所有事件都有数个原因和条件使之可能；因此，把事件归因于单一的原因，根本就毫无道理可言。但是，当我们认为个体要对复杂过程的结果承担全部责任时，其实我们恰恰就是在这么做。我们在将责任归于他们时，我们其实是在承认他们具有因果性力量（causal powers），包括他们具有思考自身行为和可能后果的能力。然而，即便我们承认存在某些社会制约性因素（social constraints），对于行动者应如何行使他们有限的力量，人们仍存在分歧；比如，他们是否应该在现有限制范围内（也就是以改良主义的方式）行事，或挑战某些限制（采取更激进的行动路线）？

　　无论是有意为之，还是纯属偶然，某些社会组织的形式具有"故障安全机制"（fail-safe mechanisms），这套机制使得那些不可避免的、普遍的失误不太可能造成太大伤害，但其他形式的社会组织则很有可能导致较大伤害。这就是为什么病理性行为具有在地化（localised）特征的原因之一。特定类型的社会化提供了必要的物质益品、情感依附和承认，这是培养具有"良好社交化能力"的人所必需的。同样地，这些类型的社会化也会造成某些人缺乏承认、支持和自主性，并且被剥夺了可欲的、正常的资源，如此就有可能产生各种不同程度的反社会行为。因此，社会条件是良好行为和恶劣行为的原因之一，而我们要对行为做出恰当的社会评价，就不应该止步于个体，而应该扩展到共同形塑这些行为的环境（Midgley，1984）。

　　因此，虽然施暴者要对自己的暴力行为负责，但他们的暴力倾向有相当一部分受到外部环境的影响。布尔迪厄所支持的一种"暴力守恒理论"（a conservation theory of violence），也承认了这一点；个体的暴力行为或多或少是对他们所遭受的暴力和其他形式的伤害的滞后反应或间接反应，这些伤害通常是匿名的、缓慢的、长期的和低层次的，并且会侵蚀个体的自我意识和自主性。

　　　　这就是为什么如果我们真的想要减少这些可见的、显然应受谴责的暴力，我们就要减少那些既未受到关注又未受到惩罚的暴力的整体数量，除此之外，别无他法。这些暴力日复一日地在家庭、工厂、车间、银行、办公室、警察局、监狱，甚至医院和学校里发生，归根结底，它们是经济结构和社会机制的"惰性暴力"（inert violence）的产物，通过人的积极暴力（active violence）而传递下去。（Bourdieu，2000，p.233）[1]

　　暴力罪犯心理治疗方面的研究也验证了这种观点（Gilligan，2000）。有一种观点再平常不过了，即在我们成长的过程中我们接触过什么样的社会关系，我们长大之后就会成为什么样的人，承认这种观点并不否认任何一个人都有可能改变这些过程或者抵制它们的影响，而只是承认改变或反抗是非常困难的，有时甚至让人觉得要求过高，难以企及。无政府状态、霍布斯式的暴力行为集中在特定的地区，这显然是由严重的绝对剥夺和相对剥夺以及错误承认，加上广大社会范围中对消费水平、可欲的生活方式，以及某些性别模式的期待等因素共同导致的。许多这样的形成过程都具有高度自我强化性和多边特征；如果社群中已经有大多数人以霍布斯式的方式行事，那么个体就很难不照做。[2] 住在芝加哥黑人贫民区的居民们在接受华康德（Loic Wacquant）采访时，明确表示他们生活的这个世界充斥着霍布斯主义（Bourdieu et al.，1999，pp.130—167），如果他们不对他人心存疑虑，不持续保持着警惕并随时准备使用武力，他们最终必定会沦为受害者。（当然，这种

[1] 这样虽可避免把恶都归咎于个人暴力行为，但我们不必要援引"结构性暴力"来解释和 / 或证成个人暴力或其他反社会行为。正如玛丽·米奇利所言，"这似乎是把一种原本站得住脚的证成以一种曲折的、误导性的方式表达出来。不正义和压迫比暴力行为**更邪恶**，但它们毕竟与暴力截然不同"（Midgley，1984，p.75，强调为原文所加）。

[2] 参见格洛弗对"霍布斯主义陷阱"的分析（Glover，1999）。

行为具有强烈的性别色彩，但它也是社会化的产物——不只是外部力量或话语使然，而且是在特定物质语境中，通过社会互动长期影响自我形成和主体化［subjectification］过程所造成的。）

社会研究与日常生活都会面对的问题有：（a）决定个体具有多少自主性和责任——不只针对他们的行为，也针对他们是什么样的人，[1]（b）在个体确实拥有一定自主性的情况下，评价他们是如何行使其自主性的，其理由和动机是否是良善的。合理性（rationality）是人类社会存在的涌现性属性，忽略这一点，而把人所做的任何事情都完全归因于"社会条件"，是非常荒谬的，也与我们平时与他人争论的情况相矛盾。**对（a）的回答，部分是关于实践性的经验问题，另一部分则是关于个人应该被期待承担多少责任的规范性问题。**

这些要点让我们重新思考，平等和道德不仅与人类社会存在的理论相关，而且还与具体社会及其支配性社会关系，包括从这些社会关系中被塑造出来的典型个体类型有关。承认伦理生活具有两面性的本质，这意味着我们需要同时关注内化秉性和社会环境这两个方面。道德理论通常从后者抽象而来，似乎社会生活可以用一个已然形成的理性道德行动者的模型来呈现，这些行动者处在统一的、中性的社会条件中，并思考自己应该如何行事。关于道德的规范性著述经常诉诸正常的、理性的且有道德的行动者会做什么，而不考虑这种存在者的形成本身是一个偶然的社会过程，取决于许多良好的条件——这或许是广泛的，但不算普遍的条件。似乎不符合这种理想的个体的存在只是一种令人费解的反常，是自然随机产生的一种怪异之事，是伦理理论发展的刺激物，而不是某种需要解释的事物。伦理理论对善的关注是压倒性的，却把恶给边缘化，把恶当作善的缺失，这是完全不恰当的做法。道德哲学脱离社会科学（特别

---

[1] 亚当·斯密似乎认为这是无法决定的（Griswold, 1999, p.251）。

是社会学和心理学）要付出的代价，在这里是再清楚不过了。对道
德的得当分析必须检视具体的情况，包括可资使用的话语，这些具 195
体情况和话语形成了特定背景下的个体及其伦理秉性。

认识到反社会行为的社会性起源，将人们的注意力从个体转移
到了社会结构和社会关系上，其中不仅包括支配关系，也包括行动
带来的许多系统性的非故意的后果，不论这些后果是有害的或是有
益的。我们几乎可以说，这要求我们从对个体的道德关切转向对社
会关系的政治关切，但若后者不想退化为权宜之计和强权统治，就
必须在道德上是可靠的（be morally informed）。

哲学家们使用"道德运气"（moral luck）的概念突显了这一事
实：不管我们行动的动机如何被激发，我们行动的结果通常取决
于不受我们控制的环境，然而其他人通常只用结果来评判我们。[1]
正如斯密指出，把某人行动所取得的好结果归于他的好运气，由此
拒绝赞许他的行动结果，因为这是他不应得的，这种做法未免有些
心胸狭隘（Smith，1759：1984）。相反，为了自我辩护而诉诸坏运
气，这看起来像在抱怨，即使是合理的诉求也可能因为这个理由而
受到压制。在这些情况下，即使我们意识到道德运气的作用，我们
也可能不愿意明确承认它。

尽管大家都很熟悉道德运气这种现象，但它在整个社会场域
的分配，无论是好是坏，都不可能是平均的或随机的；在某个社会
语境中成功的行为，在另一个语境中却可能会失败。富人和权贵的
"善功"（good works）不仅比穷人的更引人注目，而且更有可能取
得令人印象深刻的结果。类似地，我们可能也会谈论"施事性运
气"（performative luck），受到这种运气所影响的活动结果没有
直接的道德意涵。因此，学生奋发向上，但是否学有所成也受到运

---

[1] 这些情况可能包括他人对这种行为的反应，例如，他们的态度是有敌意的还是
友好的。

气的影响，比如能否获得相关的书籍、电脑，是否有机会出国交流等，所有这一切都会因阶级而异，因此一个中上阶级的孩子和一个工人阶级的孩子可能付出了同样的努力，但结果大不相同。就他们所获得的奖励或承认而言，它们不太可能因为是这种运气造成的效果就打折扣，从而有所改变。因此，富人可能因为获得了自己不配得到的东西而庆幸，而穷人则因为获得了自己同样不配得到的东西而自责不已。杰伊·麦克劳德（Jay Macleod）对美国穷苦白人和黑人青年所进行的研究表明，即使他们已经很努力工作，不再招惹麻烦，但他们仍然责怪自己一事无成（Macleod, 1995）。然而，人们有时也会意识到并低估道德运气和施事性运气，所以他们对别人的判断就特意加上"得来全不费功夫"或"得来不易"等来说明自己言之有理。我们一般不会轻易做出这种评价，因为我们生怕自己显得心胸狭窄，但我们这样做也就相当于帮忙掩盖阶级的不公平。

更根本的一点是，既然环境可以塑造我们，那么道德运气就不仅会影响我们的行为所造成的结果，还会影响到我们的品格。我们不妨称之为**构成性**道德运气（*constitutive* moral luck）（Griswold, 1999, p.241）。正如玛莎·努斯鲍姆所说，"很多我没有做的事情，却会使我成为一个受人称赞或责备的对象"（Nussbaum, 1986, p.5）。因此，评价可以超越对行为责任和对品格责任的考虑。在西方文化中，常民对行为的解释和对品格所做的评价都具有个体化倾向，这或许是源于自由和自主性的规范性意义，这也意味着构成性道德运气和社会语境都遭到了忽视，所以就会出现典型的带有缺陷的道德判断（Williams, 2003）。

细微的区别：不赞同行为与不赞同身份

让帕特里克·尚巴涅的采访对象恼怒的年轻人大多是北非移民

后裔。当公寓楼管理员因他们的行为斥责他们时，这些年轻人往往会指责他们有种族歧视。这种指责让受访者深受困扰。我们无法从访谈中判断他们的态度中到底含有多少种族歧视的成分，也无法判断这些年轻人是否只是把这个词当作一个可以信手拈来的"武器"。但在此我想提醒大家注意的是，在对他人进行更加慎重的评价时，我们有时要注意区分，即我们究竟是在评价他人的行为，还是在评价他人的身份？虽然公寓楼管理员可能只是想迎合采访者的自由主义式的情感，但他们似乎想说，他们谴责这些年轻人不是因为他们的身份或"种族"，而是因为他们的反社会行为，这两者只是碰巧扯上了关系，而年轻人为了转移人们对其行为所做的批评，就直接说管理员是种族主义者。

　　这种形式的争论是极为常见的。在阶级、性别、性特质和其他社会分化方面，都可以找到相同的形式：就任何一种情形而言，所传达的讯息都是"我没有针对你的身份，也没有针对你这个人，但是我反对那种特定的行为。所以，在反对那种行为的过程中，我并不是一个势利者／种族主义者／性别歧视者／恐同者等等"。这意味着虽然身份往往被视为差异和多元化的恰当划分，但至少某些行为形式，即可能伤害他人或冒犯他人的行为则并非如此，相反，它们必须受到普遍规范的制约。在某些情况下，这种区分是简单的、没有问题的，但在另一些情况下，如果行为与身份比较密切的话，无论是因为选择还是因为必然性（或者通过构成性道德运气），这个问题就变得更加棘手了。一方面，它承认并接受差异，或者主张差异。另一方面，它诉诸一些受批评的人也理应遵循的行为标准。受指责的人可能会回复道，虽然批评者认为自己受到其行为的冒犯，但这是错误的。这种行为可能确实是他人身份的一部分，并被他们视为合法的行为。因此，在北爱尔兰，新教橙色教团（Protestant Orange Order）向来声称有权在天主教地区进行恐吓性的游行，因为他们过去一直是这么做的，这已经成为其身份的一部分，对此许多观察者的反应表明这个身份本身是令人反感的。身份不是不可侵犯。差异也可能是不好的。还有一些情况，A 的问题行为是对压迫的反应——例如，攻击是对压迫的反应——但 B 却可能把这种行为视为一种反社会的身份的一部分。在一些更为棘手的情况下，A 认为他们的行为不仅是对压迫反应的结果，而且是其身份的正面特征。有时候，在行动者对他人的评价中，也有迹象表明他们意识到这些问题。

在某些情况下，可能对他人产生影响的行为，其标准不是人们都普遍接受的。自由主义者认为，个体——间接也包括群体——只要不伤害他人，应该能够做任何他们想做的事情。但是伤害是难以界定的。约翰·斯图亚特·密尔（John Stuart Mill）在其著作《论自由》（On Liberty）中对这一立场作出了堪称经典的辩护，他区分了"防止某人伤害他人"与"对某些没有对别人造成实际的伤害、但仍然被认为是错误的行为表示不赞同"（Mill，1859［1975］）。尽管他同时为这两者辩护，但他没有考虑到后者可能是缺乏依据的，而且可能采用对群体污名化和间接伤害他们的形式。

因为行为具有社会性特征，所以要区分究竟是不赞同行为还是不赞同身份是很困难的——事实上，行为所带来的后果不仅会影响行动者本身，而且会影响他人。例如，保罗·威利斯在《学做工》一书中关于工人阶级男孩与学校教育的研究被大量引用，其中有一个不太引人注意的特征是，在扰乱课堂秩序的过程中，这些男孩也妨碍了其他孩子，使其无法获得进步（Willis，1977）。"不守纪律"是英国中产阶级父母最关心的问题。想象两个白人中产阶级之间的对话，一个是右翼分子（R），另一名左翼分子（L），两人都住在中产阶级住宅区。

> R："既然你是一个坚定的平等主义者，你为什么不住在 X 区［有众多黑人人口的贫民区］呢？"

L："我不反对工人阶级或黑人——当然不会，但是那里的盗窃和其他犯罪率比这里高得多，而且那里的学校里有大量不守纪律的行为，我的孩子受欺凌的风险也比这里高得多。我讨厌这种对群体所做的不必要的区分，我对他们之间的敌意深感绝望，但我和我的孩子都不想成为受害者。这些问题是结构性的，不是我个人可以改变的。简单地取消种族隔离并不能起到多大作用，它只会让斗争更加白热化。是的，从某种意义上说，我良心感到些许不安，但我能做些什么呢？至少我不赞同不平等和种族歧视。"

接下来，双方开始指责对方是伪善者、种族主义分子。即使左翼分子住在 X 区，我们怀疑右翼分子也会指责她是个装腔作势的人，因为她居住在工人阶级和黑人生活的地区，其实就是为了保留中产阶级在经济资本和文化资本方面的特权，同时为了彰显个人道德之高尚，自私地牺牲了孩子的未来，这么做实际上增强了她在激进分子社交圈中的文化资本和道德资本。[1]控诉对方是伪善的，这是确定并指责**个体**要为这样的情况负责，但我们只要作出深入分析，就会发现这是结构性的社会和经济两难处境引起的，而并非行动者自己选择的结果。困难在于我们总是试图在我们所经历的有限的时间内设法调节这种处境。

在这个例子中，我们还看到了前几章讨论的几个主题交织在一起：父母对子女福祉的承诺；内在益品的不平等分配；右翼分子对最后输家的阶级蔑视；左翼分子对最后输家的平等主义情感。对

---

[1] 有些中产阶级激进分子在每一次公开行动和发言中都试图保持政治正确，人们对这些激进分子的反感，在一定程度上是因为激进分子会利用激进思想来增强自己的文化资本，并增加他们与工人阶级和中产阶级对立派别的社会差距。（当然，种族主义和性别歧视等的状况更为严重。）

右翼分子来说，这些根本不存在什么问题，尽管他所赞同的孩子之间的不平等没有什么正当理由。一般破解这种两难处境的"解决方案"就是在城市发展中推动住宅区的划分和学区的地方化，英国等国还允许学校自主招生来强化这一解决方案。

歧视他人有可能是根据人的身份，也有可能是根据行为或具体性格特征，而歧视也分为社会歧视和"正当歧视"（legitimate discrimination）（Bourdieu，1993，p.179），在受过教育的人中，这些细微的区分是十分常见的。

> 人们可能对财富抱有平等主义的观点，既希望分配要更加平等，又抵制把财富作为评价人的准绳，也更重视品质，比如受教育，但教育的分配受财富的影响很大，所以他们会以高度不平等主义的方式区别对待他人，更看重"有能力认真谈论事物"的人。（Lamont，1992，p.171）

就这个角度而论，崇尚平等主义的知识分子似乎是伪君子，因为他们并不承认有能力思考这个世界，并且有能力发展被称为"智性"的这种学术技能其实是一种特权，而且他们还低估了没有被教育体制尊崇的其他的智性形式，这种说法似乎有一定的道理。它可能会导致布尔迪厄所说的"智性种族主义"（racisim of intelligence），受歧视者所经历的排斥，并不亚于在那些被精英知识分子彻底否定的"庸俗"种族主义那里所遭受的排斥，更糟糕的是，那些通常谴责种族主义的人甚至将其描述成是正当的（Bourdieu，1993，pp.177—179）。虽然不太可能是故意的，但这就让"亚无产阶级（subproletarians）或移民子女［被指称说其］所经历的社会状况变成了心理状况，社会缺陷变成了精神缺陷等"（同上，p.179）。承认这种错置的或二阶形式的歧视是正当的，会给主张平等主义的知识分子带来道德困境，并可能导致他们良心不安。然而，要走出这种困境，就要抨击经济不平等和强化阶级不平等的教育机制——这些教育机制通过界定教育资格，使阶级不平等合法化，进而加剧了阶级不平等——除此之外，没有别的办法。仅仅试图以更平等的行动待人，并不能改变这些结构，只会使困境加剧。当然，我们不能以此作为不平等待人的正当理由。

从规范性的角度来看，我们需要评价价值和行为本身，而不能仅仅因为它们与阶级的关联就肯定或否定它们；特定的信念和行为会根据阶级和性别的不同进行不平等分配，但它们的善恶与这种关联无关（Sayer，2000b）。例如，傲慢（arrogance）在支配阶级中比在从属阶级中更为常见，但无论发生在哪个阶级，傲慢本身都是恶的；虽然支配阶级的诸多劣迹之一就在于他们常常举止傲慢，但傲慢之所以是恶的并不仅仅**因为**它的阶级关联，尽管傲慢本身似乎是这个阶级与其他阶级产生关联的**典型特征**（symptomatic）——哪怕傲慢在其他阶级中也变得常见了，它也不会因此变成是善的。（类似地，我们也不会因为支配阶级变得更加友善了，就接受阶级不平等！）[1] 与此同时，考虑到这些行为是由社会强力塑造的，我们必须把责备（或赞许？）归咎于产生这些行为的力量，而不仅仅是归咎于个体。即使我们得出结论认为它们几乎完全是阶级的产物，也不意味着否认我们对它在行为方面产生的影响的负面评价，因为阶级不平等而带来的这种行为倾向是人们谴责阶级的原因之一。二者都应受到谴责。无论如何，反社会行为并不是阶级特有的产物。如果阶级不平等没有产生苦难和反社会行为（两者有着双向的联系），那么似乎就没有什么理由谴责它们了。同样的论证也适用于性别：某些反社会行为与男性有关，例如暴力，但反社会行为之所以可恶并不是因为存

---

[1] 考虑到阶级和性别能够深刻地扭转人们的行为，那么要忽视阶级和性别而评价行为，当然是非常困难的。

在这种性别关联，反社会行为无论如何本身就令人深恶痛绝。关于男子特质糟糕的地方——事实上这也是最糟糕的——就在于男性特质垄断了这种行为，而正是因为暴力行为，男性特质才需要改变。

我们稍后将回到这些关于阶级行为、身份和构成性运气（constitutive luck）的评价问题，并尝试深入讨论，但为了做到这一点，我们现在必须更直接地探讨常民对阶级本身的观点。

对阶级本身的反应：矛盾和不安[1]

询问人们的阶级归属，往往会引发错综复杂的反应。回复往往是尴尬万分、充满防御性和闪烁其词的，人们把这个问题当成一个规范性问题，是关于他们是否配得上所处阶级位置，或他们是否认为自己低人一等或高人一等。正如萨维奇等人所说，"他们［受访者］知道，阶级不是单纯的描述性术语，而是有所负载的道德能指（moral signifier）"（Savage et al., 2001a, p.875）。由于阶级与不正义和道德评价之间的关联，阶级仍然是一个颇有争议的问题。询问阶级归属不仅是要求他们对自己的社会经济地位进行分类，而且还隐含着一个更深层次的但并未言明的、可能会冒犯他人的问题：你有什么价值？同样，这里所谓的价值可能是指财富、道德价值或

201

---

[1] 我知道有许多关于人们对不平等的态度的经验调查（参见 Miller, 1992；Bowles & Gintis, 1998 有关这些研究的评论和阐释）。虽然这些研究颇为有趣，但受访者往往给出他们自认为"最佳"的观点，这让调查人员很苦恼。布尔迪厄（Bourdieu, 1984, 1993）认为这些调查难以指导思想和行为，它们从人们行为的日常背景和他们的整个社会化历史中抽象出来，忽略了"适应性偏好"（adaptive preferences）或行动者的合理化和社会强化——象征性支配和霸权；它们使用研究者的范畴和框架；它们陷入了学究谬论的陷阱，忽略了实践逻辑，完全用论证理性和反思来解释信念和行为。

其他形式的功绩。一方面，从规范性角度来看，人们可能认为这些问题相互独立。右翼分子（不诚实地）把经济评价和伦理评价区别开来，认为经济不平等不会给人带来伤害，因此是可以接受的。然而，如前所述，经济不平等必定会影响到承认。

助教们尝试让社会科学专业的本科新生谈论阶级时，也会面临类似的不安和逃避的反应。但是，随着学生有更多社会学学习经验之后，这种不安感会逐渐消失，因为他们学会了客观看待阶级，并把阶级从自己与他人的关系中抽象出来；的确，成长为社会学家的学习过程就是一个学习摆脱这些困扰的过程。虽然经验丰富的社会学家可能会把这些新手的不安归因于他们对社会学还不够了解，并认为自己更有能力冷静地面对阶级问题，但我认为，这种评价是可以推翻的：虽然刚刚涉足该领域的学生还没有失去这种对阶级中道德问题的合理感受（尽管这种感受难以表达），但社会学家已经刻意忘记了这些感觉，而且已经对此脱敏了。对于许多人来说，原来一个令人担忧且高度敏感的议题，到了社会学家手中往往就变成了关于社会层级化图式（social classification schema）的枯燥的学术讨论。正如霍耐特所言，社会理论也很难记录那些人们因经历无礼对待的道德经验而引发的斗争，并且倾向于将这些斗争转化为基本是霍布斯式的社会冲突模型内部的利益范畴（如"文化资本"和"象征性利益"）(Honneth，1995，p.163；另见 Thévènot，2001)。

我想论证，人们在谈到阶级时，所感受到的不安和矛盾是合情合理的、而非神秘的反应，真正有问题的是被社会学家默认的那套可厌的非道德论（amoralism）。我们可以进一步探究阶级的道德意义来解释前一种反应。我的解释很简单，由三种论证组成，第一种与阶级不正义相关，第二种与阶级对道德情感的扭曲作用相关，第三种则与阶级所造成的伤害相关。这三种论证密切地相辅相成，相互作用，但把它们分而论之比较容易解释清楚。

1. 对阶级任意性和不正义的防御性反应

当行动者认识到出身阶级的任意性和不正义及其对个人生活的影响（他们很难不承认到这一点），他们就会激发内疚、羞耻、怨恨和防御性反应，而平衡和处理这些感受的方式可能因个人所处阶级位置而有所不同。这些简单明显的要点，专门研究阶级的社会学家却偏偏没有注意到，这正是因为他们主要关注决定成年人阶级地位的因素，尤其是其收入和财富，因此他们把重点放在不是那么任意的关系上面（虽然这种关系未必是更加公正的）。

然而，尽管运气起着至关重要的作用，但个人后来的运气也和他们自身的努力和功绩有关，因此，不令人意外的是，比较富裕的人和向上流动的人面对别人指控他们是不公平游戏（unfair game）幸运的受益者，他们往往会拿努力和功绩为自己辩护。他们的辩护具有鲜明的特点，那就是说自己是例外情况，他们承认出身阶级是一种运气，但对于他们和那些跟自己类似的人来说，他们成年后有这样的地位靠的是勤奋和禀赋，这是他们的应得的，也由此是正当的。在向上流动的例子里，他们的自我辩护可能是一种英雄式的叙事（heroic narrative），即个人克服了由卑微的阶级出身带来的种种不公，靠着个人努力往上爬。

然而，这充其量不过是对阶级不平等的部分辩护而已，[1]因为它并不否认运气**仍然**会影响阶级和生活机会，也不完全否认这些影响会持续到成年时期。或许有些人认为阶级差异完全是功绩的产物，以此为阶级差异辩护，但是令人吃惊（也是令人满意！）的是，在萨维奇等人援引的反应中并无此种辩护。受访者对阶级感觉到不安，似乎表明了他们承认并反思阶级的不正义。因此，他们发现自己既希望承认这种社会结构的不正义，又希望自己能够免于沦为社

---

[1] 即使这只是一种部分的辩护，许多道德哲学家也不接受（例如 Baker, 1987）。

会结构的共谋，或免于从中获得不公平的优势，甚至主张自己已经成功超越了阶级。因此，他们不愿意划定自己的阶级，但通常并**不**否认阶级的存在，也不会否认阶级对他人机遇的影响是任意的。向上流动的受访者似乎不认为因为他们现在成了中产阶级，所以他们就变成了好人，反而认为正是因为他们是有价值的人，所以才得以进入中产阶级，尽管不是所有中产阶级都是如此，尽管人们凭运气可以实现向上流动到较高社会位置，尽管成功进入中产阶级也并不是每一个优秀的、有价值的人的唯一命运。类似地，在那些出生于中产阶级并仍处于中产阶级的人之中，至少有一些共识，即他们确实拥有不应得的优势，而这些优势不一定保证他们比不如他们幸运的人更有价值。无论在哪种情况，似乎都暗示了阶级是有问题的。他们在谈论阶级时感到困窘，与其说他们否定阶级事实，不如说他们承认阶级缺乏证成。[1]

　　还有进一步的理由可以说明为什么人们很难诉诸应得的回报（desert）来为阶级辩护，以及为什么做到了这一点的人持自我辩护的态度。这些理由也出现在道德哲学中论述平等的相关文献中。在这些文献中，常见的论证是认为，如果禀赋（talents）是与生俱来的，那么它们显然不值得特殊奖励；或者，如果禀赋是后天习得的，它们的获得在很大程度上归功于早期生活条件是否优渥，而这当然反映了阶级和性别的影响。甚至人们在活动中所投入的动力和全部努力，可能也是阶级和性别背景的产物；若前景有望（虽然不太容易获得），人的动机自然被激发，而前途无望时，人自然就缺乏投入的动机了。这些论证都反对从应得的回报的角度对阶级位置作简单的证成，尽管它们有些复杂，[2]但我认为，常民思想中有时

[1] 比较帕金对阶级意义系统的分类（Parkin，1972）。

[2] 有些哲学家提出的另一个论证，是我在常民思想中还**没有**看到过的，即虽然努力和禀赋值得称赞，但这并不意味着这些努力和禀赋需要得到金钱利益的回馈；唯一有所保证的是尊敬（Baker，1987）。

也隐约意识到这些论证，并且这些论证同样让人不得不采取自我辩护。

并不是所有对阶级不平等的反应都如此宽容。富裕阶层（包括更有保障的工人阶级）对那些要靠国家福利过活的人愤恨不平、蔑视不已，不仅是因为他们认为自己要缴税维持那些人的生计，感到自己是在支持不愿工作的人，同时这种感受也是对那些要靠别人过活的人的一种蔑视形式。依赖就意味着缺乏自主性和尊严，而缺乏这些品质就会招致别人的蔑视。旁观者没有意识到那些要依赖别人生活的人其实几乎掌握不了自己的命运，他们厌恶这些人的依赖，同时也厌恶必须对他们提供补贴。出身阶级固然是运气问题，但穷人总是被期待通过自己的努力摆脱不幸的处境。这一点在话语的漫长历史中非常明显，这些话语区分了咎由自取的穷人和值得救济的穷人，虽然相关用语越来越委婉，比如最近的"工作福利"的表述。一方面，这些话语承认了阶级的任意性和不公平，但仅限于被认为值得救助的人，而对于不值得救助的人，则认为阶级不平等是正当的。与此同时，对于依靠他人劳动而生活的富人，却很少有人认为那是不合理的。[1]

在许多这类对阶级的反应中，一个常见的错误假设是"对公正世界的信念"（Lerner，转引自 Williams，2003），即相信世界具有良善的道德秩序，善意自然会直接产生善行，带来善果，行动者自然会获得相应的回报，即"给予他们所应得的"。根据这个信念，个人生活的好坏其实就是他们的美德与恶行的简单反映。它拒绝承认这种关系也会受到偶然性和道德运气的任意破坏。[2] 许多发生

---

[1] "不劳而获的收入"这一范畴在今天已经很少见了，取而代之的是它的反义词"独力致富"（与阿比·戴［Abby Day］的个人交流）。

[2] 批判实在论哲学假定世界是一个封闭的系统，在这个系统中，一个既定的行为或其他原因总是产生规律性的效果。虽然社会制度总是试图为特定活动创造近似的封闭系统，但它们从来不能完全控制偶然性。社会是开放的系统，由具有不同程度持续性的社会结构以不同的方式构成。

在我们身上的事情——不管好坏——既非我们应得，也非我们不应得：它们终究会发生，其背后的驱动力量可能与正义或人类福祉毫无关系。虽然哲学家们倾向于把这些描述为影响个人的随机偶然事件，特别是不知从何而来的偶然事件，但这些偶然性还包括主要社会结构（比如资本主义）造成的广泛的非故意结果。换言之，我们也许可以确定社会的结构性特征，这些特征加剧了世界上道德秩序的缺失，而且这不仅是随机发生的，还是系统性的和反复出现的，因此好事和坏事都会反复落在同一些人身上。因此，在阶级和地域性不平等的再生产过程中，存在大量的路径依赖与累积性的因果作用力。在解释这些长期存在的不平等现象时，右翼分子倾向于把随机的偶然性作为主要原因，而左翼分子则诉诸结构性的原因。[1]

2. 阶级和道德情感的扭曲

对阶级的防御性辩解的第二个来源与亚当·斯密认识到的问题有关，那就是人们对他人的道德情感很容易被财富差异所侵蚀或扭曲。[2]这种扭曲会造成双重标准，所以同样的行为，如果富人做的，那么人们对他们的评价要比对穷人的评价友善很多。[3]例如，人们对年轻人酗酒和行为不检的态度在很大程度上取决于他们的阶级；同样，对于工人，我们会说他们"偷懒"，而对于经理，我们则会

205

---

[1] 在哈耶克对不平等（尤其是不幸事件）的处理中，这一点是很明确的（Hayek，1988）。他指责社会主义者的"建构主义"是一种"致命的自负"——认为社会可以得到理性的规划。这个观念隐含了建立一个公正世界的可能性。社会主义者确实夸大了规划的可能性，但哈耶克却低估了这种可能性，部分原因是他所建构的是一个个人主义的、非结构的社会模式，在这样一个社会中只存在随机的偶然性。

[2] 这种扭曲与没有考虑道德运气不同，因为不管结果如何，它都涉及了应对这种差异的双重标准。

[3] 托尼对双重标准有类似的评论（Tawney，1931，pp.37—38）。

说他们"抽出时间放松"。贝弗利·斯凯格斯对年轻工人阶级女性的研究表明，工人阶级女性往往痛苦地意识到，相比于中产阶级女性而言，她们受到的评判更为严苛（Skeggs，1997；另见Reay，1997a & 1997b，1998b）。从布尔迪厄等人的《世界的苦难》一书中的叙述也可以明显看出，人们对阶级的怨恨往往比对物质财富匮乏的怨恨更强烈。因此，道德污名和特权也是根据阶级分配的。

受到侵蚀的道德情感对阶级是任意和不公正的这一观念起到**反对**作用，并为阶级不平等提供了一个虚假的证成。然而，根据对阶级不公正的批判，成为工人阶级或中产阶级与个人的功绩或美德几乎没有或根本没有关系，而财富对道德情感的侵蚀却告诉我们，它们之间是有关系的。当然，这些被阶级所扭曲的道德情感本身就是不公正的。

虽然当人们在对不同阶级的行为进行道德判断时，他们往往会使用双重标准，但这种做法也常常遭到反对和排斥，否认这种对道德情感和判断的歪曲，实际上是常民阶级话语中常见的一部分。正如萨瑟顿采访的一位工人阶级居民在谈到中产阶级居民时说："他们认为自己是一个更优越的阶级，不过是因为他们的房子更贵"（Southerton，2002a，p.138），这句话直接挑战了把经济价值和伦理价值混为一谈的普遍看法。的确，正如前文所述，对中产阶级伪善（包括自命不凡的道德优越）的批评，也可以被解释为主张工人阶级具有道德优越性。

然而，这些排斥有时会产生适得其反的效果，不但没有挑战阶级的不公正，反而掩盖了这一点。因此，从萨瑟顿和萨维奇等人所采访的一些受访者的评论中，我们可以明显看出，他们的一个共同的反应就是直接否认这样的评价，并声称"我们和他们一样好"（Savage et al.，2001a）。虽然这表面上是一种自信而恰当的平等主义式的反应，但它有时也会产生相当负面的影响，即使得不平等正当化或隐藏不平等，因为一个受到压迫的人仍然对自己的价值充满信心，他就有可能利用这一点来论证阶级并不会造成任何不同——"重要的是你本身是一个什么样的人，而不是你的阶级"。同样，虽然人们普遍表达"按照人本身那样去接纳他们"这个平等主义的渴望，即表明想要根据人的行为和态度来判断他们，而不是根据社会分类对人进行刻板的评判这一专断做法，但这种方式也可以被用来否认社会划分的重要性。

　　同样，中产阶级的社会学系本科生在不得不讨论阶级问题而感到困窘时，常常会说"我不相信阶级"这样的话，这种反应意味深长。甚至当助教说，"我不是问你，阶级是好还是坏，我是问你它是否存在，是否造成影响"，对此的回复往往是模棱两可的，并且模糊了事实和规范之间的区别；"我相信重要的是你是谁，而不是你的父母做什么，或者你念了什么学校"，这是我们经常听到的一句话，尤其是来自享有较多特权家庭的学生。它的模棱两可是具有欺骗性的：它既可以被视为一种规范性论点，反对阶级之恶，也可以被视为一个事实主张，认为阶级的作用其实很少——后者当然是错误的，因为它掩盖了阶级特权，同时允许那些拥有阶级优势的人为他们实际上不应得的东西而获得赞誉。尽管这些学生声称他们不认为自己在道德上高人一等，但他们也不认为经济资本、文化资本和社会资本上的不平等有什么问题——它们不会让你成为一个更好或更坏的人，这些不平等都是可以接受的。这是一种虚假的平等主义，它使地位低下者认为支配阶级与他们是平等的，因此默认不平等的存在。它也像是对弱势群体纡尊降贵。正如我们前面所讨论的，站在弱势群体和受到严厉评判的人的角度上看，因阶级而遭到扭曲的道德情感会让人陷入内心挣扎，人处在两种力量的拉扯中，一方想要否认可感知的外部判断及其标准，另一方又想迎合这些标准。

　　这种困窘和逃避表明人们意识到阶级差异缺乏道德正当性。幸运的人可能意识到自己是幸运的，但不希望因此而被视为优越于他人，而不幸的人 / 穷人则会合情合理地抵制人们认为他们的劣势是咎由自取的结论。我们不能因为这些道德情感偏离社会学的要点，就拒绝接受它们，认为它们不过是掩饰了阶级的意识形态，反过来，我认为它们要得到认真对待——无论是对此表示同情，还是予以批判。

3. 阶级的伤害

如果阶级位置，就像性别和"种族"一样，从根本上影响人们的生活，使一些人处于不利地位，甚至伤害一些人，却同时让另一些人处于有利地位，并赋予他们权力，那么阶级位置就会影响个体在未来成为什么样的人。造成阶级伤害的有两个成因，其一是资本主义不平衡发展过程产生的物质匮乏和不平等，这种不平等不仅导致消费水平的差异，而且造成人们发展和实现技能和承诺的能力差异，其二是对个体和群体的阶级蔑视、象征性支配或道德情感的扭曲等带来的结果。因此，最劣势者应该缺乏自尊、具有攻击性，而富人应该是傲慢和居高临下的，这些看法不令人意外。虽然自由主义者和激进的平等主义者往往很难承认，但是，如果阶级会带来伤害，那么这就意味着受到伤害的是人们自己，这种伤害不仅限制了他们的潜力，而且在极端情况下可能导致反社会行为。再次强调，即使他们确实受到了伤害，我们仍然免不了对他们行为和性格做出负面评价，因为如果这种现象不成为问题，那么阶级就不能说是有害的。因此，左翼自由主义者面临的困难是，既要严厉处置反社会行为，又要严厉地究其根源，因为当他们批判产生阶级和性别差异的过程，他们经常被（错误地）以为有意鼓励人们为这些错误行为开脱，不再期待别人能够承担行为责任。在英国，也许最明显的例子是人们看待贫穷的白人工人阶级男性的态度（Haylett, 2001）。

面对这种两难境地时，受压迫群体的行为通常要么是病理化的，要么是屈从的。关于工人阶级家庭面临的这种困境，沃克丁和卢西评论道："试图拯救工人阶级家庭，使其'平等但不同'的这一做法，仍然否定了压迫的存在，不过是以一种自由主义的立场，努力从错置的多元主义背景中创造平等。"（Walkerdine & Lucey，1989，p.7；另见 p.192）[1] 布尔迪厄谈到大众文化中也存在类似的摇摆："事实上，人们很难不陷入矛盾，即一方面描述（或谴责）某些人被强加的非人道的生存条件，与此同时却赞许这些受苦的人真正实现了人类潜能……"（Bourdieu，2000，pp.75—76）正如我们在第五章所论，我们也应该注意下层民众对这些困境的看法，因为被支配群体认为他们受到的伤害和所处的劣势是相对于上层阶级而言的，而且他们往往不愿意承认自己的生活方式（或者更确切地说，是被允许的生活）有任何低劣之处，尽管他们混合了对他人的嫉妒和怨恨。

　　玛莎·努斯鲍姆在评论约翰·斯坦贝克（John Steinbeck）的著作《愤怒的葡萄》（*The Grapes of Wrath*）时指出：尽管穷困潦倒的移民遭受了一连串的灾难、不正义和屈辱，但是他们仍然保留了尊严和宽容的品质——他们的道德品质非但没有丝毫受损，反而得到了提升。因此，这个故事很容易赢得我们的同情，增强我们对不正义的感受。相对坏人，我们更容易同情好人的苦难。但这也是一种浪漫的自负。

　　　　斯坦贝克让富人得以松一口气，确实：因为他揭示了所有不正义造成的后果只有不快乐。如果我们理解，不正义可以从根子上打击人格本身，让人产生愤怒和怨恨，种下品格败坏的种子，那么我们就有更深的意愿向每一个孩子承诺提供人类尊严所必需的物质支持和社会支持（Nussbaum，2001，p.414）。

---

[1] 正如海勒特指出，"人人不同，但人人平等"这一理念也可以在多元文化主义的话语中发挥作用，把阶级转变成差异——这是新自由主义者最偏爱的转换方式（Haylett，2001）。

　　人们可能很难接受这种说法，因为它可能招致一种最令人怨恨的阶级蔑视形式。在写作本章的过程中，我曾多次回避承认这一点。它公然违背了大众文化（以及部分学术文化）的相对主义论调，人们不愿意"评头论足"（be judgemental），而"评头论足"本身就是一种道德情感。由于担心**显露**自己认为最受压迫的人们其实内在价值较低——这不是努斯鲍姆主张的——这使得自由主义者和许多自称是平等主义者的人，无法直面体制的真正可耻之处，而这正是他们感到羞耻的。这只是平等主义的一种表面形式，尽管它的意图是好的，但严重低估了阶级所带来的伤害。[1]工人阶级对自己的道德良善引以为傲，这有一定的证成，但**极端的**剥夺和不平等更有可能抑制、而非增强这些道德品质，正如我们在华康德描述的贫民窟年轻男子的案例里所看到的（Bourdieu et al., 1999）。努斯鲍姆以另一个小说人物为例，也提出了同样的观点，这次主角是一个穷困潦倒的黑人罪犯，她指出这个罪犯真正的罪过出自他的愤怒和羞耻，而这些情感反过来又是种族主义的产物，他的犯罪事实并不只是由在错误标记和不实指控意义上的"刑事定罪"所造成的。因此，通过承认压迫的客观存在及其原因，我们可以更好地理解压迫的病理学。这并不是否认受到压迫的人要对他们的行为负责。任何阶级的人都有能力而且确实也会犯下罪行或错误，但是受到压迫的人往往面临更多的社会压力和剥夺，使这类犯罪行为更有可能发生。正是这些原因——无论是社会性的还是个人的原因，抑或两者兼具——才是批判性评价的恰当对象。讽刺的是，表面的平等主义正好与社会学的观点相矛盾，后者对个人内在品质的怀疑是有部分依据的。从某种意义上说，所有病理学都是社会性的建构，但它们不仅仅是特权凝视（privileged gaze）、道德划界和错误承认

---

[1] 我确信，无论我如何强调这种伤害是社会的产物，总会有人指责我不过是在表达阶级蔑视罢了。

的施事性特征（performative character）的结果，同时还受到经济不安全的客观影响，人们有时会**正确地**认识到并表述这些因素，即使社会原因还没有得到承认。过分夸大这种阶级伤害，有可能会上升到阶级蔑视的程度，而以斯坦贝克的方式理想化这种伤害，就很容易变成类似"高贵的野蛮人"这种意识形态，我们必须在这两个极端之间找到一条道路。

如果我们意识到，阶级病理学和其他不平等现象不只发生在最贫穷的人身上，而且我们没有充分的理由（当然，坏的理由倒是很多）想当然地认为穷人垄断了所有反社会行为，那么接受这种观点就会变得相对容易。同时，这当然并不意味着中产阶级的生活和穷人一样糟糕。但是，支配地位也带来了人格的畸变：有些人倾向于把等级地位低于他们的人当作仆人对待，就像这些人的感受、时间和自主性不如自己重要，甚至可以完全无视他们的存在；他们没有能力理解工人阶级的生活，更不会认为工人阶级的生活有任何重要性，除了可能包含一些可能被占有的文化益品之外；他们混淆了财富、成就和道德价值（参见 Lamont，1992）；他们也无法理解自己的财富和安逸是依赖他人得来的，也看不到他们的消费是从他人那里掠夺而来的，而这些人真正需要且值得拥有更多资源。资产阶级比其他任何阶级都更容易受到商品拜物教（commodity fetishism）的影响，商品拜物教不是不清楚生产的社会关系（这种无知或许只是忽略了马克思主义经济理论），它的形成主要是与不理解资本主义经济机制的伦理意涵有关，这种经济机制使贡献（工作方面）、需求、功绩和奖励之间的关系变得是任意的、不平等的，伴随而来的是它在痛苦和欣欣向荣、不安全和安全方面造成的不平等划分。[1]

---

[1] 我非常清楚这些观点可能会引起争议：它们是我即将出版的另一本关于"道德经济"的书的主题。

拉蒙笔下的工人阶级男性批评他们眼中的管理层的人缺乏诚信、真诚和人际交往技巧（Lamont，2000）。这不只是一种偏见。有充分的理由认为，这种表述能够得到一定的**证成**：那些处于管理层的人，特别是在资本主义企业中的人，其最终目的是盈利，而不是何为是非对错，[1] 而且与同行的竞争是残酷的，环境更是不断变动的——那些管理层的人可能变得习惯伪装和投机，只是把他人当作达到其目的的手段，因为他们要面临不断变化和相互冲突的各种需求。罗伯特·杰克考尔对管理者的（不）道德生活的杰出研究强有力地表明，管理者所面临的霍布斯式压力使得前后一致的道德行为只能让他们走向失败（Jackall，1988）。印象管理、工具主义、积累外在益品而非内在益品、排斥弱者、巴结强者、强占别人的功劳、逃避自己的责任以及轻易放弃承诺——所有这些都出现在杰克考尔所研究的管理者的生活中。他们必须支配下属、逢迎上级、与同行钩心斗角，实用主义和利己主义凌驾于道德之上，尽管有些人为此付出了个人代价："……内疚，对自我放弃和自我剥夺的悔恨……接连陷入焦虑、愤怒和自我厌恶，因为自甘屈服于世故和无知而不断地抑制愤怒、保持沉默与屈服……"（Jackall，1988，p.204）与此同时，正如我们前文所见，小资产阶级倾向于忍受焦虑和各种矛盾感受，如屈尊、顺从、抵抗和自我压抑（另见Bourdieu，1984）。[2]

通过这些和许多其他方式，阶级不仅带来获得人人所欲求的益品的不同机会，而且会产生不完整或扭曲的承认，同时还会扭曲人的性格，使之成为惯习的一部分。当然，这些特征与社会位置之间的相应程度只是大致的，因为类似的影响可以由其他不只与阶级相

---

[1] 即使后者偶尔成为前者的必要条件，但如果资本主义企业要生存下去，后者不能成为主要目标。

[2] 正如杰克考尔所说，这种向社会上层流动的人的焦虑可以成为管理工作的一种资产，因为它鼓励人们拥有责任心并且关注细节（Jackall，1988，p.21）。

关的机制产生：性别有其自身的影响，而人际关系心理学的所有偶然因素，尤其是家庭生活的偶然因素，可以产生与阶级无关的美德与恶行。阶级化的行为和经验与性别和其他类型的社会分化密切地交织在一起。改变这些行为可能很困难，因为性别或许会被用来抵御阶级支配。斯凯格斯研究的工人阶级年轻女性便认为女性主义具有威胁性，因为她们在自己的女性特质上大量投入，这也为她们赢得了一些尊重。如果她们放弃了自己的女性特质，她们就没有其他形式的文化资本来弥补其低下的阶级地位（Skeggs, 1997）。工人阶级男性可能以另外一种不同的方式，即利用他们的男性特质来抵制中产阶级的支配。

　　阶级、性别和族群的融合也给人们带来困扰，尤其是那些想在判断自己或他人行为时对其进行区分的人。因此，粗野好斗是工人阶级男性特质的体现，但我们很难从性别元素中把阶级抽取出来。我们从其中任何一个维度上判断他人，可能会与我们从其他维度上判断他人产生冲突。因此，一个中产阶级的平等主义者可能想要驳斥一个工人阶级年轻人的性别歧视，但又想要避免给人留下势利的印象，甚至想要在与这位年轻人的阶级关系中对他表示友善。这个例子再次彰显了阶级和性别之间客观差异的影响。但是工人阶级的性别歧视者可能会把中产阶级平等主义者对性别歧视的反对解读为一种势利的行为，而不是对他的行为进行合理的批评。考虑到性别歧视和女性主义的意识很可能与阶级等级中的地位正相关，他可能（错误地）这样解释就不足为奇了，阶级的影响之一，就是它给予人们获得解放其思想体系的不平等机会。当性别和族群结合在一起，也会产生类似的影响，例如女性主义者反对其他族群里的性别关系，会担心自己被视为种族主义者。

　　我们不应只是简单地谈论这些复杂性，将其视为常民看待阶级、性别和族群时容易陷入的"矛盾心理"或困惑，然后就置之不理，我认为我们应该探究产生这种态度的原因，因为在这背后存在充分的理由。从实证性的角度来看，这种策略可能有助于确定人们究竟是如何看待阶级、性别和种族（当然，这也是一个经验问题），而从规范性的角度来看，它也有助于我们思考如何直面这些复杂性和矛盾性并继续前行。

小结

行动者会不断地评价其他人（包括阶级他者）的行为。尽管在大多数情况下，他们可能认为其起因是理所当然的，但他们有时也会试图提出解释。这种解释往往反映了观察者（评判者）和被观察者（被评判者）的相对立场，但也可能观察者（评判者）是真诚地努力去理解，而非发表自己的偏见。在这样做的过程中，他们遇到了一系列的难题，如解释与证成、归责与责任、赞许与责备，以及判断行为、品格和身份之间的细微区别。

就阶级观本身而言，自我辩护、自我贬低、逃避和困窘的混合不仅是可以理解的，而且在一定程度上是正当的反应。由于阶级与价值、美德和地位的任意关系，所以阶级在道德上是可疑的，也正因为如此，它才成为一个高度敏感性的主题。阶级的辩护者愿意相信阶级是道德和其他美德的一种反映，比如努力、功绩和成就（"需求"则往往不被纳入考虑），尽管阶级很可能是**塑造**这些美德的显著影响因素之一。[1]虽然我们承认，每个人都必须对自己的行为和人生历程承担一定的责任，这是很重要的，但同样重要的是，首先，应该重视那些强大的社会力量，因为这些社会力量既使

[1]道德价值作为人类的一种功能，可以说是无条件的，且不受阶级的影响。然而，从实证性的角度来看，正如我们所论证，道德**品格**或美德和恶行确实受到阶级和其他社会关系的影响。这不是对个体的控诉，而是对塑造他们的社会结构和话语的控诉。

我们所做的事情甚至我们成为什么样的人成为可能，同时也设置限制。其次，重要的是记住，人们从出生起就被划分了阶级，而他们在人格形成过程中，自主性是最有限的，因此容易受到社会力量的影响。太多有关阶级的讨论都忽略了这个简单的事实。

中产阶级对阶级的防御性辩护未必只是为了证明其阶级位置的正当性，而且也是为了捍卫其道德价值，这与他们的阶级位置无关。人们对阶级本身的态度，**既**表现出他们想根据阶级做出道德区分，**也**表明他们对这种阶级道德感到不安。其中有些区分可以得到经验上的证实：最受压迫的人确实可能发展出反社会行为，正如支配者则可能发展出残酷和压迫性的行为。当人们意识到，这些道德差异是他们非自愿占据的阶级位置的产物，这有可能会导致不安。

阶级不平等会让最弱势群体感到羞耻。对平等主义者来说，无论其阶级出身为何，他们都可能对阶级本身感到不那么个人化的羞耻感，而这也是相当合理的。正如我们在第六章中所讨论的，羞耻不仅仅是对外界不认同的产物，而且通常还涉及人们对某些标准和承诺的内化，当他们未能遵守这些标准和承诺就会产生羞耻感。甚至优势群体偶尔也会承认自己是制造不平等再生产的共谋，而他们认为这种现象是本不应出现的，并为此而感到内疚。另一方面，"工人"阶级和"中产"阶级这类委婉用语，也能够让如下这两方形成共谋，一方承认阶级差异的存在却否认人类价值由此有别，另一方希望维持社会不平等现状和不平等待遇，却乐于把这些不平等部分隐藏起来。阶级确实是一个令人不安的主题，它既会激发人的羞耻感，也会使人设法自我辩护。我们对阶级感到羞耻，因为它本身就是可耻的（另见 Ehrenreich，2001）。

第九章

结论与启示

〜〜〜〜〜〜〜〜〜〜〜〜

　　我要讨论两种类型的结论与启示。第一种涉及理论和哲学问题，特别涉及评价、价值以及实证性与规范性思想（positive and normative thought）之间的关系。我有充分的理由进行这种讨论，因为我所处理的主题和研究进路是有些非正统的。我已经试图去理解与阶级有关的常民规范性，力图认真对待它并理解其内部力量，而不是忽视它或将其化约为与社会位置或话语建构的关联物。虽然它主要是对常民规范性作实证分析，但有时它本身对这一主题的分析比社会科学的分析更具有规范性，我将在这最后一章中补充一些规范性判断。因此，在第一部分中，我既为我对规范性所采取的研究进路进行辩护，也表明我所提出的规范性判断如何得到证成。这涉及质疑一些常见的看法，比如人们假定评价所具有的"主观的"性质，实证性话语和规范性话语之间的区别与联系，以及我们在证成规范性评价时可能诉诸的种种理据。对于这些问题，我还需要给读者提供一些解释。

　　在第二部分中，我探究了更实质的问题，并重申理解阶级之道德意义的论据。此外，从规范性的角度出发，我试图回答整本书所提出的问题：对阶级不平等以及随之而来的各种形式的错误承认和歧视，我们能做些什么吗？为什么这么多社会都在阶级问题上"否认现实"呢？正是在这里，关于为什么有如此多的社会"否认"阶级，我们看到了可能的原因之一——因为他们认为阶级是不可避免

的，这是接受据说由资本主义所带来的好处时必须付出的代价。我
将论证，我们根本不必接受这种宿命论。

哲学／方法论问题

214

> 人们总是在哲学中寻找压倒性的论证和决定性的反驳，但
> 由于伦理学与人息息相关，它离不开的是柔性的心理、所有的
> 秉性和倾向，而非硬性的普遍规律。（Glover，2001，p.27）

> ……对实践理性（practical reason）持怀疑态度的反对
> 者，其错误在于过分深陷在据称受到批判的理性论证的图景
> 中。（Nussbaum，1993，p.235）

在第一章中，我提到在过去的 200 年来，社会学原本是把规
范性和实证性天衣无缝地融合在一起，但后来逐渐转变成这样的局
面，它在很大程度上摒弃了规范性思想，导致我们只能在政治哲
学和道德哲学中寻见其踪迹。伴随着这个过程的，是把理性（或科
学）从价值中驱逐出去，因此我们认为现在的价值和评价往往被视
为是"主观的"——至少与理解和解释无关，最糟糕的情况就是价
值和评价成为威胁科学客观性的污染物。当然，这并没有让社会
科学变得价值中立（value-free），但它成功地将规范性思想边缘化
了，使其不再是一项本身就有价值的活动。这带来了一个副作用，
即导致社会科学缺乏能力去理解常民规范性。

本书的首要关切在于阐明信念、行动、实践、制度和社会结
构的规范性层面及其意涵，特别是道德或伦理层面。毫无疑问，这
都是一些人们轻易不敢涉足的既深奥又晦涩的领域。但规范性判断
是人们得以生存的一个条件，因此社会科学要是回避这些问题，就

要付出误解社会的代价。这种误解通常包括各种各样的识别错误（identification error）或归因错误（misattribution of causality），在这些情况下，源自伦理秉性和伦理决定的行为被视为纯粹由利益或权力所决定的反应。或者，规范性和"价值"就被视为是纯粹"主观的"，或只是约定俗成的、惯习的，因此缺乏依据。

那些将价值视为"主观"的人，往往会在"主观"的三种不同的或偶然相关的意义之间滑移。"主观"首先意味着价值负载（value-laden），其次是"与主体有关的"，再者是"不真实的"或不一定为真（Sayer，2000a；Collier，2003）。"客观的"这个词的意义与之有些等同，有些则相反。并非所有的"主观"观念都需要在重要意义上负载价值；我们可能对许多事情漠不关心。价值和评价显然在第二种意义上是主观的，因为它们是由具有认知能力的主体所持有和给出的。但是价值和评价也是**关于**某些事物的；它们指向客体——要么是独立于主体的某个事物，要么是像在内心对话中一样，是主体自己的思想和感受，可将其视为反思的客体。假设有两个完全相同的客体，比如我们有同一本书的两个复本；如果我们硬要说其中一本好，而另一本不好，那就毫无道理了。如果两本书真的一模一样，怎么可能出现这种情况呢？它们一定有什么地方不同，因此我们应该给予不同的评价。这里简单的哲学观点是：评价不可能在第二种意义上是纯粹"主观的"，它必然与其客体的属性相关。因此，评价既有主观的层面，也有客观的层面，事实上，它涉及主体与客体之间的关系。

当我们指出这一层面的客观时，一些人往往会想当然地假定我们认为评价的"客观性"与"涉及为真的陈述"的意义完全不同。但是在与客体相关的意义上的客观性并不蕴涵这一点，事实上，关于知识和真理的主张之所以是可错的，是因为客体本身独立于我们对它们的评价。只有事物独立于我们思想之外，我们才有可能出错。如果客观与主观被混淆在一起，以至于知识或话语之外别

215

无他物，那么它们一定是无误的。因此，当我们坚持认为评价具有客观性，或是与客体有相关性，这非但不是意味着我们由此而获得真理的特权，反而是让可错性变得可以理解（Sayer，2000a；Collier，2003）。当然，就伦理评价而言，客体的模糊性使得人们特别难以评价其适当性，上述乔纳森·格洛弗的引文说的正是这样一种道理。玛莎·努斯鲍姆的引文也因此具有相同的意义。

我们已经习惯于从实证性和规范性的截然二分来思考知识。在实证性思维里，我们假定，如果我们的思想不能适应这个世界，我们就应该调整思想，直至能够适应这个世界。相反，在规范性思维中，当我们意识到我们的思维与世界表象并不相符时，我们会认为世界需要得到改变，以适应我们的思想（Helm，2001）。所以实证性思想是"世界导向"（world-guided）的，规范性思想则是"指导世界"（world-guiding）的。但是实证性思想和规范性思想之间的区别还隐藏着一个中间领域，即既属于实证性又属于规范性的概念领域。在这一领域中，我们可以发现一些生活中最重要的现象："需要"、"欲望"、"匮乏"、"欣欣向荣"和"痛苦"，还包括它们的具体形式，如"成就"、"健康"、"病痛"、"压迫"和"不尊重"。这些概念同时包含描述性的内容与评价性的内容，两者根本无法分割。匮乏、需求和欲望不仅反映出外部观察者的观念与世界之间的差异，而且作为世界的一部分，它们在任何时候都奋力超越世界的现状。在承认需求的同时，我也调整了我的思维以适应世界，并（**在其他条件都不变的情况下**）认为世界应该改变以满足这些需求。同时，我们要记住努斯鲍姆的观点，我们不应该期望自己在需求、匮乏和欲望方面的评价是不会出错的。"我们感到自己匮乏和欲望的事物"与"真正满足我们的事物"二者之间的关系，是需要我们花大力气才能发现的。两者之间不是一种无可置疑的关系，若期待两者是这种关系，也是极为荒谬的。

有些人可能认为，可以且应该用更中立的、"实证的"语言来取代"价值负载"的术语，把实证性话语与规范性话语分离开来。但如果我们试图这么做，可能会产生两种结果。一种状况是，新术语将像旧术语一样有着相同或相似的规范性"负载"。另一种可能性是，在用中性词语重新进行描述时，我们对客体会做出错误的描述。这是因为描述中的实证性内容与规范性内容不一定是相反的。思考如下这个著名例子，比较关于大屠杀（the Holocaust）的两种说法："数千人死于纳粹集中营"与"数千人在纳粹集中营被系统性地灭绝"。第二个句子比第一个句子更具价值负载，也更符合事实：那些囚禁者并不是自然死亡，也不是随机地、个别地被杀害，而是被有计划地大规模处决。因此，避免使用评价性术语，反而会削弱而非增强我们所做的描述的适当性和真实性。

这让我们认识到信念在负载价值意义上的主观性与其在真理意义上的客观性之间的关系。价值负载并不一定与真理对立，因此在这一意义上，中性与客观性不能等同。这意味着，我们不能错误地将价值视为威胁社会科学客观性（即真理、实践适当性）的污染物，我们必须根除这种观点，或至少将其最小化。在描述社会行为时，我们会使用诸如"傲慢"、"屈尊俯就"、"虚荣"、"压迫"或"羞辱"之类的术语，这不一定有问题。我们有时可能会误用这些词，但是我们在选择非评价性描述时也可能会出错。

自休谟以降，许多哲学家都认为，我们无法在逻辑上从"是"（is）中推出"应当"（ought），如果我们这样做就是犯了"自然主义谬论"（naturalistic fallacy）。[1] 即使是"X现在很饿"这句话，在逻辑上也并不蕴含"应当给X提供食物"。在某种程度上，认为"是"在逻辑上包含"应当"的意思确实是不合理的。但是在实践领域中，就环境和实践的关系而言，在其他条件不变的情况下，如果我们明明可以很容易给X提供食物，却又拒绝这么做，那

---

[1] 感谢约翰·奥尼尔（John O'Neill）与我一同讨论这些问题。

就会很奇怪。逻辑只与陈述之间的关系有关，而不涉及与环境和实践之间的关系。当我感到饥饿时，我想吃东西的欲望无需通过一个合乎逻辑的理由来加以证明。

然而，从社会科学可能要冒的风险这一角度来看，从"是"中推出"应当"并无问题，但从"应当"中推出"是"才是问题所在，因为我们会犯一厢情愿的错误（Bhaskar，1979）。但这是可能的，却不是必然的。我们可以承认令人不快的事实。对评价性判断保持开放，并不意味着我们会在实证性描述中出错。然而，如果我真的犯了一厢情愿的错误，我会请批评者们指出具体例子，而不是一味地抱怨价值的"入侵"。

这种有关社会科学的规范性及其客体的观点，显然与哈贝马斯（Habermas）所说的"加密规范性进路"（crypto-normative approach）大相径庭，而这一方法在后结构主义（poststructuralism）影响下的社会科学中盛行。这一进路意味着既为其对象的批判性评价提供证成，同时又拒绝这一做法；例如，某些表征和话语的压迫性本质是隐含的，但这一进路对它们何以是压迫性的却没有提供明确的解释，或许是因为担心声称人们受到伤害就是把"本质的"属性归咎于人们，并提出真理主张。它还包括对常民行动者的道德关切采取一种疏离的、贬低的看法。令人奇怪的是，社会科学家的规范性判断被视为带有威胁性——被视为具有潜在的权威，而不只是像本书试图做到的那样，是在邀请他人加入讨论。具有讽刺意味的是，正如希特勒和墨索里尼都明确宣称的那样，相对主义允许暴君自由地、任意地将自己的意志强加给他人（Sayer，2000a）。相比之下，在冒着风险做出规范性判断时，我们同时也将自己暴露在他人的批判中。

加密规范性进路同时也具有加密实证性，因为它们拒绝进行规范性判断，从而牺牲了描述的丰富性。在避免判断某些事物是否导致痛苦或带来欣欣向荣时，我们错过了重要的实证性信息。一方

面，我们被告知，权力既有建构性，也有解构性，这个说法当然是
正确的，但却没有设法确定权力何时具有建构性，何时具有解构
性（在某些情况下，可能两者兼而有之，但此时我们需要知道会以
何种方式、在何种层面上是如此），如此一来我们便无法获得重要
信息，也无从了解正在发生的事情。抵抗和越界不一定好，保守主
义和从众心理也不一定坏。它们的意义取决于它们是带来欣欣向
荣还是导致痛苦，而这些不仅仅是"任意褒贬之辞"（boo-hooray
words），而是对所发生事情的描述。同样地，我们也可以像福柯
一样辩解道，重点不在于一切皆坏，而在于一切皆危险，但这也不
过是对日常生活和社会科学中不可避免的规范性的另一种逃避，这 218
种逃避可能会让我们无法对发生的事情形成实证性知识，也无法区
分较好和较坏（Foucault，1983，pp.231—232）。

　　我也反对那种激进的唯心主义（idealism），即假定为承认而
斗争不过是表征、投射、他者化和权力游戏的问题，与人们实际
拥有的品质无关，或者说把这些品质化约为纯粹的话语建构。如果
拒绝区分公平或恰当表征与**错误**表征，那么为尊重而斗争仅仅就是
一种权力游戏，在其中不存在不公正的现象，因为表征只是旁观者
唯意志的（voluntaristic）产物，既谈不上公平，也谈不上不公
平。[1]将令人不快的特征投射到他人身上，当然是某些对立的社
会关系的一种重要成分，但其重要意义在于它是对他人实际特征的
错误表征。根据唯心主义的论述，被支配者的所有病理性行为只存
在于有偏见的旁观者眼中，仿佛这些行为不能独立于这种凝视或
"建构"而存在；这种论述具有一种肤浅的吸引力，因为它不会责
备阶级以及其他不应得的不平等形式的受害者。但在某种程度上，
由旁观者所归结的负面品质真实存在，如果我们设想这些品质不存

---

[1] 有关唯心主义的危险和更为激进的社会建构主义（social constructionism），
　　参见 Sayer，2000a，第二章和第四章。

在，那么我们就会忽视了生产这些品质的社会机制，仿佛阶级仅仅只是偏见的产物一般。

一种有限定的伦理自然主义

前文已从"主观性"和"价值"两个方面探讨处理社会科学与规范性问题之间关系的一般进路，现在我将阐述前面章节中隐含的伦理学进路。这一进路可以被称为**一种有限定的伦理自然主义**（*a qualified ethical naturalism*）。它在伦理上是自然主义的，是因为它认为，我们不能在人类社会存在者的本质之外来确定好与坏的意义。[1]将这一观点作为第一个切入点，我们可以说，好与坏的意义最终与人类[2]需求以及与人类欣欣向荣和承受痛苦的能力有关。这不仅是"价值"或"主观意见"，或快乐和痛苦的问题，而且还涉及客观的事物——这里的客观性意味着独立于特定观察者的想法而存在。阶级之所以重要，是因为它创造了人们欣欣向荣和承受痛苦的不平等机会。

219　　　这是一种**有限定的**伦理自然主义，因为它也承认这些能力总是以文化为中介并受到文化的加工，其中包含三种方式：

（1）文化影响我们的环境，并以某种方式制约我们的身体——例如，变得强硬或软弱，凶暴或顺服。虽然这些影响可能是话语上的，但它们也可能通过行动和物质由身体表现出来。

（2）特定的文化以不同的方式解释人类的需求和其欣欣向荣或承受苦难的能力，因此，人们对同样的情况会有不同的解释，尽管不是任何解释都被接受。例如，在某种程

[1]"伦理学必须根植于有关人类的知识，这样的认识可以让我们说，某些生活方式符合我们的本性，另一些则与之背离。"（Wood，1990，p.17）
[2]我同意这一点也可以适用于其他有能力欣欣向荣或承受痛苦的物种。

度上，因社会因素所致的苦难可能被正当化为"自然的"，被支配者或许还会将其视为命运予以接受，但不是任何痛苦都可以被这样处理或被正当化，所以总会有抵抗发生。

（3）此外，某些类型的益品和需求确实完全由文化决定且与文化相关，因此，对于这些益品和需求的满足也影响着特定文化的成员是否能够欣欣向荣（例如，穆斯林有祈祷的需求）。这些益品是特定社群规范的一部分，受到这些社群的解释和重视，而且社区成员在其承诺中（不同程度地）把这些益品内化，因此个人能够认同这些益品，并通过它们为自己的生命赋予意义。因此，有些道德观及有关情感主要适用于某一特定社区内、共享特定实践和意义的人，不适用于其他社区，或适用程度较低。

许多人会说，人类的欣欣向荣或遭遇痛苦是"社会建构的"，这不只是说人们用不同的、可行的社会方法来解读它们，更是认为根本不存在人类本质，因此，欣欣向荣和遭受痛苦、道德和不道德，只不过是特定文化自身碰巧建构或"构成"的产物。这是一种露骨的社会学帝国主义，与其他这类帝国主义一样，会导致各种错误归因。它往往带有一种相对主义的伦理观，举例来说，人们没有独立的理由可以证明女性割礼是不合乎伦理的。（见 Nussbaum，1999 对这类谬论的批判。）[1] 然而，甚至是第（3）种文化上的特定需求，也预设了某些人类的自然特质，而这些特质不为大多数物种或客体所有，因此这些需求也不是完全独立于所有的自然主

220

---

[1] 这也倾向于通过否认本体论意义的分层（stratification）和涌现（emergence），将生物学层面的"向上"化约为社会层面的"向上"。另一种成分，则是教条式的反本质主义（anti-essentialism），其观点通常是以不合逻辑的方式得出的：即因为性别和身份没有本质，所以任何事物都没有本质，而且若将本质加诸事物身上，就是否定它们可以发生变化，或否定它们可以根据其相关的偶然属性而具有不同的偶然形式（Sayer，2000a）。

义先决条件的。与罗蒂（Rorty）的说法和社会学帝国主义所隐含的内容相同，社会化不太可能"通行无阻"，因为社会化以某种有机体（organic body）的存在为前提，这一有机体具有特定的力量和感受力，而这正是无法被社会化的物体（如木板）所欠缺的（Geras，见 Archer，2000，p.41）。有机体可以接受社会的改造，但也有其限度。这种有限定的伦理自然主义试图既容纳各种丰富多样的人类文化形式，也容纳所有人类文化的共同要素（Nussbaum，1993）。[1] 虽然人类的需求是普遍存在的，但这些需求总是受到文化的影响（尽管在某个限度内），除此之外，也有些需求完全由文化产生（但也因自然而成为可能 [naturally enabled]）。丰富的文化多样性是人类的一个**本质**特征，所涉及的议题就像性别认同和宇宙学一样根本。因此，文化多样性预设了某种普遍主义，尽管这种普遍主义并不是那种产生整齐划一（uniformity）的普遍主义（Collier，2003）。

社会建构主义的强版本瓦解了理解与理解对象之间的差异，因此它完全无法阐明信念的可错性，因为这些说法假定了思想对象必然存在，所以理解总是可以成功地按照想象来建构世界，且整个社会的一厢情愿也总是能够奏效。（与之相反的观点——相信人类的观念可以完美地反映世界——也好不了多少。）当然，文化实践**确实**依自己的形象来建构或试图建构社会生活，但其成功程度取决于这些文化实践如何理解他们所操纵和处理的对象的特质，这些对象也包括人，但人不是一厢情愿的产物，而是"他者"。

虽然人们似乎很容易接受一个事实，即文化在判断有利于人类欣欣向荣的身体能力方面可能出错（例如，推广会导致心脏病的饮食），但在（3）中那种在文化上更具自主性的、似乎更能自我确认的实践中，人们可能较难接受这一事实。文化话语包括对我

---

[1] 有趣的是，我们可以用古希腊的信念和实践来阐释这两点，而不会有矛盾。

们来说是善的事物的评论，在某种程度上，遵从这类信念有助于
个人获得所在社区的认可，因此，这些文化话语的主张具有自我
应验（self-fulfilling）的特征：遵从者可能比违抗者发展得更
好。[1] 但是，这类话语可能具有深刻的意识形态，会促使被压迫
者接受自己所处的位置，并认可其价值，例如，促使女性屈从于男
性。同时，话语、信念体系或文化通常足够丰富，可以提供让人们
质疑自身信念的方式。因此，一个人就算不是西方人，也能够知道
西方有许多关于欣欣向荣的信念是错误的。现实社会的复杂性、不
均衡和（日益提高的）开放性，促使行动者将相对的欣欣向荣与其
他压迫情况进行比较，并质疑为什么在某个领域中可能的情况，在
另一个领域却不可能；例如，为什么平等的价值无法延伸至性别关
系中？再次强调，话语、实践或"社会建构"的可错性是如下因素
的产物：物质（包括个人的、社会的和话语性材料）独立于其使用
者的观念，或者说这些物质具有他者性，而这种他者性通常可以被
人察觉。

　　然而，承认大众对善和道德的看法的可错性，并不意味着
假定世界上只有一种最好的生活方式。我们可以一方面论证文化
价值（包括道德价值）是可错的，另一方面主张不同的文化可
以提供不同的、但同样成功的欣欣向荣的形式，这两点并不矛盾
（Nussbaum，1999；Collier，2003）。虽然比较不同的文化是相当
困难的事情，但翻译和跨文化对话却指出了不可通约性的先验假
设是虚妄的。这类假设是教条式的，就像假设文化之间没有显著
差异一样。文化之间究竟有多大的差异性和相似性是一个经验问
题，现有证据表明，不同文化之间既有惊人的差异性，也有重叠和
相似之处（Nussbaum，1993，1999）。欣欣向荣（和遭遇痛苦）的

---

[1] 这是一个局部最优位置（a local optimum position）的例子，这个位置低于更高
的、更具包容性的最优位置。

多种可能形式很可能超越当前和历史上人们所体验过的形式。在发展新的生活方式的过程中，人们可以获得新的文化涌现性能力，以及发展欣欣向荣和遭遇痛苦的新方式。因此，伦理学（包括描述伦理学和规范伦理学）必须允许创造性维度的存在，尽管这种创造并不是无中生有——仿佛意味着否定一切自然限制和支持条件（enablements），如福柯的某些著作（Foucault，2000）似乎就带有这种意味——而是通过使用和开发现有的材料进行创造。因此，本真性伦理（an ethics of authenticity）和创造性伦理（an ethics of creativity）之间没有必要存在冲突。[1] 通过社会实验，我们尽自己所能地学习在客观上可能的事物以及在客观上可以促进人类欣欣向荣的事物。这类社会实验，如塔利班主义、国家社会主义或全球新自由主义都有可能犯下可怕的错误，这恰恰与下述观点符合（而非与之矛盾）：构成人类欣欣向荣的事物在很大程度上是客观的，即在一定程度上独立于"社会建构"。

　　这并不是低估评价构成欣欣向荣或苦难的事物的困难，但我们可以对它们加以区别。显然，它要求我们评价人类作为社会性存在者所涉及的内容，以及其中的独特之处。因此，既然人类有能力发展能动性（agency）、创造力，也对刺激物（stimulation）有需求，所有人就不仅对"存在"有着基本需求（如营养充足、身体健康），而并且对获得参与各种活动或"行事"（doings）的渠道有着需求（Sen，1992）。正如亚里士多德所说，充分地、积极地运用自己的能力，有助于人达到欣欣向荣——这就是为什么监狱对人的各种剥夺确实会对人造成伤害，因此"更令人愉快的活动与更可欲的快乐的产生是同具有更复杂区分的更大能力的运用联系在一起的"

---

[1] 福柯的做法既荒谬又危险，其荒谬之处在于他提倡一种不以关于欲望、生命、本性或身体的事实为基础的创造性伦理（Foucault，2000，p.262），仿佛这些事实会阻碍创造力和新发现；其危险之处在于这种伦理学无视人类社会的环境赋使（affordance）和限制。

（Rawls，1971，p.426n）。我们的阶级位置深刻地影响着我们获得
这类欣欣向荣发展的机会。

　　作为社会性存在者，特定个体的欣欣向荣发展或承受痛苦的
程度，取决于他们与他人的关系、取决于社会结构和嵌入式的权力
分配，这些都实现、约束并解释了他们的生活。一些个体或群体可
能以牺牲他人为代价而获得欣欣向荣的发展机会，或者可能在帮助
他人获得发展的过程中遭受痛苦。换言之，对于某些人来说，可能
拥有一些局部的欣欣向荣的发展机会，尽管这种可能性比某些选项
好，但它却劣于那些让欣欣向荣发展成为正和博弈（a positive-
sum game）的社会安排。一个理想的社会应该是这样的：在这个
社会中，所有人的欣欣向荣，是每个人欣欣向荣的前提。然而，局
部次优选项（local secondary optima）和一些物质条件（如支
配者和被压迫者的空间隔离）的存在，使人没有压力去寻求更具包
容性、更有益的社会组织形式。改善社会形式要面临的障碍之一就
是：从人们的福祉的角度来看，幸福主义（eudaimonistic）的冲
动可以获得局部的满足，但这有时是以牺牲遥远的或想象中遥远的
他人之利益为代价的。

　　人们既可以欣欣向荣发展，也可以承受苦难，而且能够强烈
地感受到差异，但过一个好生活的机会，更多地取决于社会结构
与权力分配，而不是人们的信念和秉性的实践充分性（practical-
adequacy）。类似地，他们的行动是否具有美德，取决于他们所处的
制度语境是否鼓励或妨碍人们依美德而行动。一般来说，道德哲学
从这些结构抽象了出来，因此与常识思维一样，具有个体主义的倾
向，因此其规范性论证针对的更多是个体的特征和行动，而不是针
对社会组织的形式。[1]因此，关于我们的伦理自然主义的最后一
个限定条件是，它不仅应该对个体行动作出评价，而且还应该对制

223

---

[1] 例如，参见彼得·辛格对贫困的伦理反应的论述（Singer，1993）。

度和社会结构作出评价。

为了把握阶级的道德意义，我们有必要摒弃各种形式的约定论（conventionalism）和主观主义（subjectivism），因为它们把包括道德在内的规范性视为纯粹的惯例，认为这些规范性只不过是"我们此地的习俗"，或仅仅是"纯粹主观"的事物。它们以社会学上的化约论的方式来看待某些规范或论据的相对成功，并将这些规范或论据完全归因于社会位置、社会授予的权威、表现与信心、权力与运气等问题，而与关乎欣欣向荣和痛苦的理性（包括情绪理性）无关；甚至欣欣向荣和痛苦也被认为是由纯粹惯例或主观性所界定的。这种进路面临着四个相关问题。首先，它们无法阐明为什么有些事物在进步而非倒退——例如，为什么种族主义没有进展、反种族主义却在进步（毕竟，两者都包含了某些"我们此地的习俗"的不同观点）。第二，约定论和主观主义的论证涉及施事性冲突（performative contradiction）（为什么要如此严谨地论证或推理一个否定论证或推理本身具有任何力量的立场呢？）。第三，它们掩盖了理论／实践的矛盾：当这类观点的支持者在日常生活中受到冤屈时，他们的抱怨不会仅仅诉诸"我们此地的习俗"，或这属于"被社会建构为'错误'的事情"，或滥用身份职权，或表明这违背了他们的主观信念。他们通常会指出已经造成的破坏、伤害、侮辱或损伤，从而向冤枉他们的人**解释**为什么他们的行为是错误的或不公的，因此他们诉诸的是理性，而不是纯粹的权威或权力。这三个问题都源于社会科学中一个更基本的问题：对行为的第三人称描述通常完全是从社会学的角度出发的（"鉴于其社会位置，他们会这么说／这么做"），对行为的第一人称描述则常常从**证成**出发（"我之所以做 X，不是因为我的社会位置，而是因为我相信——并且愿意论证——这是特定情况下最好的做法"），而在这两者之间存在常见的、但往往不引人注意的不一致。第四，约定论和主观主义都否认情绪具有任何认知力量，无法对那些影响我们福祉的事物作出评价性判断，因此也无法提供有关欣欣向荣和痛苦的洞见，因此，约定论和主观主义就产生了一种异化的道德观，把道德当作一种与我们的关切和需求无关的外部规范体系。我之所以借鉴亚当·斯密的著述，其中一个原因就在于，他的道德观或伦理观是建立在对道德情感或情绪的经验分析之上的。这种观点既注意到了道德情感或情绪与影响我们福祉的社会现象之间的关系，也至少提供了一个初步的道德心理学。另一个原因在十，旁观者的道德观有助于导向对自我、他人和阶级的评价，并认识到承认的重要性（Griswold，1999，p.180；Sayer，2004）。

224

　　这种有限定的伦理自然主义并没有我所希望的那样强健（robust），但主观主义、约定论和相对主义等替代选项更加糟糕，尽管它们颇具吸引力。人们在讨论中很容易诉诸这几种观念，但在生活中却难以奉行。我在这里提出的进路虽然不太容易通过论证而得到辩护，但我们也很难按照与这种进路不同的其他方式来生活。

阶级的深远意义

　　　　我们可能难以实现物质财富平等分配这一理想，但我们仍然有必要加快朝向这一理想的进程，这不是因为物质财富是人类最重要的珍宝，而是因为我们要证明它并非是最重要的。（Tawney，1931，p.291）

　　日常生活中以及布尔迪厄所用的广义的阶级概念是通过大量不同的关系和过程被再生产出来的，其中包括了经济、文化、社会的关系和过程，也包括了更具体的教育和语言过程。虽然在实践中，资本主义的经济机制本身不是生产阶级的唯一因素，但就算没有其他（非资本主义的）经济机制或文化和社会机制（如性别和地位机制）的影响，资本主义的经济机制还是可以导致阶级不平等的再生产。因此，如第四章所述，阶级既是资本主义的"结构性"要素，又是由许多非资本主义的影响所偶然共同决定的。

阶级不平等曾是资本主义政治文化中的冲突的根本来源和主题，现在，它却成了一个人们避而不谈的问题。[1]虽然种族主义和日益严重的性别歧视确实得到了官方的谴责，但阶级要么被忽视，要么被委婉地称为"社会排斥"[2]。这种情况让人们忽视了阶级蔑视和其他形式的象征性支配与错误承认。尊重、蔑视、嫉妒、怨恨或屈尊俯就与毕恭毕敬在一定程度上是经济分配不平等的产物，这不只是因为财富往往被视为一个价值指标，也是因为经济不平等使人们在获得事物的机会上有客观的差异，而这些事物正是有可能帮助他们获得有条件承认的事物。

社会学或许并没有完全放弃阶级问题，但它探究、表述阶级的方式往往不考虑其规范性意义。若我们要更好地理解阶级，我们就不能把人化约为社会位置的占据者、阶级的承担者或施为者等，并且要注意他们的规范性秉性和信念，即便这些对阶级的再生产只有偶然的影响。常民规范性不可被化约为惯习或对自我利益和权力的追求，正如我们所见，它有一个关键的道德维度，这与人们对行

---

[1]"激进平等主义（Radical Egalitarianism）现在成了被遗弃的社会主义的孤儿。19世纪中叶，自由主义启蒙运动中那个不守规矩、遭人遗弃的孩子被社会主义所接纳。在新的养父母的庇护下，激进平等主义摆脱了为自己辩护的重担：作为社会主义的养子，平等成了前所未有的后资本主义秩序的副产品，而不是某种必须从自身现实出发，从而得到道德辩护和政治推广的事物。……因此，让工人和不太富有的人适应资本主义而生活下去就成为改良主义者的任务，而这些改良主义者包括劳工主义者、社会民主主义者、欧洲共产主义者、倡导新政者，他们已经在发达经济体中取得了巨大成功。但是在这个过程中，平等主义方案把原有的追求平等的自由与尊严的世界这一乌托邦式的渴望摒除出去了，并且窄化为追求更平等的益品分配。"（Bowles & Gintis, 1998, p.361.）

[2]这并不是说这个词毫无用处：例如，它更适用于少数族群的情况。至于阶级，社会排斥与其说是其原因，不如说是对阶级的反应。

动、事件和环境如何影响福祉的感觉有关。当然，大多数行为都是
"阶级化的"，但只有当这种状况影响人们的欣欣向荣发展的能力，
才具有规范性意义。人们对阶级的感受充满了张力：在伦理评价与
经济评价之间；在地位与价值之间；根据应得与不应得的优势与劣
势，对道德运气的不同评价之间；对不正义的承认与防御性合理化
和逃避之间；承认阶级在伦理上是可疑的，却在人际关系甚至制度
行动层面上对此很少作为或毫无作为之间。这些张力之所以难以消
除，是因为它们根植于结构性的不平等。

我们的道德敏感性（moral sensibilities）具有一个话语层
面，斯密和许多哲学家都认为这是理所当然的，但在涉及话语
的对象及话语本身的意图时，话语必须拥有某种程度的实践上的
充分性，才有可能被接受；虽然话语会影响我们成为什么样的
人，我们也不能任其影响，因为我们有特定的、选择性的感受力
（susceptibilities）和力量。话语在某种意义上必须具有"心理上的
适切性"（psychologically adequate），才能对我们施加这种影响。因
此，不同的文化或话语可能会影响和引导道德情感，所以我们感到
羞耻或自豪的具体事物会随着文化和历史而变化：但有关快乐、自
豪和羞耻等情感的能力却是普遍的。一般的主观体验，以及特别是
阶级的主观体验，要是从道德情感中，从个人对自己和他人行为的
监测（monitoring）中，以及从他们所受到的赞成或反对中抽象出
来，那这些主观体验就没有什么意义。与他人相关的秉性和动机通
常是混合的，结合了自利、"他者化"与仁慈、同情和正义感等更
具有道德性的情感。正是因为后几种情感，人们才会关注"他者
化"和不平等。不平等不仅表现为品味方面的差异，或对他者感到
不同形式的厌恶（尽管它们很重要），还包括对益品的追求，包括
有价值的生活方式和承认。社会场域的斗争不仅涉及权力、权利
与责任、资源与承认、益品与劣品的分配，还涉及对它们的定义与
评价。

226

承认的平等是当前主流政治中的一个突出主题，至少在修辞层面上是如此。根据英国新工党的说法，所有人都被承认拥有同等的价值，然而新工党的政策在解决分配不平等上却收效甚微，这使得他们的主张变成一纸空谈。像许多政府一样，新工党不断利用这种幻想，即承认政治可以取代而非补足分配政治。仿佛至少在修辞和风格的层面上否定势利、性别歧视、恐同症和种族主义，就足以让社会变得更公平。对于那些生活富裕的人来说，这种观点也很有诱惑力，它根植于"感觉良好"的大众文化中：只要鼓励被支配者拥有更多的自尊，他们就会得到帮助，就像通过某种社会悬浮（social levitation）行为，他们就能从自己卑微的位置中解放出来，而无需把资源重新分配给他们。在风格层面，新工党避开保守主义与上层阶级和社会精英关联，但大体而言，他们的经济政策主要是延续而非拒绝新自由主义（Jessop，2002）。

对阶级问题的回避、对功绩主义的幻想，催生了诸如政府工作福利计划之类的道德化政策，这些政策实际上让个体对其阶级劣势负责，从而有效地使个体病理化，并加深他们在这一过程中的怨恨。因此，备受新工党青睐的"社会排斥"话语含有道德成分，其表面的同情语气几乎无法掩盖它让被社会排斥者承担自己处境的责任这一做法（Fairclough，2000，pp.51—65）。类似地，诉诸"社区"（这个词本身就是阶级和"种族"的委婉用语）来动员其"社会资本"的政策之所以流行，有部分原因就是这些政策涉及"自力救济"（bootstrapping），而不涉及经济资本的再分配。在一场关于阶级、性别和新工党的有趣讨论中，科拉·卡普兰提出，新工党想要让"阶级"成为一个过时的范畴，但他们的手段不是打击不平等，而是在如下这些方面把阶级拟人化：工人阶级与旧工党还有英国逐渐被人忘记的工业史被关联起来，它的形象是年迈的男性体力劳动者，他们信奉的是团结主义而非个人主义的价值。阶级已经变成"一个受到审查的术语……不能被提及，以免唤起或产生古老的阶级对立关系"（Kaplan，2003，p.3）。对阶级采取开放和批判性态度引起人们的疑惧，因为这意味着与新工党所病理化的群体结成联盟，并有疏远"中产英格兰"（middle England）的风险。[1]它非但没有挑战阶级，反而巧妙地适应了阶级。

与性别等其他社会划分一样，关于阶级的一个最发人深省的问题是"我们对此应该怎么做？"这个问题迫使我们超越对这个主题模糊、散乱、消极的感受，而这些感觉通常是由所谓的批判性社会科学产生的，并促使我们去发现它到底在哪里出现了问题。更大的平等本身就是一个重大进步，但正如我们先前所论，平等化是不足够的。我们迟早要问：平等的参照点是什么？是特定阶级的生活风格，还是其他有关善的观念？

就性别而言，我认为，单纯把一个特定的性质或行为与男性或女性关联在一起，本身并不能使得这个行为变成善的还是恶的。不这么认为的话，就等于诉诸双重标准（Annas，1993）。因此，一种反社会的、压制的行为方式不会因为与不同的性别被关联在一起，或者因为其分布呈性别中性化，就变得不那么可恶了。如果益品（不管物品、行为或制度）被特定的群体垄断，那么比较恰当的反应，就是确保人们享有获得这些益品的平等机会。对于"劣品"分布不均的情况，合适的应对之策是消除它们，而不是更平均地分配它们。或许有一些"必要之恶"——与益品不可避免地联系在一起的劣品；这些劣品显然应该要得到更平均的分配。可以肯定，我们永远不能期望创造出一个获得益品的机会和遭受必要之恶的机会完全平等的世界，但我们也没有充足的理由来解释为什么某一特定的阶级或群体应该承担必要之恶，例如令人生厌的工作。关于善的普遍化的这一简单规则并不意味着不关注其差异；它与下面

---

[1]"中产英格兰"一词不仅排除了英国其他地区的人，而且也是中产阶级的委婉说法。

这一点是相容的：即承认对不同需求（如残疾人的需求）和不同形式的欣欣向荣（如不同的性特质）是善的一部分，但我们不能回避差异的正当性问题。我们探究这个问题，不是为了消除差异，而是为了接受善的或无害的差异。我们必须至少对"什么是善"做出一些判断，不管其社会分配状况如何，以便在分配政治和承认政治上做出决定。现在，这一点在性别方面已经得到了承认（Fraser，1997）。[1] 然而，在阶级方面，这一点还没有得到同等的认识，这也许是因为人们无法区分高雅与善，从而导致中产阶级的生活方式被视为常态。[2]

我完全意识到，人们忍不住想回避益品问题，只要求"向上提升"到更富裕的社会位置。左翼自由主义者常常这么做。这似乎是一个很有吸引力的建议，因为它承诺消除贫困，而无须让其他人作出重大牺牲。新工党有自己的版本，他们认为通过工作福利国家给穷人提供工作，就足以解决"社会排斥"的问题（Marquand，1998）。从其可行性（feasibility）和可欲性（desirability）来看，驳斥这一说法的论据有很多。以下就其可欲性提出三点。

首先，我们可以论证，支配者享受的某些益品过于昂贵，他人为生产这些益品要作出很大牺牲。富人不只比穷人拥有更多益品，在生产富人所消费的益品和服务的过程中，与其他对劳动分工有所贡献的人相比，富人掌握了更多的其他人的劳动力。就连新自由主义者哈耶克也承认，市场经济中的收入差异与其说与功绩有关，不

---

[1] 在森和努斯鲍姆在发展研究（development studies）中率先提出的可行能力平等和功能进路（functionings approaches）也同样认识到，我们需要超越简单的资源平等概念并处理善的问题（Sen，1992，1999；Nussbaum，2000；*Feminist Economics*，2003）。

[2] 正如朱莉娅·安纳斯所说，我们很难想象在追求善的过程中完全去性别化（degendering），但这不应阻止我们逐渐朝这个方向转变（Annas，1993）。原则上，我不认为完全消除阶级差异是难以想象的，但出于实践原因，正如我下文所解释的那样，这确实很难想象。

如说与运气有关。质疑富人的财富，在一定程度上就是质疑他们过度依赖他人的劳动，从而质疑社会是否负担得起这些富人。一项政策若要减少不平等，就意味着劳动分工要发生转变，照顾那些迄今较贫穷的群体的消费，如此一来，生产奢侈品的工人数量就会减少，而生产基本商品和中等商品的工人数量就会增加。第二，有关幸福与财富关系的研究表明，达到一个基本水平之上时，财富的增加对幸福几乎不会产生什么影响。友谊、承认、爱和令人满足的工作更重要（Lane，1991）。通过追求财富而获得幸福，不过是一种幻象。第三，由于当前的消费水平是不可持续的，选择一个适当的财富水平并将其平等化，这一做法有生态学方面的理由。富人是生态学方面最不健全的社会群体。结合第二点和第三点，我们可以进一步论证节俭（非贫穷）不一定意味着放弃幸福。

229

这些论证**不**等于主张向下沉沦或均贫化，正如反对平等主义的人常常提出的批评那样。恰恰相反，本书的进路意指某种"向上提升"，只是我们不能以富人和权贵作为参照点，而应以善作为参照点。正如我们先前所说，有许多不同的善概念，欣欣向荣的方式也有很多，但不是任何形式的社会组织都能促进它们，或提供平等的获取机会；并且，还有更多承受痛苦的方式，或不完全、不均衡的欣欣向荣的方式。我们不同意自由主义关于正当优先于善的观点，这并不是因为我们要独断地提出某种特定的善概念，而是提出挑战，让善的问题成为公共协商（public deliberation）的中心。

关于阶级方面的激进平等主义的分配政治和承认政治，有人持不同的、更根本的反对意见，即认为阶级是资本主义固有的结构性成分，因此，在比资本主义更优越的替代选项出现之前，我们必须接受阶级不平等。有一个相当老套的回应是承认国家社会主义确实失败了，但声称真正的社会主义还没有被尝试过。虽然我尊重这些宏愿，但这是一种无力的回应，因为人们在建立这样一个体系的尝试过程中屡屡失败：如果它如此优越，为什么至今尚没有成功实施？

正如我在其他地方所说（Sayer，1995），"真正的"社会主义／共产主义的主要问题是，不管我们的主观愿望是什么，民主、中央计划和网络化都不能解决一个发达经济体所需要的极为复杂的劳动分工这一棘手问题。市场——尽管规模与目前不同，监管力度也更大——至少需要协调这一劳动分工的重要部分。这可能与为市场生产的、工人所有的企业所发挥的重要作用相互兼容，尽管到目前为止，能够让这些企业广泛而成功运作的组织和支持形式（还要辅以对资本主义企业的监管）尚未被发展出来（Bardhan & Roemer，1993）。

　　许多人会争辩说，全球化使全球范围内的富人与穷人的联系变得更加紧密，也导致了去工业化，从而使单一国家内部平等主义的分配政治更难实现。然而，这会导致全球范围内不平等现象是增加还是减少，取决于全球化的形式及其监管方式。新自由主义的版本鼓吹在劳动报酬和工作条件方面要"向下看齐"（race to the bottom），并鼓励富裕国家继续主导全球贸易；但正如批评者一再指出的那样，这不是一个自然的、不可避免的过程，也不是某种自由放任主义（laissez-faire），而只是一种由新自由主义监管产生的全球化的可能形式。其他形式也是可能的。

　　虽然阶级是资本主义的结构性成分，但资本主义可以成功地发挥作用，同时所产生的经济不平等不会像美国或英国等这类社会那么严重，而象征性支配的障碍也可以少于英国和法国等这类社会。资本主义国家内部的不平等现象随着时间的推移而发生了很大变化。在1976年的英国，第90百分位数的人的收入是第10百分位的2.9倍。25年后，这个比率上升至4：1。收入低于中位数60%的家庭比例已从1979年的13%上升至2000年的23%（Aldridge，2004）。与许多国家一样，英国收入不平等现象的加剧主要是由于社会顶层收入的快速增长。男性与女性之间的薪酬差距也加剧了收入不平等：绝大多数的低薪工人都是女性，而英国的这种差距是欧盟15国中最严重的，英国女性的平均时薪只有男性平均时薪的

76%，而欧盟平均值则为 84%（Aldridge，2004）。因此，需要同时打击低工资与就业中的性别不平等。

资本主义国家之间还有更多差别。瑞典首席执行官（CEO）的收入不到平均水平的三倍，而美国首席执行官的收入则是平均水平的十几倍。1990 年，美国医生的收入是英国、法国、瑞典和日本医生的三倍多。这些差异不能简单地通过供需差异而得到解释，因为这些国家的医生所在的劳动力市场有不同的结构和监管方式，而且这些医生群体确实能够建立不同的权力基础和封闭策略（Verba et al.，1997）。这些社会的规范性（道德经济的）影响也各不相同。

尽管在过去的 25 年中，许多发达资本主义国家的不平等现象总体上在加剧，但这并不是唯一可能的发展方向。资本主义经历了繁荣时期，那时许多成功经济体的直接税率比现在要高得多。缩短工作时长有助于降低失业率，而且，根据最低工资水平，对最低工资进行立法可以促进收入的提高。不同的教育制度导致不平等再生产的程度也有显著差异：允许学校自主招生、家长自主择校（实际上选择总是有限的、不平等的，且总是容易产生负面效果），这让教育成就越来越依赖文化资本。[1]

新自由主义者可能认为，为了获得由所谓的经济增长和成功带来的好处，付出不平等的代价是值得的。然而，经验研究表明，一个国家的经济表现与其内部收入不平等的程度之间几乎没有关系，或毫无关系（Glyn & Miliband，1994）。他们还可能说，超高薪酬是必要的，因为这能够激励那些最有优秀的人才，而他们据称能够使公司获得成功。但这只不过让权力的行使得到证成罢了。他们给自己付这么高的收入，不是因为这是得到证成的或必要的，而是因

---

[1] 奥尔德里奇（Aldridge，2004）的研究报告称，在现代社会中，中产阶级背景的儿童成年后进入中产阶级的机会（相对于工人阶级），与工人阶级背景的儿童成年后进入中产阶级的机会，两者之比约为 15 : 1。

为他们做得到。在其他一些国家中，公司付给高管较低的薪酬，但它们过去很成功，现在也仍然很成功，因此那些公司没有理由在未来提高薪酬。工资之外的奖金在多大程度上能够激励人们更努力、更好地工作，取决于文化和经济差异：这既是一个经验问题，也是一个规范性问题。同样，莱恩（Lane，1991）关于幸福的研究分析表明，尽管许多人确实受到了高薪酬的激励，但这并不能给他们带来想象中的好处。

认为伦理论据足以带来政治变革当然过于天真，但缺乏伦理指导的政治会迷失方向，结果往往会带来压迫而非解放。我们需要争取累进所得税、提高遗产税、限制资本流动、提供可供维生的最低工资、缩短工作时长、促进男女平等和不同族群间的平等、从更好的教育制度而非个人选择的角度来处理教育问题，以及制定其他政策以影响阶级再生产和其他形式不平等再生产的机制。这里必须提出的道德经济论证可谓相当困难，它们需要证明，通常情况下，我们表面上追求的符合自身利益的东西其实并不符合我们的利益，也不利于社会福祉。显然，我们不仅要在国家层面，还需要在国际层面上建立论证，因为如果没有国际经济和社会政策协议的保护，许多这类政策就会遭遇更自由化的经济体的竞争，从而受到侵蚀。我并没有低估这种策略的困难，但它可以大幅度减少阶级不平等及相关的各种不正义。虽然这种策略不能完全消除它们，但是我们不能因为不能实现完美就不进行改进。[1]

近来，英国儿童慈善机构巴纳多基金会（Barnardo's）发布了一些令人震惊和不安的广告，内容是四个新生儿的合成照片，一个嘴里塞着注射器，一个含着一瓶甲基化酒精，一个含着蟑螂，还有一个含着银勺。据推测，广告的想法很可能是为了表明他们面临的

---

[1] 正如安妮·菲利普斯所言，虽然可能有些论证反对个人之间完全的不平等，但没有充分的根据支持男性和女性之间的不平等（Phillips，1999）。

迥异命运。新生儿无疑都具有同等的道德价值，同样需要帮助，同样值得过上好生活，但阶级不平等很快就会确保他们的生活机会肯定不平等。[1]当然，成年人要对自己的生活机会负一定的责任，但在他们变得成熟到能够履行这种责任之前，他们的机会便已受到阶级（以及其他不平等来源）的强烈影响，并且阶级本身就塑造了他们这种能力的高低。我们不仅需要承认政治，还需要复兴平等主义的分配政治，以公开直面由阶级不平等带来的不正义，这种政治不是把阶级简单视为成年人在公平环境中竞争的结果，还承认阶级对人们的深刻影响，而这种影响从他们出生那一刻就开始了。事实上，再分配本身就是承认政治的一项进步。我希望本书有助于为这种政治提供更好的辩护。

---

[1] 即使有人认为这些新生儿有不同的遗传天赋，这本身也不能证成由阶级不平等造成的差别待遇。

Aboulafia, M. 1999, 'A(neo) American in Paris: Bourdieu, Mead, and pragmatism', in Shusterman, R.(ed.), *Bourdieu: A Critical Reader*, Oxford: Blackwell, pp.153—174.

Aldridge, S. 2004, *Life Chances and Social Mobility: An Overview of the Evidence*, Prime Minister's Strategy Unit, Cabinet Office.

Alexander, J. C. 1995, *Fin de Siècle Social Theory*, London: Verso.

Alexander, J. C. 2003, *The Meanings of Social Life*, Oxford: Oxford University Press.

Alexander, J. C. and Lara, M. P. 1996, 'Honneth's new critical theory of recognition', *New Left Review*, 220, pp.126—136.

Anderson, E. S. 1993, *Value in Ethics and Economics*, Cambridge, MA: Harvard University Press.

Anderson, E. S. 1999, 'What is the point of equality?', *Ethics*, 109, pp.287—337.

Annas, J. 1993, 'Women and the quality of life: two norms or one?', in Nussbaum, M. C. and Sen, A.(eds.), *The Quality of Life*, Oxford: Clarendon, pp.279—296.

Appadurai, A.(ed.) 1986, *The Social Life of Things: Commodities in Cultural Perspective*, Cambridge: Cambridge University Press.

Archer, M. S. 2000, *Being Human*, Cambridge: Cambridge University Press.

Archer, M. S. 2003, *Structure, Agency and the Internal Conversation*, Cambridge: Cambridge University Press.

Arendt, H. 1965, *Eichmann in Jerusalem*, revised edn., Harmondsworth: Penguin.

Aristotle, 1980, *The Nicomachean Ethics*, trans. D. Ross, Oxford: Oxford University Press.

Baier, A. 1994, *Moral Prejudices*, London: Routledge.

Baker, J. 1987, *Arguments for Equality*, London: Verso.

Barbalet, J. M. 2001, *Emotions, Social Theory and Social Structure*, Cambridge: Cambridge University Press.

Bardhan, P. K. and Roemer, J. E.(eds.) 1993, *Market Socialism: The Current Debate*, New York: Oxford University Press.

Barrett, M. and Phillips, A.(eds.) 1992, *Destabilising Theory*, Cambridge: Polity.

Bartky, S. L. 1990, *Femininity and Domination: Studies in the Phenomenology of Class*, London: Routledge.

Bauman, Z. 1993, *Postmodern Ethics*, Oxford: Blackwell.

Bauman, Z. 2001, *Thinking Sociologically*, Basingstoke: Macmillan.

Beck, U. and Beck-Gernsheim, E. 2002, *Individualization*, London: Sage.

234   Benhabib, S. 1992, *Situating the Self*, Cambridge: Polity.

Benton, T. 1993, *Natural Rights: Ecology, Animal Rights and Social Justice*, London: Verso.

Bhaskar, R. 1975, *A Realist Theory of Science*, Leeds: Leeds Books; 2nd edn 1979, Brighton: Harvester.

Bhaskar, R. 1979, *The Possibility of Naturalism*, Brighton: Harvester.

Billig, M., Condor, S., Edwards, D., Cane, M., Middleton, D. and Radley, A. 1988, *Ideological Dilemmas*, Beverly Hills, CA, Sage.

Booth, W. J. 1993, *Households: On the Moral Architecture of the Economy*, Ithaca, NY: Cornell University Press.

Bourdieu, P. 1977, *Outline of a Theory of Practice*, Cambridge: Cambridge University Press.

Bourdieu, P. 1984, *Distinction: A Social Critique of the Judgement of Taste*, London: Routledge.

Bourdieu, P. 1986, 'The forms of capital', in Richardson, J. G.(ed.), *Handbook of Theory and Research for the Sociology of Education*, London: Greenwood Press, pp.241—258.

Bourdieu, P. 1987, '"What makes a class?" : on the theoretical and practical existence of groups', *Berkeley Journal of Sociology*, 32, pp.1—17.

Bourdieu, P. 1988, *Homo Academicus*, Cambridge: Polity.

Bourdieu, P. 1990a, *In Other Words: Towards a Reflexive Sociology*, Cambridge, Polity.

Bourdieu, P. 1990b, 'The scholastic point of view', trans. L. Wacquant, *Cultural Anthropology*, 5, pp.380—391.

Bourdieu, P. 1990c, *The Logic of Practice*, Cambridge: Polity.

Bourdieu, P. 1991, *Language and Symbolic Power*, Cambridge: Polity.

Bourdieu, P. 1993, *Sociology in Question*, London: Sage.

Bourdieu, P. 1996a, *The State Nobility: Elite Schools in the Field of Power*, Cambridge, Polity.

Bourdieu, P. 1996b, 'On the family as a realized category', *Theory, Culture and Society*, 13(3), pp.19—26.

Bourdieu, P. 1998, *Practical Reason*, Cambridge: Polity.

Bourdieu, P. 2000, *Pascalian Meditations*, Cambridge: Polity.

Bourdieu, P. 2001, *Masculine Domination*, Cambridge: Polity.

Bourdieu, P. et al. 1999, *The Weight of the World*, Cambridge: Polity.

Bowles, S. and Gintis, H., 1998, 'Efficient redistribution: new rules for markets, states and communities', in Wright, E. O.(ed.), *Recasting Egalitarianism*, London: Verso, pp.3—74.

Butler, J. 1997, 'Merely cultural', *Social Text*, 52/53, pp.265—277 and(1998) *New Left Review*, 227, pp.33—44.

Calhoun, C. 2003, 'An apology for moral shame', *The Journal of Political Philosophy*, 11(2), pp.1—20.

Charlesworth, S. 2000, *A Phenomenology of Working Class Experience*, Cambridge: Cambridge University Press.

Cockburn, C. 1985, *Machinery of Male Dominance*, London: Pluto Press.

Cohen, G. A. 1995, *Self-Ownership, Freedom and Equality*, Oxford: Oxford University Press.

Collier, A. 1994, *Critical Realism*, London: Verso.

Collier, A. 1999, *Being and Worth*, London: Routledge.

Collier, A. 2003, *In Defence of Objectivity*, London: Routledge.

Coole, D. 1996, 'Is class a difference that makes a difference?', *Radical Philosophy*, 77, pp.17—25.

Craib, I. 1997, 'Social constructionism as a social psychosis', *Sociology*, 31(1), pp.1—18.

Craib, I. 1998, *Experiencing Identity*, London: Sage.

Crompton, R. 1993, *Class and Stratification: An Introduction to Current Debates*, Oxford: Blackwell.

Crompton, R. 1996, 'Gender and class analysis', in Lee, D. J. and Turner, B. S.(eds.), *Conflicts about Class: Debating Inequality in Late Industrialism*, London: Longman, pp.115—126.

Crompton, R. 1998, *Class and Stratification*, 2nd edn, Cambridge: Polity.

Crossley, N. 2001, 'The phenomenological habitus and its construction', *Theory and Society*, 30, pp.81—120.

Day, G. 2001, *Class*, London: Routledge.

Donnison, D. 1998, *Policies for a Just Society*, London: Macmillan.

Durkheim, E. 1951, *Suicide*, New York: Free Press.

Durkheim, E. 1984, *The Division of Labour in Society*, Basingstoke: Macmillan.

Ehrenreich, B. 2001, *Nickel and Dimed: On (Not) Getting By in America*, New York: Metropolitan Books.

Fairclough, N. 2000, *New Labour, New Language*, London: Routledge.

Fairclough, N., Jessop, B. and Sayer, A. 2001, 'Critical Realism and semiosis', *Journal of Critical Realism*, 5(1), pp.2—10.

Feminist Economics, 2003, special double issue on 'Amartya Sen's Work and Ideas: A Gender Perspective', 9(2 and 3).

Fevre, R. 2000, *The Demoralization of Western Culture*, London and New York: Continuum.

Fielding, A. J. 1995, 'Inter-regional migration and intra-generational social class mobility 1971—1991', in Savage, M. and Butler, T.(eds.), *Social Change and the Middle Classes*, London: University College Press.

235

Finch, J. 1989, *Family Obligations and Social Change*, Cambridge: Polity.

Finch, L. 1993, *The Classing Gaze: Sexuality, Class and Surveillance*, St. Leonards, Australia: Allen and Unwin.

Foucault, M. 1983, 'On the genealogy of ethics', in *Michel Foucault: Beyond Structuralism and Hermeneutics*, ed. Hubert L. Dreyfus and Paul Rabinow, 2nd edn, Chicago: University of Chicago Press, 1983.

Foucault, M. 2000, *Michel Foucault: Ethics*, ed. P. Rabinow, London: Penguin.

Fowler, B. 1997, *Pierre Bourdieu and Cultural Theory*, London: Sage.

Frankfurt, H. G. 1998, *The Importance of What We Care About*, Cambridge: Cambridge University Press.

Fraser, N. 1995, 'From redistribution to recognition? Dilemmas of a "postsocialist" age', *New Left Review*, 212, pp.68—93.

Fraser, N. 1997, *Justice Interruptus: Critical Reflections on the 'Postsocialist' Condition*, New York: Routledge.

Fraser, N. 1998, 'Heterosexism, misrecognition, and capitalism: a response to Judith Butler', *Social Text*, 53/54, pp.278—289 and *New Left Review*, 228, pp.140—150.

Fraser, N. 1999, 'Social justice in the age of identity politics: redistribution, recognition and participation', in Ray, L. J. and Sayer, A.(eds.), *Culture and Economy after the Cultural Turn*, London: Sage, pp.53—75.

Fraser, N. 2003, 'Distorted beyond recognition', in Fraser, N. and Honneth, A., *Redistribution or Recognition?: A Political-Philosophical Exchange*, London: Verso, pp.198—236.

Fraser, N. and Honneth, A. 2003, *Redistribution or Recognition?: A Political-Philosophical Exchange*, London: Verso.

Frow, J. 1995, *Cultural Studies and Cultural Value*, Oxford: Clarendon.

Geras, N. 1995, *Solidarity in the Conversation of Humankind: The Ungroundable Liberalism of Richard Rorty*, London: Verso.

Geras, N. 1998, *The Contract of Mutual Indifference*, London: Verso.

Gerhardi, S. 1995, *Gender Symbolism and Organizational Cultures*, London: Sage.

Giddens, A. 1991, *Modernity and Self-identity: Self and Other in the Late Modern Age*, Cambridge: Polity.

Gilligan, J. 2000, *Violence: Reflections on Our Deadliest Epidemic*, London: Jessica Kingsley Publishers.

Glover, J. 1999, *Humanity: A Moral History of the Twentieth Century*, London: Jonathan Cape.

Glyn, A. and Miliband, D.(eds.) 1994, *Paying for Inequality: The Economic Cost of Social*

236

Injustice, London: IPPR/Rivers Oram Press.

Goldthorpe, J. H. and Marshall, G. 1992, 'The promising future of class analysis', *Sociology*, 26, pp.381—400.

Goodin, R. E. 1985, *Protecting the Vulnerable: A Reanalysis of our Social Responsibilities*, Chicago: University of Chicago Press.

Gouldner, A. 1971, *The Coming Crisis of Sociology*, London: Heinemann.

Griswold, C. L. Jr. 1999, *Adam Smith and the Virtues of Enlightenment*, Cambridge: Cambridge University Press.

Gross, E. 1986, 'What is feminist theory?', in Pateman, C. and Gross, E.(eds.), *Feminist Challenges: Social and Political Theory*, Boston, MA: Northeastern University Press, pp.125—143.

Habermas, J. 1990, *Moral Consciousness and Communication*, Cambridge: Polity.

Harré, R. 1979, *Social Being*, Oxford: Blackwell.

Harré, R. and Madden, E. H. 1975, *Causal Powers*, Oxford: Blackwell.

Hayek, F. A. 1960, *The Constitution of Liberty*, London: Routledge.

Hayek, F. A. 1988, *The Fatal Conceit: The Errors of Socialism*, London: Routledge.

Haylett, C. 2001, 'Illegitimate subjects?: abject whites, neoliberal modernisation, and middle class multiculturalism', *Environment and Planning D: Society and Space*, 19, pp.351—370.

Helm, B. W. 2001, *Emotional Reason: Deliberation, Motivation and the Nature of Value*, Cambridge: Cambridge University Press.

Holmwood, J. 2001, 'Gender and critical realism: a critique of Sayer', *Sociology*, 35(4), pp.947—965.

Honneth, A. 1986, 'The fragmented world of symbolic forms: reflections on Pierre Bourdieu's sociology of culture', *Theory, Culture and Society*, 3(3), pp.55—66.

Honneth, A. 1995, *The Struggle for Recognition: The Moral Grammar of Social Conflicts*, Cambridge: Polity.

Honneth, A. 2001, 'Recognition or redistribution? Changing perspectives on the moral order of society', *Theory, Culture and Society*, 18(2—3), pp.43—55.

Honneth, A. 2003, 'Redistribution as recognition', in Fraser, N. and Honneth, A., *Redistribution or Recognition?: A Political-Philosophical Exchange*, London: Verso, pp.110—197.

hooks, b. 2000, *Where We Stand: Class Matters*, New York: Routledge.

Irwin, S. 1995, *Rights of Passage*, London: University College Press.

Jackall, R. 1988, *The Moral Maze*, Oxford: Oxford University Press.

Jessop, B. 2002, *The Future of the Capitalist State*, Cambridge: Polity.

Jordan, B. 1996, *A Theory of Poverty and Social Exclusion*, Cambridge: Polity.

Jordan, B. 1998, *The New Politics of Welfare*, London: Sage.

Kaplan, C. 2003, 'The death of the working class hero', *Social and Cultural Review*, 4, pp.1—8.

Keat, R. 2000, *Cultural Goods and the Limits of the Market*, Basingstoke: Palgrave.

Kefalas, M. 2003, *Working-Class Heroes: Protecting Home, Community and Nation in a Chicago Neighbourhood*, Berkeley, CA: University of California Press.

Kuhn, A. 1995, *Family Secrets: Acts of Memory and Imagination*, London, Verso.

Kymlicka. W. 2002, *Contemporary Political Philosophy*, 2nd edn, Oxford: Oxford University Press.

Lamont, M. 1992, *Money, Morals and Manners: The Culture of the French and American Upper-Middle Class*, Chicago: Chicago University Press.

Lamont, M. 2000, *The Dignity of Working Men: Morality and the Boundaries of Race, Class and Imagination*, New York: Russell Sage Foundation and Harvard University Press.

Lane, R. E. 1991, *The Market Experience*, Cambridge: Cambridge University Press.

Lane, R. E. 1998, 'The road not taken: friendship. consumerism, and happiness', in Crocker, D. A. and Linden, T.(eds.), *Ethics of Consumption*, Lanham, MA: Rowman and Littlefield, pp.218—248.

Lareau, A. 2003, *Unequal Childhoods: Class, Race and Family Life*, Berkeley, CA: University of California Press.

Lawler, S. 1999, 'Getting out and getting away: women's narratives of class mobility', *Feminist Review*, 63, pp.3—24.

Lawler, S. 2000, *Mothering the Self: Mothers, Daughters, Subjects*, London: Routledge.

Lichtenberg, J. 1998, 'Consuming because others consume', in Crocker, D. A. and Linden, T.(eds.), *Ethics of Consumption*, Lanham, MA: Rowman and Littlefield, pp.155—175.

Lovell, T. 2000, 'Thinking feminism with and against Bourdieu', *Feminist Theory*, 1(1), pp.11—32.

Lynch, K. and Lodge, A. 2002, *Equality and Power in Schools*, London: Routledge.

McCall, L. 1992, 'Does gender *fit*? Bourdieu, feminism and conceptions of social order', *Theory and Society*, 21, pp.837—862.

MacIntyre, A. 1981, *After Virtue*, London: Duckworth.

Macleod, J. 1995, *Ain't No Makin' It: Aspirations and Attainment in a Low Income Neighborhood*, 2nd edn, Boulder, CO: Westview Press.

McMylor, P. 1994, *Alasdair MacIntyre: Critic of Modernity*, London: Routledge.

McNay, L. 2001, 'Meditations on *Pascalian Meditations*', *Economy and Society*, 30(1), 238
pp.139 -154.

McRobbie, A. 2002, 'A mixed bag of misfortunes?', *Theory, Culture and Society*, 19(3),
pp.129—138.

Manent, P. 1998, *The City of Man*, trans. Marc A. LePain, Princeton: Princeton University
Press.

Marquand, D. 1998, *The Unprincipled Society: New Demands and Old Politics*, London:
Fontana.

Marshall, G., Swift, A. and Roberts, S. 1997, *Against the Odds*, Oxford: Clarendon.

Marx, K. 1975, *Early Writings*, London: Pelican.

Marx, K. 1867: 1976, *Capital: Vol. 1*, London: New Left Review/Penguin.

Midgley, M. 1972, 'Is "moral" a dirty word?', *Philosophy*, 47(181), pp.206—228.

Midgley, M. 1984, *Wickedness*, Routledge and Kegan Paul.

Mill, J. S. 1859, 'On Liberty', in *John Stuart Mill: Three Essays, with an Introduction* by
Richard Wollheim, 1975, Oxford: Oxford University Press, pp.5—141.

Mill, J. S. 1869, 'The Subjection of Women', in *John Stuart Mill: Three Essays, with an
Introduction* by Richard Wollheim, 1975, Oxford: Oxford University Press, pp.427- -548.

Miller, D. 1992, 'Distributive justice: what the people think', *Ethics*, 102, pp.555—593.

Murphy, J. B. 1993, *The Moral Economy of Labor*, New Haven: Yale University Press.

Myrdal, G. 1962, *An American Dilemma*, 20th anniversary edn, NewYork: Harper and Row.

New, C. 2004, 'Sex and gender: a critical realist approach', *New Formations*, forthcoming.

Norman, R. 1998, *The Moral Philosophers*, 2nd edn, Oxford: Oxford University Press.

Nussbaum, M. C. 1986, *The Fragility of Goodness*, Cambridge: Cambridge University Press.

Nussbaum, M. C. 1993, 'Charles Taylor: explanation and practical reason', in Sen, A. and
Nussbaum, M. C.(eds.), *The Quality of Life*, Oxford: Clarendon, pp.232—241.

Nussbaum, M. C. 1996, 'Compassion: the basic emotion', *Social Philosophy and Policy*,
13(1), pp.27—58.

Nussbaum, M. C. 1999, *Sex and Social Justice*, Oxford: Oxford University Press.

Nussbaum, M. C. 2000, *Women and Human Development: The Capabilities Approach*,
Cambridge: Cambridge University Press.

Nussbaum, M. C. 2001, *Upheavals of Thought: The Intelligence of Emotions*, Cambridge:
Cambridge University Press.

Offe, C. 1985, *Disorganized Capitalism*, ed. J. Keane, Cambridge: Polity.

O'Neill, J. 1998, *The Market: Ethics, Knowledge and Politics*, London: Routledge.

O'Neill, J. 1999, 'Economy, equality and recognition', in Ray, L. J. and Sayer, A.(eds.),

Culture and Economy after the Cultural Turn, London: Sage, pp.76—91.

Outhwaite, W. 1987, *New Philosophies of Social Science*, London: Macmillan.

Parkin, F. 1972, *Class Inequality and Political Order*, London: Granada.

Phillips, A. 1997, 'From inequality to difference: a severe case of displacement?' *New Left Review*, 224, pp.143—153.

Phillips, A. 1999, *Which Equalities Matter?* Cambridge: Polity.

Polanyi, K. 1944, *The Great Transformation*, 2nd edn 1957, New York: Basic Books.

Pringle, R. 1988, *Secretaries Talk: Sexuality, Power and Work*, London: Allen and Unwin.

Probyn, E. 2002, 'Shame in the habitus', paper delivered to the Feminism and Bourdieu conference, Department of Sociology, Manchester University, UK.

Rawls, J. 1971, *A Theory of Justice*, Oxford: Oxford University Press.

Reay, D. 1997a, 'The double-bind of the "working class" feminist academic: the success of failure or the failure of success', in Mahoney, P. and Zmroczek, C.(eds.), *Class Matters: Working-Class Women's Perspectives on Social Class*, London: Taylor and Francis, pp.18—29.

Reay, D. 1997b, 'Feminist theory, habitus, and social class: disrupting notions of classlessness', *Women's Studies International Forum*, 20(2), pp.225—233.

Reay, D. 1998a, 'Re-thinking social class: qualitative perspectives on class and gender', *Sociology*, 32(2), pp.259—275.

Reay, D. 1998b, *Class Work: Mothers' Involvement in Their Children's Primary Schooling*, London: University College Press.

Reay, D. 2002, 'Shaun's story', *Gender and Education*, 14(2), pp.221—234.

Ribbens McCarthy, J., Edwards, R. and Gillies, V. 2003, *Making Families: Moral Tales of Parenting and Step-Parenting*, Durham: Sociologypress.

Robbins, D. 1999, *Bourdieu and Culture*, London: Sage.

Rosaldo, R. 1993, *Culture and Truth: The Re-Making of Social Analysis*, London: Routledge.

Runciman, W.G. 1966, *Relative Deprivation and Social Justice*, London, Routledge and Kegan Paul.

Savage, M. 2000, *Class Analysis and Social Transformation*, Buckingham: Open University Press.

Savage, M., Bagnall, G. and Longhurst, B. 2001a, 'Ordinary, ambivalent and defensive: class differentiation in the Northwest of England', *Sociology*, 35, pp.875—892.

Savage, M., Crompton, R., Devine, F. and Scott, J.(eds.) 2001b, *Renewing Class Analysis*, Oxford: Blackwell.

Sayer, A. 1992, *Method in Social Science: A Realist Approach*, 2nd edn, London: Routledge.

Sayer, A. 1995, *Radical Political Economy: A Critique*, Oxford: Blackwell.

Sayer, A. 1999, 'Bourdieu, Smith and disinterested judgement', *The Sociological Review*, 47(3), pp.403—431.

Sayer, A. 2000a, *Realism and Social Science*, London: Sage.

Sayer, A. 2000b, 'System, lifeworld and gender: associational versus counterfactual thinking', *Sociology*, 34(4), pp.707—725.

Sayer, A. 2000c, 'For postdisciplinary studies: sociology and the curse of disciplinary parochialism/imperialism', in Eldridge, J., MacInnes, J., Scott, S., Warhurst, C. and Witz, A.(eds.), *Sociology: Legacies and Prospects*, Durham: Sociologypress, pp.85—91.

Sayer, A. 2001, 'For a critical cultural political economy', *Antipode*, 33(4), pp.687—708.

Sayer, A. 2002a, 'Reply to Holmwood', *Sociology*, 35(4), pp.967—984.

Sayer, A. 2002b, 'What are you worth?' : Why class is an embarrassing subject', *Sociological Research Online*, 7(3) http: //www.socresonline.org.uk/7/3/sayer.html.

Sayer, A. 2003, '(De-)Commodification, consumer culture and moral economy', *Environment and Planning D: Society and Space*, 21, pp.341—357.

Sayer, A. 2004, 'Restoring the moral dimension in social scientific accounts: a qualified ethical naturalist approach', in Archer, M. S. and Outhwaite, W.(eds.), *Defending Objectivity: Essays in Honour of Andrew Collier*, London: Routledge, pp.93—114.

Scheff, T. J. 1990, *Microsociology: Discourse, Emotions and Social Structure*, Chicago: Chicago University Press.

Scott, J. C. 1990, *Domination and the Arts of Resistance: Hidden Transcripts*, New Haven: Yale University Press.

Sedgwick, E. K. and Frank, A.(eds.), 1995, *Shame and Its Sisters: A Silvan Tomkins Reader*, Durham, NC: Duke University Press.

Segal, L. 1999, *Why Feminism?*, Cambridge: Polity.

Sen, A. 1990, 'Rational fools: a critique of the behavioural foundations of economic theory', in Mansbridge, J.(ed.), *Beyond Self-Interest*, Chicago: Chicago University Press, pp.24—33.

Sen, A. 1992, *Inequality Re-examined*, Oxford: Oxford University Press.

Sen, A. 1999, *Development as Freedom*, Oxford: Oxford University Press.

Sennett, R. 2003, *Respect: The Formation of Character in a World of Inequalities*, London: Allen Lane.

Sennett, R. and Cobb, J. 1972, *The Hidden Injuries of Class*, New York: Knopf; London: Fontana.

Sevenhuijsen, S. 1998, *Citizenship and the Ethic of Care*, London: Routledge.

Shusterman, R.(ed.) 1999, *Bourdieu: A Critical Reader*, Oxford: Blackwell.

240

Simmel, G. 1990, *The Philosophy of Money*, 2nd edn, trans. T. Bottomore and D. Frisby, London: Routledge.

Singer, P. 1993, *Practical Ethics*, Cambridge: Cambridge University Press.

Singer, P. 1997, *How Are We to Live?*, Oxford: Oxford University Press.

Skeggs, B. 1997, *Formations of Class and Gender: Becoming Respectable*, London: Sage.

Skeggs, B. 2004, *Class, Self, Culture*, London: Routledge.

Smart, C. and Neale, B. 1999, *Family Fragments?*, Cambridge: Polity.

Smiley, M. 1992, *Moral Responsibility and the Boundaries of Community*, Chicago: University of Chicago Press.

Smith, A. 1759: 1984, *The Theory of Moral Sentiments*, Indianapolis: Liberty Fund.

Smith, A. 1776: 1976, *An Inquiry into the Nature and Causes of theWealth of Nations*, ed. E. Cannan, Chicago: University of Chicago Press.

Soper, K. 1995, *What is Nature?*, Oxford: Blackwell.

Southerton, D. K. 1999, 'Capital Resources and Geographical Mobility: Consumption and Identification in a New Town', PhD thesis, Lancaster University, Lancaster, UK.

Southerton, D. K. 2002a, '"Us" and "them": identification and class boundaries.' *Soundings*, 21, pp.133—147.

Southerton, D. K. 2002b, 'Boundaries of "Us" and "Them": class, mobility and identification in a new town', *Sociology*, 36(1), pp.171—193.

Staveren, I. van 2001, *The Values of Economics: An Aristotelian Perspective*, London: Routledge.

Steedman, C. 1985, *Landscape for a Good Woman*, London: Virago.

Tawney, R. H. 1931, *Equality*, 4th edn 1952, London: George Allen and Unwin.

Taylor, C. 1994, 'The politics of recognition', in Gutmann, A.(ed.), *Multiculturalism: Examining the Politics of Recognition*, Princeton, NJ: Princeton University Press.

Thévènot, L. 2001, 'Organized complexity: conventions of coordination and the composition of economic arrangements', *European Journal of Social Theory*, 4(4), pp.405—25.

Thompson, E. P. 1963, *The Making of the English Working Class*, Harmondsworth: Penguin.

Thompson, E. P. 1991, *Customs in Common*, New York: New Press.

Thomson, R. and Holland, J. 2003, 'Making the most of what you've got: resources, values and inequalities in young people's transitions to adulthood', *Educational Review* 55(1), pp.33—46.

Tilly, C. 1998, *Durable Inequality*, Berkeley, CA: University of California Press.

Tronto, J. 1993, *Moral Boundaries*, London: Routledge.

Turnbull, C. M. 1972, *The Mountain People*, New York: Simon and Schuster.

Unger, P. 1996, *Living High and Letting Die*, Oxford: Oxford University Press.

Verba, S., Kelman, S., Orren, G. R., Miyake, I. and Watanuki, J. 1997, *Elites and the Idea of Equality: A Comparison of Japan, Sweden and the U.S.*, Cambridge, MA: Harvard University Press.

Walby, S. 1986, *Patriarchy at Work*, Cambridge: Polity.

Walby, S. 1990, *Theorizing Patriarchy*, Cambridge: Polity.

Walby, S. 2001, 'From community to coalition: the politics of recognition as the handmaiden of the politics of redistribution', *Theory, Culture and Society*, 18(2—3), pp.113—135.

Walby, S. 2004, 'The European Union and gender inequality', *Social Politics*, 11(1), pp.4—29.

Walker, M. A. 1998, *Moral Understandings: A Feminist Study in Ethics*, London: Routledge.

Walkerdine, V. and Lucey, H. 1989, *Democracy in the Kitchen*, London: Virago.

Walkerdine, V., Lucey, H. and Melody, J. 2001, *Growing Up Girl: Psychosocial Explorations of Gender and Class*, Basingstoke: Palgrave.

Warde, A., Tomlinson, M. and McMeekin, A. 2003, 'Expanding tastes and cultural omnivorousness in the UK', Centre for Research on Innovation and Competitiveness, University of Manchester and UMIST, UK, mimeo.

Werbner, P. 1999, 'What colour "success"? Distorting value in studies of ethnic entrepreneurship', *The Sociological Review*, 47(3), pp.548—579.

Williams, B. 1993, *Shame and Necessity*, Berkeley, CA: University of California Press.

Williams, G. 2003, 'Blame and responsibility', *Ethical Theory and Moral Practice*, 6, pp.427—445.

Williams, G. 2004a, 'Praise and blame', *Internet Encyclopedia of Philosophy*: http://www.utm.edu/research/iep.

Williams, G. 2004b, 'Responsibility as a virtue', Institute for Environment, Philosophy and Public Policy, Lancaster University, Lancaster, UK. www.lancs.ac.uk/staff/williagd/papers.htm.

Williams, R. 1977, *Marxism and Literature*, Oxford: Oxford University Press.

Williamson, J. 2003, 'Lady bountiful tries life in the slums', *New Statesman*, 20.1.2003, pp.25—26.

Willis, P. 1977, *Learning to Labour*, Aldershot: Gower.

Winch, P. 1958, *The Idea of Social Science*, London: Routledge Kegan and Paul.

Wolff, J. 2003, 'The message of redistribution: disadvantage, public policy and the human good', *Catalyst Working Paper*, London, http://www.catalystforum.org.uk.

242

Wood, A. W. 1990, *Hegel's Ethical Thought*, Cambridge: Cambridge University Press.

Wynne, B., Waterton, C. and Grove-White, R. 1993, *Public Perceptions and the Nuclear Industry in West Cumbria*, Lancaster: Centre for the Study of Environmental Change, Lancaster University.

Yar, M. 1999, 'Community and Recognition', PhD thesis, Lancaster University, Lancaster, UK.

Yar, M. 2001a, 'Recognition and the politics of human(e) desire', *Theory, Culture and Society*, 18(2—3), pp.57—76.

Yar, M. 2001b, 'Beyond Nancy Fraser's "perspectival dualism"', *Economy and Society*, 30(3), pp.288—303.

Young, I. M. 1990, *Justice and the Politics of Difference*, Princeton, NJ: Princeton University Press.

注：人名、主题词后的数字为英文版页码，即本书边码，n 表示在注释中。

246

图书在版编目(CIP)数据

阶级的道德意义/(英)安德鲁·塞耶
(Andrew Sayer)著;黄素珍,王绍祥译. —上海:上
海人民出版社,2023
(社会学新知)
书名原文:The Moral Significance of Class
ISBN 978 - 7 - 208 - 18372 - 8

Ⅰ.①阶… Ⅱ.①安… ②黄… ③王… Ⅲ.①社会-
道德行为-研究 Ⅳ.①B824

中国国家版本馆 CIP 数据核字(2023)第 117913 号

责任编辑　王笑潇
封面设计　陈　楠

社会学新知

阶级的道德意义
[英]安德鲁·塞耶　著
黄素珍　王绍祥　译

出　　版　上海人民出版社
　　　　　（201101　上海市闵行区号景路 159 弄 C 座）
发　　行　上海人民出版社发行中心
印　　刷　上海商务联西印刷有限公司
开　　本　635×965　1/16
印　　张　21
插　　页　2
字　　数　267,000
版　　次　2023 年 10 月第 1 版
印　　次　2023 年 10 月第 1 次印刷
ISBN 978 - 7 - 208 - 18372 - 8/C・689
定　　价　88.00 元